JN059162

第4版　西原 賢・本田 竜広・山盛 厚伺 共著

# 基礎からの
# 微分積分学入門

$$f(x) = \sum_{n=0}^{\infty} \frac{1}{n!} \frac{d^n f}{dx^n}(a)(x-a)^n$$

$$\frac{\partial}{\partial x}\left(\frac{\partial f}{\partial y}\right) = \frac{\partial^2 f}{\partial x \partial y} = f_{yx}$$

$$\iint_{\Gamma} f(x,y)dxdy = \int_c^d \left\{ \int_{h_1(y)}^{h_2(y)} f(x,y)dx \right\} dy$$

$$\int_a^b f(x)dx = \lim_{|\Delta| \to 0} \sum_{k=1}^n f(\xi_k)\Delta x_k$$

$$e^{\pi i} + 1 = 0$$

学術図書出版社

# はじめに

　本書は，大学生を対象として，微分積分学の入門書として書かれたものである．近年，大学入学者の数学科目における履修歴の多様化に伴い，高校数学の数学 III をまったく学ばなかった学生，数学 III を学んだが内容を十分に理解していない学生が少なからず入学している．このような現実を考慮して，本書では第 7 章までは数学的厳密性よりも直感的理解を重視して，多くの学生が理解できるように配慮した．

　最後の章である第 8 章では，第 7 章までの直感的理解だけでは満足できない学生，直感的理解だけでは何か釈然としないものを感じる学生，もっと数学的理論を学びたい思っている学生のために，実数の連続性公理を基礎にして，前の章において証明なしで述べた定理などの証明を与えた．特に，$\varepsilon$-$N$ 論法，または $\varepsilon$-$\delta$ 論法と呼ばれる数学的論理は，不等式を用いて，関数の極限や連続性における無限の概念を表していることに注目してほしい．

　さらに，関数列や関数項級数の一様収束，極限関数の連続性や微分可能性，極限記号と積分記号の順序交換可能性，項別微分可能性，項別積分可能性などの話題について論じた．また，連続関数の積分可能性についても述べた．これらは，微分方程式，複素関数論，フーリエ解析などの解析学を学ぶ上の基礎となる．

　予備知識としては，高校数学の数学 I，数学 A，数学 II の三角関数，指数関数，対数関数について理解していることを期待しているが，これらについても理解が不十分な学生のために，第 1 章に準備のための基礎的事項について章を設けている．本書が，多くの学習者に対して，微分積分学への理解の一助になることを願っている．

2015 年 11 月

著　　者

# 目 次

# 1 —————————— 基礎的事項

この章の内容は，微分積分学に限らず，大学で数学を学ぶ上で基礎となる
数学的準備である．主な内容は，文字式と四則演算，多項式，代数方程式，分
数方程式，無理方程式，集合と写像，座標と図形，関数とグラフ，指数関数，
対数関数，三角関数，ベクトル，数列，複素数である．これらの項目につい
て，すでに十分に習熟していれば，この章は読み飛ばしてもよい．

## 1.1　集合

集合の基本的性質について述べる．

### 1.1.1　集合

ある性質を満たすものの集まりを**集合**という．集合に属しているものをそ
の集合の**元**または**要素**という．数学では習慣上，集合をアルファベットやギ
リシャ文字の大文字で表し，元を小文字で表すことが多い．元 $x$ が集合 A に
属することを，

$$x \in A \text{ または } A \ni x$$

と表す．また，$x$ が $A$ に属しないことを，記号で

$$x \notin A \text{ または } A \not\ni x$$

と表す．集合の表し方には，たとえば，1, 2, 3, 4, 5 を要素とする集合は

$$\{1, 2, 3, 4, 5\}$$

と表すこともできるし，

$$\{x \mid 1 \leqq x \leqq 5, x \text{ は整数}\}$$

と表すこともできる．このように具体的に要素（元）を並べる表し方と

$$A = \{\, x \,|\, x\,が満たす条件 \,\}$$

のように集合の要素（元）が満たす条件を明示する表し方の 2 通りがある．

**例 1** $A = \{ x \,|\, a \leqq x \leqq b \}$ とおくとき，$a \leqq x \leqq b$ を満たす実数 $x$ に対しては，$x \in A$ であり，$x < a$ または $x > b$ を満たす $x$ に対しては $x \notin A$ である．

**例 2** $B = \{ (x,y) \,|\, x^2 + y^2 < 4, \ x, y\,は実数 \}$ とおくとき，$B$ は平面において，原点 $(0,0)$ が中心で半径が 2 の円の内部である．このとき，$(1,\sqrt{2}) \in B$，$(3,-1) \notin B$ が成立する．

　数には

　**自然数**：$1, 2, 3, \ldots$　（物の集まりの個数や物の順位を表すのに用いられる）

　**整　数**：$0, \pm1, \pm2, \pm3, \ldots$　（自然数は正の整数である）

　**有理数**：分数 $\dfrac{a}{b}$（$a, b$ は整数で $b \neq 0$）で表される

　**無理数**：$\sqrt{2} = 1.41421\cdots,\ \pi = 3.14159265\cdots$　など循環しない無限小数

などがあり，有理数と無理数を合わせた数が実数である．実数（Real number）全体の集合を $\mathbb{R}$ で表し，自然数（Natural number）全体の集合，整数（ドイツ語で ganze Zahl）全体の集合，有理数全体の集合をそれぞれ，$\mathbb{N}$, $\mathbb{Z}$, $\mathbb{Q}$（商は英語で Quotient）で表す．実数や有理数においては，四則演算，すなわち，足し算（加法），引き算（減法），掛け算（乗法），割り算（除法）（0 で割ることは除く）を自由に行うことができる*．四則演算を自由に行うことができる数の集合は，実数全体，有理数全体，その他に複素数全体などがある．複素数については後の節で述べる．$a, b$ は実数で $a < b$ とする．この

---

*たとえば，$2 \div 3$ は整数ではないので整数の範囲では割り算を自由に行うことができない

とき，次の形の実数の部分集合を**区間**（**Interval**）といい，記号で

$$(a,b) = \{x \mid a < x < b\}, \quad [a,b] = \{x \mid a \leqq x \leqq b\}$$

$$[a,b) = \{x \mid a \leqq x < b\}, \quad (a,b] = \{x \mid a < x \leqq b\}$$

$$(a,\infty) = \{x \mid a < x\}, \qquad (-\infty,b) = \{x \mid x < b\}$$

$$[a,\infty) = \{x \mid a \leqq x\}, \qquad (-\infty,b] = \{x \mid x \leqq b\}$$

$$(-\infty,\infty) = \mathbb{R}$$

と表す．特に

$$(a,b), [a,b], [a,b), (a,b]$$

の形の区間を**有界区間**といい，

$$(-\infty,b), (-\infty,b], (a,\infty), [a,\infty), (-\infty,+\infty)$$

の形の区間を**無限区間**という．また $(a,b)$ および $(-\infty,b)$, $(a,\infty)$ の形の区間を**開区間**といい，$[a,b]$ および $(-\infty,b]$, $[a,\infty)$ の形の区間を**閉区間**という．$\mathbb{R} = (-\infty,\infty)$ は開区間でかつ閉区間である．

**問題 1** 次の集合について，$\{x \mid x$ が満たす条件 $\}$ で表されている集合は具体的に要素（元）を並べる表し方で表し，具体的に要素（元）を並べる表し方で表されている集合は $\{x \mid x$ が満たす条件 $\}$ で表せ．

(1) $\{x \mid x^2 < 9,\ x$ は整数 $\}$　　　(2) $\{x \mid x^2 \leqq 16,\ x$ は自然数 $\}$

(3) $\{x \mid -3 \leqq x \leqq 4,\ x$ は奇数 $\}$　　(4) $\{0,3,6,9\}$

(5) $\{2,4,8,16,32,64,\cdots\}$　　(6) $\{-1,6,13,20,27,34,41,\cdots\}$

解　(1) $\{-2,-1,0,1,2\}$　(2) $\{1,2,3,4\}$　(3) $\{-3,-1,1,3\}$
(4) $\{x \mid x = 3n,\ n = 0,1,2,3\}$　(5) $\{x \mid x = 2^n,\ n$ は自然数 $\}$
(6) $\{x \mid x = 7n - 8,\ n$ は自然数 $\}$

集合 $A$ の元がすべて集合 $B$ に含まれるとき，$A$ を $B$ の**部分集合**といい，記号で $A \subset B$ または $B \supset A$ と表す．また，$A \subset B$ かつ $B \subset A$ のとき $A = B$ と表す．元を 1 つも含まない集合を**空集合**といい，$\emptyset$ と表す．空集合は任意の集合の部分集合であると約束する．

2 つの集合 $A, B$ に対して,

$$A \cup B = \{x \,|\, x \in A \text{ または } x \in B\}$$

を $A$ と $B$ の**和集合**,**合併集合**または**結び**という.

$$A \cap B = \{x \,|\, x \in A \text{ かつ } x \in B\}$$

を $A$ と $B$ の**共通集合**または**交わり**という. 一般に $n$ 個の集合 $A_j$ $(j = 1, 2, \ldots, n)$ に対しても少なくとも 1 つの $A_j$ に含まれる元 $x$ の全体を

$$\bigcup_{j=1}^{n} A_j = A_1 \cup A_2 \cup \cdots \cup A_n$$

と表し,$A_j$ $(j = 1, 2, \ldots, n)$ の**和集合**という. またどの $A_j$ にも含まれる元 $x$ の全体を

$$\bigcap_{j=1}^{n} A_j = A_1 \cap A_2 \cap \cdots \cap A_n$$

と表し,$A_j$ $(j = 1, 2, \ldots, n)$ の**共通集合**という.

**例 3** $A = \{1, 2, 3, 4, 5\}$, $B = \{2, 4, 6\}$ とおくとき,

$$A \cup B = \{1, 2, 3, 4, 5, 6\}, \quad A \cap B = \{2, 4\}.$$

**例 4** 区間について,$A = (0, 2)$, $B = (1, 2]$, $C = [1, 3)$, $D = [3, 4]$ とおくとき,

$$B \subset C, \quad B \not\subset A, \quad A \cup C = (0, 3), \quad A \cap C = [1, 2), \quad A \cap D = \emptyset.$$

---

**定理 1** $A$, $B$, $C$ を集合とするとき,次が成立する

(1) $(A \cup B) \cap C = (A \cap C) \cup (B \cap C)$

(2) $(A \cap B) \cup C = (A \cup C) \cap (B \cup C)$

---

証明

(1) $x \in (A \cup B) \cap C$

$\iff \quad x \in (A \cup B)$ かつ $x \in C$

$\iff [\, x \in A$ または $x \in B \,]$ かつ $x \in C$

$\iff [x \in A$ かつ $x \in C \,]$ または $[x \in B$ かつ $x \in C \,]$

$\iff x \in A \cap C$ または $x \in B \cap C$

$\iff x \in (A \cap C) \cup (B \cap C)$

(2) $x \in (A \cap B) \cup C$

$\iff x \in (A \cap B)$ または $x \in C$

$\iff [\, x \in A$ かつ $x \in B \,]$ または $x \in C$

$\iff [x \in A$ または $x \in C \,]$ かつ $[x \in B$ または $x \in C \,]$

$\iff x \in A \cup C$ かつ $x \in B \cup C$

$\iff x \in (A \cup C) \cap (B \cup C)$ □

考える集合の範囲を集合 $X$ の部分集合のみとするとき，$X$ の部分集合 $A$ に対し，

$$A^{\complement} = \{x \in X \mid x \notin A\}$$

によって定義される $X$ の部分集合を $A$ の**補集合**（Complement）という．これを用いて，2 つの集合 $A, B$ の差集合 $A \setminus B$ を

$$A \setminus B = A - B = A \cap B^{\complement}$$

と定義する．

---

**定理 2 (de Morgan（ド・モルガン）の定理)** $A_1, A_2, \ldots, A_n$ を $X$ の $n$ 個の部分集合とするとき，次が成立する

(1) $\left( \bigcup_{j=1}^{n} A_j \right)^{\complement} = \bigcap_{j=1}^{n} A_j{}^{\complement}$ (2) $\left( \bigcap_{j=1}^{n} A_j \right)^{\complement} = \bigcup_{j=1}^{n} A_j{}^{\complement}$

**問題 2** de Morgan の定理を証明せよ.

**問題 3** $A = \{1, 2, 3, 4, 5\}$, $B = \{-2, 3, 4, 6\}$, $C = \{0, 1, 5, 7, 9\}$ とするとき, 次の集合を求めよ.

　(1) $A \cup B$　(2) $A \cap B$　(3) $A \cap B^{\complement}$　(4) $B \cup C$　(5) $B \cap C$　(6) $A \cup B \cup C$

解　(1) $\{-2, 1, 2, 3, 4, 5, 6\}$　(2) $\{3, 4\}$　(3) $\{1, 2, 5\}$　(4) $\{-2, 0, 1, 3, 4, 5, 6, 7, 9\}$
(5) $\emptyset$　(6) $\{-2, 0, 1, 2, 3, 4, 5, 6, 7, 9\}$

### 1.1.2　直積集合

　$A$, $B$ を 2 つの集合とするとき,

$$A \times B = \{(x, y) \mid x \in A, \ y \in B\}$$

によって定義された集合　$A \times B$ を $A$ と $B$ の **直積集合** という. ただし, $(a, b), (c, d) \in A \times B$ に対し, $(a, b) = (c, d)$ とは $a = c$ かつ $b = d$ のことと定義する. $A$, $B$, $C$ を 3 つの集合とするとき, $A$ と $B$ と $C$ の直積集合

$$A \times B \times C = \{(x, y, z) \mid x \in A, \ y \in B, \ z \in C\}$$

も同様に定義することができる.

**問題 4** $A = \{1, 2, 3\}$, $B = \{-2, 3\}$, $C = \{0, 1\}$ とするとき, 次の直積集合を求めよ.

　(1) $A \times B$　(2) $A \times C$　(3) $B \times C$　(4) $B \times A$　(5) $C \times B$　(6) $B \times B \times C$

解　(1) $\{(1, -2), (1, 3), (2, -2), (2, 3), (3, -2), (3, 3)\}$
(2) $\{(1, 0), (1, 1), (2, 0), (2, 1), (3, 0), (3, 1)\}$　(3) $\{(-2, 0), (-2, 1), (3, 0), (3, 1)\}$
(4) $\{(-2, 1), (-2, 2), (-2, 3), (3, 1), (3, 2), (3, 3)\}$　(5) $\{(0, -2), (0, 3), (1, -2), (1, 3)\}$
(6) $\{(-2, -2, 0), (-2, 3, 0), (3, -2, 0), (3, 3, 0), (-2, -2, 1), (-2, 3, 1), (3, -2, 1), (3, 3, 1)\}$

　$A$ を集合とするとき, 直積集合 $A \times A$, $A \times A \times A$ をそれぞれ $A^2$, $A^3$ で表す. すなわち,

$$A^2 = A \times A, \ A^3 = A \times A \times A$$

**例 5**

$$\mathbb{R}^2 = \{(x,y) \mid x \in \mathbb{R},\ y \in \mathbb{R}\}$$

は次のような対応により平面全体の集合と同一視することができる. まず, 平面内に水平方向の直線（$x$ 軸）と垂直方向の直線（$y$ 軸）をとり, 正の方向を決める. 次に, $x$ 軸と $y$ 軸の交点を原点 O とし, $(0,0)$ を原点 O に対応させる. $\mathbb{R}^2$ の任意の点 $(a,b)$ は, 原点 O を $x$ 軸方向に $a$, $y$ 軸方向に $b$ だけ平行移動した点に対応させる. この対応は $\mathbb{R}^2$ から平面全体の上への 1 対 1 対応であり, この対応により $\mathbb{R}^2 = \{(x,y) \mid x \in \mathbb{R},\ y \in \mathbb{R}\}$ は平面全体の集合と同一視することができる.

$$\mathbb{R}^3 = \{(x,y,z) \mid x \in \mathbb{R},\ y \in \mathbb{R},\ z \in \mathbb{R}\}$$

も同様に空間内に互いに直交し 1 点で交わる 3 つの直線（$x$ 軸, $y$ 軸, $z$ 軸）をとることにより空間上の点全体の集合と同一視することができる. 平面と同一視された $\mathbb{R}^2$ を**座標平面**といい, 空間と同一視された $\mathbb{R}^3$ を**座標空間**という. 今後, 特に断らない限り $\mathbb{R}^2$ は座標平面と $\mathbb{R}^3$ は座標空間と同じものとして取り扱う. 上の対応で $\mathbb{R}^2$ の任意の元 $(a,b)$ が座標平面上の点 P に対応しているとき, $(a,b)$ を 点 P の**座標**という. このとき, $(a,b)$ と点 P は同じものと考える. したがって, 点 P という代わりに点 $(a,b)$ ということもある. 座標空間についても同様である.

**注 1** $\mathbb{R}^2$ の点 $(x,y)$ や $\mathbb{R}^3$ の点 $(x,y,z)$ をそれぞれ $\begin{pmatrix} x \\ y \end{pmatrix}$, $\begin{pmatrix} x \\ y \\ z \end{pmatrix}$ と縦に表すこともある.

## 1.2 文字式と四則演算

個々の数の間に成立するいろいろな性質や未知数を含む等式（方程式）などを論じる場合に, 個々の数や未知数を $a, b, c, \ldots, x, y, z$ などのアルファベット文字や $\alpha, \beta, \gamma, \ldots$ などのギリシャ文字などで表すと便利である. こうして, $a \times a \times b$, $\tan(x+y)$, $x+y=1$ などのように文字で表された数式,

すなわち**文字式**を使用することは数学だけでなく，あらゆる自然科学において基本的である．2 つの数 $a$ と $b$ の積 $a \times b$ は多くの場合 $a \cdot b$ や $ab$ で表す．次の性質が成立する：

**性質 3** $a, b, c, d$ を実数とするとき，

(1) $a + b = b + a$, $ab = ba$（**交換法則**）

(2) $(a + b) + c = a + (b + c)$, $(ab)c = a(bc)$　（**結合法則**）

(3) $a(b + c) = ab + ac$, $a(b - c) = ab - ac$　（**分配法則**）

　一般に，四則演算を自由に行うことができ，性質 3 を満たす数の集合を**体**という．

　$a, b$ が実数で $b \neq 0$ とすると，$bx = a$ を満たす実数 $x$ がただ 1 つ存在する．この $x$ を $\dfrac{a}{b}$ と表す．このとき，次の性質が成立する：

**性質 4** $a, b, c, d$　$(b \neq 0, d \neq 0)$ を実数とするとき，

(1) $\dfrac{ac}{bc} = \dfrac{a}{b}$　$(c \neq 0)$

(2) $\dfrac{a}{b} + \dfrac{c}{d} = \dfrac{ad + bc}{bd}$

(3) $\dfrac{a}{b} - \dfrac{c}{d} = \dfrac{ad - bc}{bd}$

(4) $\dfrac{a}{b} \times \dfrac{c}{d} = \dfrac{ac}{bd}$

(5) $\dfrac{a}{b} \div \dfrac{c}{d} = \dfrac{a}{b} \times \dfrac{d}{c}$, ただし $c \neq 0$

等号 $=$ について，次が成立する．

**性質 5** $a, b, c$ は実数とする．

(1) $a = b$ ならば $a + c = b + c$, $a - c = b - c$

(2) $a = b$ ならば $ca = cb$

3 < 6 や 0.2 > −0.3 のように，異なる 2 つの実数 $a$ と $b$ の間には $a < b$ または $b < a$ の大小関係が定まる．2 つの実数 $a$ と $b$ に対して，$a < b$ であることは，$b - a > 0$ が成立することと同じである．次が成立する．

**性質 6** $a, b, c$ は実数とする．

(1) $a < b$ ならば $a + c < b + c, a - c < b - c$

(2) $a < b$ かつ $0 < c$ ならば $ca < cb$

(3) $a < b$ かつ $c < 0$ ならば $ca > cb$

$x \leqq y$ は $x < y$ または $x = y$ であることを意味する．上の性質 5，性質 6 より，次が成立する．

**性質 7** (1) $a \leqq b$ ならば $a + c \leqq b + c, a - c \leqq b - c$

(2) $a \leqq b$ かつ $0 < c$ ならば $ca \leqq cb$

(3) $a \leqq b$ かつ $c < 0$ ならば $ca \geqq cb$

実数 $a$ の $n$ 個の積 $\underbrace{a \times a \times \cdots \times a}_{n\,個}$ を $a^n$ によって表す．$2a^2b^3c$ や $\dfrac{2}{3}ab^3c^2d^4$ などのように何個かの文字と数の積で表された文字式を**単項式**という．また，$2a^2b^3c + \frac{2}{3}ab^3c^2d^4 + 4a + b - 2c$ などのように何個かの項（単項式）の和で表された文字式を**多項式**という．与えられた何個かの多項式の積で表された文字式を単項式の和で表すことをその与えられた文字式の**展開**という．

**性質 8 (展開公式)** 性質 3 より，次の展開公式が成立する：

(1) $(a + b)^2 = a^2 + 2ab + b^2$

(2) $(a - b)^2 = a^2 - 2ab + b^2$

(3) $(a + b)(c + d) = ac + ad + bc + bd$

(4) $(ax + b)(cx + d) = acx^2 + (ad + bc)x + bd$

(5) $(a+b)(a-b) = a^2 - b^2$

(6) $(a+b)^3 = a^3 + 3a^2b + 3ab^2 + b^3$

(7) $(a-b)^3 = a^3 - 3a^2b + 3ab^2 - b^3$

(8) $(a+b)(a^2 - ab + b^2) = a^3 + b^3$

(9) $(a-b)(a^2 + ab + b^2) = a^3 - b^3$

(10) $(a+b+c)(a^2 + b^2 + c^2 - ab - bc - ca) = a^3 + b^3 + c^3 - 3abc$

**問題 5** 性質 8 が成立することを示せ.

**問題 6** 次の式を展開せよ.

(1) $(3x+2y)(3x-2y)(9x^2 + 6xy + 4y^2)(9x^2 - 6xy + 4y^2)$

(2) $(a+b+c)^2 - (a+c-b)^2 + (a+b-c)^2 - (a-b-c)^2$

解 (1) $729x^6 - 64y^6$ (2) $8ab$

$n$ を自然数とするとき,

$$n! = n \times (n-1) \times \cdots \times 2 \times 1,$$
$$0! = 1$$

と定義し, これを **階乗** と呼ぶ. このとき, $n$ 個のものから $r$ 個取り出す組合せ $_n\mathrm{C}_r$ は

$$_n\mathrm{C}_r = \frac{_n\mathrm{P}_r}{r!} = \frac{n!}{(n-r)!\,r!} \tag{1.1}$$

である.

---

**定理 9 (組合せの性質)** 組合せ $_n\mathrm{C}_r$ について, 次が成立する.

(1) $_n\mathrm{C}_0 = {_n\mathrm{C}_n} = 1$    (2) $_n\mathrm{C}_1 = {_n\mathrm{C}_{n-1}} = n$

(3) $_n\mathrm{C}_r = {_n\mathrm{C}_{n-r}}$    (4) $_n\mathrm{C}_r + {_n\mathrm{C}_{r-1}} = {_{n+1}\mathrm{C}_r}$

**証明** (1), (2), (3) は定義式 (1.1) からわかる. (4) は，次のように示される.

$$
\begin{aligned}
{}_nC_r + {}_nC_{r-1} &= \frac{n!}{(n-r)!\,r!} + \frac{n!}{(n-r+1)!\,(r-1)!} \\
&= \frac{(n-r+1) \times n!}{(n-r+1) \times (n-r)!\,r!} + \frac{n! \times r}{(n-r+1)!\,(r-1)! \times r} \\
&= \frac{(n+1) \times n! - r \times n!}{(n-r+1)!\,r!} + \frac{n! \times r}{(n-r+1)!\,r!} \\
&= \frac{(n+1)!}{(n+1-r)!\,r!} = {}_{n+1}C_r
\end{aligned}
$$

$\square$

---

**定理 10** $n$ を自然数とするとき，次が成立する.

$$
\begin{aligned}
(1)\ (x+y)^n &= {}_nC_0 x^n + {}_nC_1 x^{n-1}y + \cdots + {}_nC_{n-1}xy^{n-1} + {}_nC_n y^n \\
&= \sum_{r=0}^{n} {}_nC_r x^{n-r}y^r \quad (\text{ただし } x^0 = 1, y^0 = 1)
\end{aligned}
$$

$$
(2)\ x^n - y^n = (x-y)(x^{n-1} + x^{n-2}y + \cdots + xy^{n-2} + y^{n-1})
$$

※ (1) は**二項定理**と呼ばれ，${}_nC_r$ は **二項係数**と呼ばれている.

---

実際に展開してみると，

$$
\begin{aligned}
(x+y)^1 &= x + y \\
(x+y)^2 &= x^2 + 2xy + y^2 \\
(x+y)^3 &= x^3 + 3x^2y + 3xy^2 + y^3 \\
(x+y)^4 &= x^4 + 4x^3y + 6x^2y^2 + 4xy^3 + y^4 \\
(x+y)^5 &= x^5 + 5x^4y + 10x^3y^2 + 10x^2y^3 + 5xy^4 + y^5
\end{aligned}
$$

$\cdots$ $\cdots\cdots\cdots\cdots\cdots\cdots\cdots\cdots\cdots\cdots\cdots\cdots\cdots\cdots$

である.

上の式の係数だけから作られる三角形は，**Pascal**（パスカル）の三角形と呼ばれている.

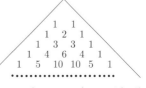

Pascal（パスカル）の三角形

**問題 7** $(2x+y)^{10}$ を展開したとき，$x^3y^7$ の係数を求めよ．

解　960

　与えられた文字式を何個かの文字式の積で表すことをその文字式の**因数分解**という．

**性質 11 (因数分解の公式)** 性質 8より，次の公式が成立する：

(1) $a^2 + 2ab + b^2 = (a+b)^2$

(2) $a^2 - 2ab + b^2 = (a-b)^2$

(3) $ac + ad = a(c+d)$

(4) $acx^2 + (ad+bc)x + bd = (ax+b)(cx+d)$

(5) $a^2 - b^2 = (a+b)(a-b)$

(6) $a^3 + 3a^2b + 3ab^2 + b^3 = (a+b)^3$

(7) $a^3 - 3a^2b + 3ab^2 - b^3 = (a-b)^3$

(8) $a^3 + b^3 = (a+b)(a^2 - ab + b^2)$

(9) $a^3 - b^3 = (a-b)(a^2 + ab + b^2)$

(10) $a^3 + b^3 + c^3 - 3abc = (a+b+c)(a^2+b^2+c^2-ab-bc-ca)$

　$x^2 - 1 = 2(y+1)(z-2)$ や $PV = nRT$ のように等号を含む文字式を**等式**という．$x^3 = (x-2)(x^2+2x+4)+8$ のようにすべての $x$ に対して成立する等式を**恒等式**という．$x-1 < y$ や $x^2 - 2y + 1 \leqq 0$ のように不等号を含む文字式を**不等式**という．

**問題 8** 次の式を因数分解せよ．

(1) $2xy^2 - x^2y$　(2) $4a^2 - 9b^2$　(3) $3x^2 - 4x - 4$　(4) $5m^2 - 7\ell m - 6\ell^2$

(5) $a^2 - 2b^2 - ab - 2a + 7b - 3$　(6) $(x-y)^3 + (y-z)^3 + (z-x)^3$

解　(1) $xy(2y-x)$　　(2) $(2a-3b)(2a+3b)$　　(3) $(x-2)(3x+2)$　　(4) $(5m+3\ell)(m-2\ell)$　　(5) $(a-2b+1)(a+b-3)$　　(6) $3(x-y)(y-z)(z-x)$

**問題 9** 次の式を計算せよ.

(1) $\dfrac{x+3}{x^2-4x+3} - \dfrac{x+1}{x^2-3x+2}$

(2) $1 - \dfrac{1}{1 - \dfrac{1}{1 - \dfrac{1}{x}}}$

(3) $\dfrac{x^3}{(x-y)(x-z)} + \dfrac{y^3}{(y-z)(y-x)} + \dfrac{z^3}{(z-x)(z-y)}$

(4) $\dfrac{x+3}{x+1} - \dfrac{x+4}{x+2} - \dfrac{x-4}{x-2} + \dfrac{x-5}{x-3}$

解 (1) $\frac{3}{(x-3)(x-2)}$ (2) $x$ (3) $x+y+z$ (4) $\frac{-8(2x-1)}{(x-3)(x-2)(x+1)(x+2)}$

**問題 10** 次の式が恒等式であるように,定数 $a, b, c, d$ の値を求めよ.

(1) $x^3 + x - 1 = a(x-1)^3 + b(x-1)^2 + c(x-1) + d$

(2) $\dfrac{1}{x^2-3x-4} = \dfrac{a}{x-4} + \dfrac{b}{x+1}$

(3) $\dfrac{1}{x^3+1} = \dfrac{a}{x+1} + \dfrac{bx+c}{x^2-x+1}$

(4) $\dfrac{2x-1}{x^4-1} = \dfrac{a}{x-1} + \dfrac{b}{x+1} + \dfrac{cx+d}{x^2+1}$

解 (1) $a=1$, $b=3$, $c=4$, $d=1$ (2) $a=\frac{1}{5}$, $b=-\frac{1}{5}$

(3) $a=\frac{1}{3}$, $b=-\frac{1}{3}$, $c=\frac{2}{3}$ (4) $a=\frac{1}{4}$, $b=\frac{3}{4}$, $c=-1$, $d=\frac{1}{2}$

## 1.3 平方根と複素数

$a$ は $0$ 以上の実数とする.$x^2 = a$ を満たす $0$ 以上の数はただ $1$ つ存在する.その数を $\sqrt{a}$ と表す.そのとき,次の性質が成立する.

**性質 12** (1) $a \geqq 0$ のとき,$\left(\sqrt{a}\right)^2 = a$

(2) $x$ が実数のとき,$\sqrt{x^2} = \begin{cases} x & x \geqq 0 \\ -x & x < 0 \end{cases}$

(3) $a \geqq 0, b \geqq 0$ のとき,$\sqrt{ab} = \sqrt{a}\sqrt{b}$, $\sqrt{\dfrac{a}{b}} = \dfrac{\sqrt{a}}{\sqrt{b}}$ $(b \neq 0)$

**問題 11** $\sqrt{2}$ は無理数であることを示せ.

**問題 12** 次の値を求めよ.

(1) $\sqrt{16}$　　(2) $\sqrt{32}\sqrt{2}$　　(3) $\dfrac{\sqrt{8}}{\sqrt{2}}$　　(4) $\sqrt{5}\sqrt{20}$

解　(1) 4　(2) 8　(3) 2　(4) 10

**問題 13** 次の式を計算せよ.

(1) $\dfrac{1}{2-\sqrt{5}}$　(2) $\dfrac{\sqrt{3}+\sqrt{2}}{\sqrt{3}-\sqrt{2}}+\dfrac{\sqrt{3}-\sqrt{2}}{\sqrt{3}+\sqrt{2}}$　(3) $\dfrac{3-2\sqrt{2}}{\sqrt{2}-1}-\dfrac{2}{\sqrt{2}+1}$

(4) $\dfrac{\sqrt{5}}{\sqrt{5}+1}+\dfrac{\sqrt{5}}{\sqrt{5}-1}$　(5) $\dfrac{4+2\sqrt{3}}{\sqrt{3}+1}+\dfrac{1}{\sqrt{3}-2}$

(6) $\left(2-\sqrt{3}\right)^2+\left(2+\sqrt{3}\right)^2$

解　(1) $-2-\sqrt{5}$　(2) 10　(3) $1-\sqrt{2}$　(4) $\frac{5}{2}$　(5) $-1$　(6) 14

　$x$ を実数とすると, $x^2 \geqq 0$ であるから, $x^2 = -1$ を満たす実数 $x$ は存在しない. そこで,

$$i^2 = -1$$

を満たす数

$$i = \sqrt{-1}$$

を新しく導入する. $i$ を**虚数単位**（**imaginary unit**）という. $x, y$ を実数とし, $x+iy$ の形の数を**複素数**（**Complex number**）という. $y = 0$ のとき, $x+i0$ は実数 $x$ と同一視する. こうして, 実数は複素数の特別の場合と考えることができる. $x = 0$ のとき, $0+iy$ を $iy$ と表し, **純虚数**という. 複素数の相等および四則を次のように定める.

(1) **相等**　$x_1+iy_1 = x_2+iy_2$ とは $x_1 = x_2$ かつ $y_1 = y_2$ が成立することである.

(2) **和**　$(x_1+iy_1)+(x_2+iy_2) = (x_1+x_2)+i(y_1+y_2)$

(3) **差**　$(x_1+iy_1)-(x_2+iy_2) = (x_1-x_2)+i(y_1-y_2)$

(4) **積**　$(x_1+iy_1)(x_2+iy_2) = (x_1x_2-y_1y_2)+i(x_1y_2+x_2y_1)$

(5) 商  $\dfrac{x_1 + iy_1}{x_2 + iy_2} = \dfrac{x_1 x_2 + y_1 y_2}{(x_2)^2 + (y_2)^2} + i\dfrac{x_2 y_1 - x_1 y_2}{(x_2)^2 + (y_2)^2}$   ただし, $x_2 + iy_2 \neq 0$

上の規則は $i$ を普通の数のように取り扱って, $i^2$ が出てくるたびに $i^2 = -1$ とおいたものに一致する.

**性質 13** 複素数 $z_1 = x_1 + iy_1, z_2 = x_2 + iy_2, z_3 = x_3 + iy_3, z_4 = x_4 + iy_4$ に対し, 次が成立する.

(1) **交換律** $z_1 + z_2 = z_2 + z_1, z_1 z_2 = z_2 z_1$

(2) **結合律** $z_1 + (z_2 + z_3) = (z_1 + z_2) + z_3, z_1(z_2 z_3) = (z_1 z_2)z_3$

(3) **分配律** $z_1(z_2 + z_3) = z_1 z_2 + z_1 z_3, (z_1 + z_2)z_3 = z_1 z_3 + z_2 z_3$

(4) $(z_1 - z_2) = z_1 + (-1)z_2 = z_1 + (-z_2), (z_1 - z_2) + z_2 = z_1$

(5) $\dfrac{z_1}{z_2} z_2 = z_2 \dfrac{z_1}{z_2} = z_1$ ただし, $z_2 \neq 0$

(6) $\dfrac{z_1}{z_2} \dfrac{z_3}{z_4} = \dfrac{z_1 z_3}{z_2 z_4}$, 特に $\dfrac{z_1}{z_2} = \dfrac{z_1 z_4}{z_2 z_4}$ ただし, $z_2 \neq 0, z_4 \neq 0$

**問題 14** 上の性質 13を証明せよ.

**問題 15** 次の式を簡単にせよ.

(1) $(2 + 3i) + (1 - 4i)$          (2) $(3 + 2i) - (5 + 4i)$

(3) $\left(\dfrac{-1 + \sqrt{3}\,i}{2}\right)^2$          (4) $\dfrac{1 + 2i}{3 + 4i}$

解  (1) $3 - i$   (2) $-2 - 2i$   (3) $\dfrac{-1 - \sqrt{3}i}{2}$   (4) $\dfrac{11}{25} + \dfrac{2}{25}i$

**問題 16** 次の式を計算せよ.

(1) $(1 + 5i) + (2 - 3i)$     (2) $(5 + 6i) - (3 - 5i)$     (3) $(-i)^5$

(4) $(3 + 2i)(3 - 4i)$     (5) $3i^3$     (6) $\dfrac{2 + 3i}{4 - 5i}$

解  (1) $3 + 2i$   (2) $2 + 11i$   (3) $-i$   (4) $17 - 6i$   (5) $-3i$   (6) $-\dfrac{7}{41} + \dfrac{22}{41}i$

## 1.4　多項式と代数方程式

$a_0, a_1, \ldots, a_n$ を定数 $(a_n \neq 0)$ とするとき，$f(x) = a_n x^n$ を 1 変数 $x$ の**単項式** といい，また

$$f(x) = a_0 + a_1 x + a_2 x^2 + \cdots + a_{n-1} x^{n-1} + a_n x^n$$

の形の式を 1 変数 $x$ の**多項式** という．単項式と多項式を合わせて**整式** と呼ぶ．このとき，$n$ を整式 $f(x)$ の**次数 (degree)** といい，$\deg(f(x))$ または $\deg(f)$ で表す．ただし，$f(x) = a_0$ のとき，$a_0 \neq 0$ であれば 0 次式であるが，$a_0 = 0$ の場合は次数を定義しない．次数 $n$ の多項式 $f(x) = a_0 + a_1 x + a_2 x^2 + \cdots + a_n x^n$ に対して，方程式

$$f(x) = a_0 + a_1 x + a_2 x^2 + \cdots + a_n x^n = 0$$

を **$n$ 次（代数）方程式**という．実数または複素数 $\alpha$ に対して，$f(\alpha) = 0$ が成立するとき，$\alpha$ を $n$ 次方程式 $f(x) = 0$ の **解** または **根** という．$n$ 次方程式 $f(x) = 0$ の **解** を求めることを $n$ 次方程式 $f(x) = 0$ を**解く**という．

### 1.4.1　1 次方程式

1 次方程式 $ax + b = 0$　$(a \neq 0)$ の解は，$x = -\dfrac{b}{a}$ であることが次のようにしてわかる．

$$
\begin{aligned}
ax + b &= 0 \\
(ax + b) - b &= -b \\
ax &= -b \\
\frac{1}{a}(ax) &= \frac{1}{a}(-b) \\
x &= -\frac{b}{a}
\end{aligned}
$$

**注 2** $a = 0$ の場合，$ax + b$ は 1 次式ではないので，方程式 $ax + b = 0$ は厳密には 1 次方程式とはいえないが，解は次のようになる．

(1) $a = b = 0$ のとき，$ax + b = 0$ の解はすべての実数

(2) $a = 0, b \neq 0$ のとき，$ax + b = 0$ の解はない.

## 1.4.2 2次方程式

2次方程式 $ax^2 + bx + c = 0$ $(a \neq 0)$ の解は

$$x = \frac{-b \pm \sqrt{b^2 - 4ac}}{2a} \quad \text{(2次方程式の解の公式)} \tag{1.2}$$

であることが，次のようにしてわかる.

$$
\begin{aligned}
ax^2 + bx + c &= a\left(x^2 + \frac{b}{a}x\right) + c \\
&= a\left\{\left(x + \frac{b}{2a}\right)^2 - \frac{b^2}{4a^2}\right\} + c \\
&= a\left(x + \frac{b}{2a}\right)^2 + c - \frac{b^2}{4a} \\
&= a\left(x + \frac{b}{2a}\right)^2 + \frac{4ac - b^2}{4a} \tag{1.3}
\end{aligned}
$$

であるから，$ax^2 + bx + c = 0$ より

$$\left(x + \frac{b}{2a}\right)^2 = \frac{b^2 - 4ac}{4a^2}$$

よって，

$$x = \frac{-b \pm \sqrt{b^2 - 4ac}}{2a}$$

2次方程式の解の公式 (1.2) のルートの中を $D = b^2 - 4ac$ とおく．$D$ を2次方程式 $ax^2 + bx + c = 0$ の**判別式**（**Discriminant**）という．そのとき，2次方程式

$$ax^2 + bx + c = 0 \quad (a \neq 0)$$

の解は

(1) $D > 0$ のとき，2つの異なる実数解 $x = \dfrac{-b \pm \sqrt{b^2 - 4ac}}{2a}$ をもつ.

(2) $D = 0$ のとき，ただ 1 つの実数解 $x = \dfrac{-b}{2a}$ をもつ．この解を（二）**重解**という．

(3) $D < 0$ のとき，虚数解 $x = \dfrac{-b \pm \sqrt{b^2 - 4ac}}{2a} = \dfrac{-b \pm i\sqrt{4ac - b^2}}{2a}$ をもつ．

※ $2x^2 - x - 1 = (2x + 1)(x - 1)$ のように，1 次式の積への因数分解が容易にわかる場合は，$2x^2 - x - 1 = 0$ の解は $(2x + 1)(x - 1) = 0$ より，$x = -\dfrac{1}{2},\ 1$ である．

**問題 17** 次の 2 次方程式を解け．

(1) $2x^2 - 3x + 1 = 0$　　(2) $3x^2 - 14x - 5 = 0$　　(3) $2x^2 - 3x - 2 = 0$

(4) $4x^2 - 12x + 9 = 0$　　(5) $x^2 - 2x - 1 = 0$　　　(6) $x^2 + x + 2 = 0$

(7) $x^2 - 2\sqrt{2}x + 2 = 0$　　(8) $2x^2 - 2x + 5 = 0$

解　(1) $\frac{1}{2}, 1$ (2) $5, -\frac{1}{3}$ (3) $2, -\frac{1}{2}$ (4) $\frac{3}{2}$ (5) $1 \pm \sqrt{2}$ (6) $\frac{-1 \pm \sqrt{7}i}{2}$ (7) $\sqrt{2}$ (8) $\frac{1 \pm 3i}{2}$

## 1.4.3　高次方程式

2 つの多項式 $f(x)$, $g(x)$ に対して，

$$f(x) = g(x)Q(x) + R(x), \quad deg(R(x)) < deg(g(x)) \text{ または } R(x) = 0$$

を満たす多項式 $Q(x)$, $R(x)$ がただ一組存在する．このとき $Q(x)$, $R(x)$ をそれぞれ $f(x)$ を $g(x)$ で割ったときの **商**，**余り**という．特に $R(x) = 0$ のとき，$f(x)$ は $g(x)$ で**割り切れる**という．

**問題 18** 多項式 $f$ を多項式 $g$ で割ったときの商と余りを求めよ．

(1) $f = x^2 - x - 1,\ g = x - 2$　　(2) $f = x^3 - 3x^2 - 4x + 1,\ g = x^2 - 2x - 3$

(3) $f = 4x^4 - 3x^3 - 2x^2 - x + 5,\ g = x^2 - x - 1$

(4) $f = 2x^3 - 4x^2 - x - 2,\ g = 2x^2 - x + 1$

解 (1) 商 $x+1$ 余り $1$ (2) 商 $x-1$ 余り $-3x-2$ (3) 商 $4x^2+x+3$ 余り $3x+8$
(4) 商 $x-\frac{3}{2}$ 余り $-\frac{7}{2}x-\frac{1}{2}$

---

**定理 14 (剰余の定理)** 多項式 $f(x)$ を $x-a$ で割った余りは $f(a)$ である.

---

**証明** 多項式 $f(x)$ を $x-a$ で割ったときの商を $Q(x)$, 余りを $r$ ($r$ は定数)
とすると,

$$f(x) = (x-a)Q(x) + r$$

$x=a$ を代入すると, $r=f(a)$ を得る. □

剰余の定理より, 次の因数定理を得ることができる.

---

**定理 15 (因数定理)** 多項式 $f(x)$ が $x-a$ で割り切れるための必要十分条
件は $f(a)=0$ である.

---

**問題 19** 次の多項式を因数分解せよ.

(1) $x^3 - 4x^2 + 4x - 3$      (2) $2x^3 - 3x^2 - 3x + 2$

(3) $x^3 + x^2 + 2x + 2$      (4) $x^3 + 2x^2 - x - 2$

解 (1) $(x-3)(x^2-x+1)$      (2) $(2x-1)(x-2)(x+1)$

     (3) $(x+1)(x^2+2)$      (4) $(x+2)(x-1)(x+1)$

**問題 20** 次の方程式を解け.

(1) $6x^3 - 7x^2 - x + 2 = 0$      (2) $6x^3 + 11x^2 - 3x - 2 = 0$

(3) $6x^3 - x^2 - 6x - 2 = 0$      (4) $x^3 - x^2 + x + 3 = 0$

解 (1) $1, -\frac{1}{2}, \frac{2}{3}$ (2) $-2, \frac{1}{2}, -\frac{1}{3}$ (3) $-\frac{1}{2}, \frac{1\pm\sqrt{7}}{3}$ (4) $-1, 1\pm\sqrt{2}i$

## 1.5　関数

### 1.5.1　関数の一般的定義

　2 つの集合 $X, Y$ が与えられていて，$X$ の各元にある対応規則 $f$ のもとで $Y$ の元がただ 1 つ対応しているときこの対応規則 $f$ を $X$ を定義域とする**関数（function）**または**写像**という．2 つの集合 $X, Y$ を明示するために，関数 $f$ を $f : X \to Y$ と表すこともある．$x (\in X)$ に対応規則 $f$ により $y (\in Y)$ が対応しているとき，$y = f(x)$ と表す．関数 $f : X \to Y$ を $y = f(x)$ や $f(x)$ と表すこともある．このとき，$x$ を**独立変数**といい，$y$ を**従属変数**という．たとえば，$y = 2x - 1$ のように独立変数と従属変数だけで表すこともある．また，定義域 $X$ を明示する必要がある場合には，$y = f(x)$ $(x \in X)$ または上記の表し方 $f : X \to Y$ を使用する．

　集合 $f(X) = \mathrm{Im} f = \{ f(x) \,|\, x \in X \}$ を $f$ の**値域**または $f$ による $X$ の**像（Image）**という．$f(X) \subset \mathbb{R}$ のとき $f$ を**実数値関数**という．

**例 6**　$y = 2x - 1,\ y = 2x^2 + 3x - 1,\ y = \sqrt{2x - 1},\ y = \dfrac{x}{2x - 1}$

はいずれも独立変数 $x$ 従属変数 $y$ の関数である．

**例 7**　$y = f(x) = [x]$（$^\dagger x$ を越えない最大の整数）の定義域は $\mathbb{R}$ であり，値域は整数全体の集合である．

**例 8**　$y = f(x) = \dfrac{1}{2x - 1}$ の定義域は $\mathbb{R} \setminus \{ \frac{1}{2} \}$ であり，値域は $\mathbb{R} \setminus \{ 0 \}$ である．

　関数 $f : X \to Y$ に対して，$x_1, x_2 \in X, x_1 \neq x_2$ ならばつねに $f(x_1) \neq f(x_2)$ のとき $f$ は**単射**または **1 対 1** であるという．$f(X) = Y$ のとき $f$ は**全射**であるという．$f : X \to Y$ が全射かつ単射のとき $f$ は**全単射**であるという．

**例 9**　$f(x) = x^2$ $(x \in \mathbb{R})$ について，は全射でも単射でもない．しかし，定義域を変えて $f(x) = x^2$ $(x \geqq 0)$ とすると，$f : \{ x \geqq 0 \} \to \{ y \geqq 0 \}$ は全単射である．

---

$^\dagger$Gauss（ガウス）記号と呼ばれている．

**例 10** 集合 $X$ に対して, $I_X(x) = x$ $(x \in X)$ によって, 定義される写像 $I_X : X \to X$ を $X$ の**恒等写像**(**Identity map**)という. 恒等写像 $I_X$ は全単射である.

$X, Y$ を 2 つの集合とする. 関数 $f : X \to Y$ に対して, 直積集合 $X \times Y$ の部分集合

$$\{(x, y) \mid y = f(x),\ x \in X\}$$

を $f$ の**グラフ**という.

**問題 21** 与えられた関数の定義域に注意して, 4 つの関数

$$y = 2x - 1,\ y = 2x^2 + 3x - 1,\ y = \sqrt{2x - 1},\ y = \frac{x}{2x - 1}$$

のグラフを描け.

$I \subset \mathbb{R}$ を区間とする. $f : I \to \mathbb{R}$ を $I$ 上の実数値関数とする. 関数 $f(x)$ が多項式などのように連続‡な関数であれば, 関数 $y = f(x)$ のグラフ $\{(x, y) \in \mathbb{R}^2 \mid y = f(x), x \in I\}$ は座標平面 $\mathbb{R}^2$ 内の曲線(Curve)を描く. 一般に, 平面内の曲線 $C$ が, ある関数 $f(x)$ のグラフであるとき, $y = f(x)$ を曲線 $C$ の**方程式**§という. また, $C$ を曲線 $y = f(x)$ ともいう.

$A$ を実数全体 $\mathbb{R}$ の部分集合とする. $A$ で定義された実数値関数 $f : A \to \mathbb{R}$ とする. そのとき,

(1) 任意の $x, y \in A, x < y$ に対して, $f(x) < f(y)$ が常に成立するとき, 関数 $f : A \to \mathbb{R}$ は(**狭義**)**単調増加**であるという.

(2) 任意の $x, y \in A, x < y$ に対して, $f(x) \leqq f(y)$ が常に成立するとき, 関数 $f : A \to \mathbb{R}$ は**広義単調増加**であるという.

(3) 任意の $x, y \in A, x < y$ に対して, $f(x) > f(y)$ が常に成立するとき, 関数 $f : A \to \mathbb{R}$ は(**狭義**)**単調減少**であるという.

(4) 任意の $x, y \in A, x < y$ に対して, $f(x) \geqq f(y)$ が常に成立するとき, 関数 $f : A \to \mathbb{R}$ は**広義単調減少**であるという.

---

‡連続性については, 第 2 章で述べる.
§直線は曲線の特別な場合と考える.

**例 11** 実数を $a_1, a_2, \ldots, a_n, \ldots$ というように無限に並べたものを**数列**といい，$\{a_n\}_{n=1}^{\infty}$ または $\{a_n\}$ で表す．数列 $\{a_n\}$ は自然数全体の集合 $\mathbb{N}$ を定義域とする実数値関数とみなすことができる．数列 $\{a_n\}$ が $\mathbb{N}$ を定義域とする実数値関数として，それぞれ（狭義）単調増加，広義単調増加，（狭義）単調減少，広義単調減少であるとき，数列 $\{a_n\}$ はそれぞれ**（狭義）単調増加**，**広義単調増加**，**（狭義）単調減少**，**広義単調減少**であるという．

## 1.5.2　合成関数と逆関数

関数 $f: X \to Y$ が全単射のとき，任意の $y \in Y$ に対して，$f(x) = y$ を満たす $x \in X$ がただ 1 つ存在する．$y \in Y$ に対して，$f(x) = y$ を満たす $x \in X$ を対応させる対応規則を $f^{-1}$ と書き，$f^{-1}: Y \to X$ を $f$ の**逆関数**または**逆写像**という．このとき，$f$ の値域が $f^{-1}$ の定義域となる．

**例 12** $y = f(x) = 2x + 3 \ (x \in \mathbb{R})$ のとき，$f: \mathbb{R} \to \mathbb{R}$ は全単射であり，$x = f^{-1}(y) = \dfrac{1}{2}(y - 3)$ である．

関数 $f: X \to Y$ と関数 $g: Y \to Z$ に対して，

$$g \circ f(x) = g\left(f(x)\right) \quad (x \in X)$$

によって定義された関数 $g \circ f: X \to Z$ を $f$ と $g$ の**合成関数**という．

**例 13** 2 つの関数 $f(x) = x^2 + 1$，$g(x) = x^3$ において，$f$ と $g$ の合成関数は $g \circ f(x) = (x^2 + 1)^3$ で，$g$ と $f$ の合成関数は $f \circ g(x) = x^6 + 1$ である．

**問題 22** 2 つの関数 $f(x) = x^2 - 4x + 1$，$g(x) = 2x - 1$ について，次の問に答えよ．

(1) $f$ と $g$ の合成関数 $g \circ f$ および $g$ と $f$ の合成関数 $f \circ g$ を求めよ．

(2) 関数 $f(x) = x^2 - 4x + 1 \quad (x \geqq 2)$ の逆関数 $f^{-1}(x)$ とその定義域を求めよ．

解　(1) $g \circ f(x) = 2x^2 - 8x + 1, f \circ g(x) = 4x^2 - 12x + 6$

(2) $f^{-1}(x) = 2 + \sqrt{x+3}$, 定義域 $\{x \mid x \geqq -3\}$

**問題 23** $A$ を実数全体 $\mathbb{R}$ の部分集合とする．$A$ で定義された実数値関数 $f : A \to \mathbb{R}$ について，$f$ が単調増加または単調減少ならば，$f$ は1対1であることを示せ．また，その逆は一般に成立しないことを関数

$$f(x) = \begin{cases} x & (x \geqq 0) \\ \dfrac{1}{x} & (x < 0) \end{cases}$$

を用いて証明せよ．

**問題 24** 次を示せ．

(1) $f : X \to Y, \quad g : Y \to Z, \quad h : Z \to W$ のとき，次が成立する．

$$(h \circ g) \circ f = h \circ (g \circ f)$$

(2) $f : X \to Y$ が全単射であるための必要十分条件は，

$$g \circ f = I_X, \ f \circ g = I_Y$$

を満たす $g : Y \to X$ が存在することである．

## 1.6　1次関数と2次関数

### 1.6.1　1次関数

$f(x) = mx + n$ $(m, n$ は定数) のように1次式で表された関数を **1次関数** という．$y = mx + n$ のグラフは常に点 $(0, n)$ を通る．これを $y = mx + n$ のグラフの $y$ 切片という．

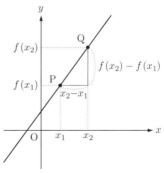

$y = f(x) = mx + n$ のグラフ上の異なる2点 $\mathrm{P}(x_1, f(x_1)), \mathrm{Q}(x_2, f(x_2))$ を任意にとると，

$$\frac{\mathrm{Q} \text{と} \mathrm{P} \text{の} y \text{座標の差}}{\mathrm{Q} \text{と} \mathrm{P} \text{の} x \text{座標の差}} = \frac{f(x_2) - f(x_1)}{x_2 - x_1} = m$$

すなわち,

$$\frac{\text{Q と P の } y \text{ 座標の差}}{\text{Q と P の } x \text{ 座標の差}} = \frac{y \text{ の増分}}{x \text{ の増分}}$$

は $x_1$, $x_2$ の取り方によらず, $y = f(x) = mx + n$ のグラフは 2 点 P, Q を通る直線を表す. このとき, $m$ を直線 $y = f(x) = mx + n$ のグラフの**傾き**という.

$y = mx + n$ のグラフは, $y$ 切片 $(0, n)$ を通り, 傾き $m$ の直線である.

座標平面上に異なる 2 点 A$(a_1, a_2)$, B$(b_1, b_2)$ が与えられているとする. 直線 AB 上の任意の点を P$(x, y)$ とする.

$a_1 = b_1$ のとき, 直線 AB は $y$ 軸に平行な直線であり $x = a_1$ を満たす.

$a_1 \neq b_1$ のとき,

$$\frac{y - a_2}{x - a_1} = \frac{b_2 - a_2}{b_1 - a_1} \qquad (x \neq a_1)$$

を満たす.

よって, 次の定理が得られる.

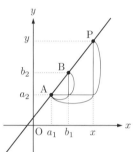

---

**定理 16** 座標平面上に異なる 2 点 A$(a_1, a_2)$, B$(b_1, b_2)$ $(a_1 \neq b_1)$ を通る直線の方程式は,

$$y = \frac{b_2 - a_2}{b_1 - a_1}(x - a_1) + a_2$$

である.

---

$y$ 軸に平行でない 2 つの直線が平行であるための必要十分条件は, 傾きが一致することである.

**問題 25** 次の直線の方程式を求めよ.

(1) 傾きが 2 で $y$ 切片が $-1$ の直線

(2) 傾きが $-3$ で $(1, 2)$ を通る直線

(3) 点 $(-1, 2)$ を通り, 直線 $y = 3x$ に平行な直線

(4) 2 点 $(3, 4)$, $(1, 5)$ を通る直線

解　(1) $y = 2x - 1$　　(2) $y = -3x + 5$　　(3) $y = 3x + 5$　　(4) $y = -\frac{1}{2}x + \frac{11}{2}$

## 1.6.2 2 次関数

$y = x^2$ や $y = -2x^2 + 3x - 1$ などのように 2 次式で表された関数を 2 次関数という. 2 次関数 $y = f(x) = ax^2 + bx + c$ （$a, b, c$ は定数で，$a \neq 0$）が与えられているとする.

$$f(x) = a\left(x + \frac{b}{2a}\right)^2 + \frac{4ac - b^2}{4a}$$

と変形できるから，

$$f\left(x - \frac{b}{2a}\right) = f\left(-x - \frac{b}{2a}\right)$$

がすべての $x$ に対して成立する. よって，2 次関数 $y = f(x) = ax^2 + bx + c$ のグラフは直線 $x = -\dfrac{b}{2a}$ に関して対称である.

(1) $a > 0$ ならば，$x = -\dfrac{b}{2a}$ のとき，$f(x)$ は最小値 $\dfrac{4ac - b^2}{4a}$ をとり，2 次関数 $y = ax^2 + bx + c$ のグラフは，右図のような下に凸な放物線を描く.

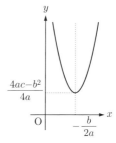

(2) $a < 0$ ならば，$x = -\dfrac{b}{2a}$ のとき，$f(x)$ は最大値 $\dfrac{4ac - b^2}{4a}$ をとり，2 次関数 $y = ax^2 + bx + c$ のグラフは，右図のような上に凸な放物線を描く.

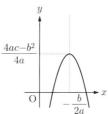

直線 $x = -\dfrac{b}{2a}$ を放物線 $y = ax^2 + bx + c$ の**軸**という.

点 $\left(-\dfrac{b}{2a}, \dfrac{4ac - b^2}{4a}\right)$ を 放物線 $y = ax^2 + bx + c$ の**頂点**という.

**問題 26** 次の 2 次関数 $f(x)$ に対して，放物線 $y = f(x)$ の頂点の座標，最大値，最小値，$x$ 軸との交点の $x$ 座標のうち存在するものを求めよ.

(1) $y = x^2 - 3x - 4$        (2) $y = -2x^2 + 4x + 6$

(3) $y = x^2 + x + 1$        (4) $y = -x^2 + 6x - 5$

解　(1) 頂点 $(\frac{3}{2}, -\frac{25}{4})$, 最大値 なし, 最小値 $-\frac{25}{4}$, $x$ 軸との交点の $x$ 座標 $-1, 4$

(2) 頂点 $(1, 8)$, 最大値 8, 最小値なし, $x$ 軸との交点の $x$ 座標 $-1, 3$

(3) 頂点 $(-\frac{1}{2}, \frac{3}{4})$, 最大値なし, 最小値 $\frac{3}{4}$, $x$ 軸との交点の $x$ 座標なし

(4) 頂点 $(3, 4)$, 最大値 4, 最小値なし, $x$ 軸との交点の $x$ 座標 $1, 5$

## 1.7　座標平面における点と曲線の移動

$\mathrm{P}(a, b)$ を座標平面内の点とする. そのとき,

(1) 点 $\mathrm{P}$ と $x$ 軸に関して対称な点 $\mathrm{Q}$ は $(a, -b)$.

(2) 点 $\mathrm{P}$ と $y$ 軸に関して対称な点 $\mathrm{R}$ は $(-a, b)$.

(3) 点 $\mathrm{P}$ と原点 $\mathrm{O}$ に関して対称な点 $\mathrm{S}$ は $(-a, -b)$.

(4) 点 $\mathrm{P}$ を $x$ 軸方向に $x_0$, $y$ 軸方向に $y_0$ だけ
平行移動した点 $\mathrm{T}$ は $(a + x_0, b + y_0)$.

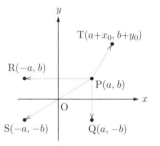

---

**定理 17** $I$ を区間とする. 曲線 $C$ は $I$ 上の関数 $y = f(x)$ のグラフで表されているものとする. このとき, 次が成立する.

(1) 曲線 $C$ と $x$ 軸に関して対称な曲線の
方程式は $-y = f(x)$ である.

(2) 曲線 $C$ と $y$ 軸に関して対称な曲線の
方程式は $y = f(-x)$ である.

(3) 曲線 $C$ と原点 $\mathrm{O}$ に関して対称な曲線
の方程式は $-y = f(-x)$ である.

(4) 曲線 $C$ を $x$ 軸方向に $x_0$,
$y$ 軸方向に $y_0$ だけ平行移動した曲線
の方程式は $y - y_0 = f(x - x_0)$ である.

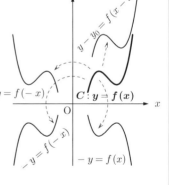

---

**問題 27** 上の定理 17を証明せよ.

**例 14** $x^2 - 2x = (x - 1)^2 - 1$ であるから, 放物線 $y = x^2 - 2x$ は放物線 $y = x^2$ を $x$ 軸方向に 1, $y$ 軸方向に $-1$ だけ平行移動した曲線である.

**問題 28** 放物線 $C : y = x^2$ について,

(1) $C$ を $x$ 軸方向に $2$, $y$ 軸方向に $-3$ 平行移動した曲線を $C_1$ とするとき, $C_1$ の方程式を求めよ.

(2) $C_1$ を $x$ 軸に関して対称移動した曲線を $C_2$ とするとき, $C_2$ の方程式を求めよ.

(3) $C_2$ を $y$ 軸に関して対称移動した曲線を $C_3$ とするとき, $C_3$ の方程式を求めよ.

(4) $C_3$ を原点に関して対称移動した曲線を $C_4$ とするとき, $C_4$ の方程式を求めよ.

解　(1) $y = (x-2)^2 - 3$　(2) $y = -(x-2)^2 + 3$　(3) $y = -(x+2)^2 + 3$

　　(4) $y = (x-2)^2 - 3$

## 1.8　円の方程式

　座標平面内において, 点 $A(x_0.y_0)$ からの距離が一定値 $r$ である点全体の表す曲線を $A(x_0, y_0)$ を中心とする半径 $r$ の円という. 円上の任意の点を $P(x, y)$ とすると $AP = r$ であるから,

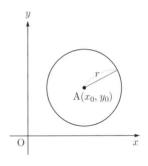

$$\sqrt{(x-x_0)^2 + (y-y_0)^2} = r$$

よって, $(x_0, y_0)$ を中心とする半径 $r$ の円の方程式は

$$(x-x_0)^2 + (y-y_0)^2 = r^2$$

で与えられる.

**例題 1** $x^2 + y^2 - 4x - 2y = 0$ を満たす点全体は, どのような曲線を描くか.

**解答**　$x^2 + y^2 - 4x - 2y = 0$ より，$(x-2)^2 + (y-1)^2 = (\sqrt{5})^2$.
よって，中心 $(2,1)$，半径 $\sqrt{5}$ の円を描く．　　　　　□

**問題 29** 次の方程式で与えられた円の中心と半径を求めよ．

(1) $x^2 + y^2 - 2y = 0$

(2) $x^2 + y^2 - 2x + 2y - 2 = 0$

(3) $x^2 + y^2 - 6x + 2y + 9 = 0$

(4) $x^2 + y^2 - 2\sqrt{2}x + 2\sqrt{3}y - 4 = 0$

**解**　(1) 中心 $(0,1)$, 半径 1　(2) 中心 $(1,-1)$, 半径 2　(3) 中心 $(3,-1)$, 半径 1
(4) 中心 $(\sqrt{2}, -\sqrt{3})$, 半径 3

**問題 30** 次の円の方程式を求めよ．

(1) 中心 $(3,4)$ で原点 $\mathrm{O}(0,0)$ を通る円

(2) $(0,0), (1,0), (0,2)$ を通る円

(3) 中心が $(2,-2)$ で $x$ 軸に接する円

(4) $(1,-1), (-1,1)$ を通り半径 2 の円

**解**　(1) $(x-3)^2 + (y-4)^2 = 25$　(2) $x^2 + y^2 - x - 2y = 0$
(3) $(x-2)^2 + (y+2)^2 = 4$　(4) $(x-1)^2 + (y-1)^2 = 4, (x+1)^2 + (y+1)^2 = 4$

## 1.9　指数

**定義 18** $a > 0$, $n$ が自然数のとき，方程式 $x^n = a$ の正の解はただ 1 つ存在する．その解を $a^{\frac{1}{n}}$ または $\sqrt[n]{a}$ と表す．$a > 0$, $m$ が整数，$n$ が正の整数のとき，

$$(1)\ a^0 = 1 \qquad (2)\ a^{-n} = \frac{1}{a^n} \qquad (3)\ a^{\frac{m}{n}} = \sqrt[n]{a^m}$$

と定義する．このようにして，すべての有理数 $r$ に対して $a^r$ を定義することができる．

---

**定理 19 (指数法則)** $a > 0, b > 0$ で $r, s$ が有理数のとき，次が成立する．

$$(1)\ a^r a^s = a^{r+s}, \quad \frac{a^r}{a^s} = a^{r-s} \quad (2)\ (a^r)^s = a^{rs} \quad (3)\ (ab)^r = a^r b^r$$

---

$x$ が実数の場合にも $a^x$ を定義することができる．このとき，上の指数法則は $p, q$ が実数の場合にも成立することが示される．すなわち，次が成立する．

---

**定理 20 (指数法則)** $a > 0, b > 0$ で $p, q$ が実数のとき，次が成立する．

$$(1)\ a^p a^q = a^{p+q}, \quad \frac{a^p}{a^q} = a^{p-q} \quad (2)\ (a^p)^q = a^{pq} \quad (3)\ (ab)^p = a^p b^p$$

---

$a > 0, a \neq 1$ のとき，

$$y = a^x$$

は実変数 $x$ の関数である．この関数を $a$ を底とする $x$ の**指数関数**という．指数関数 $y = a^x$ のグラフの概形は次のようになる．

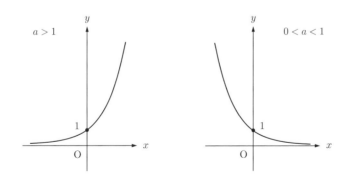

**問題 31** 次の式を簡単にせよ．

$$(1)\ 16^{-\frac{3}{2}} \quad (2)\ (2^{-3})^2 \quad (3)\ (4^{-\frac{1}{2}})^2 \quad (4)\ \left\{\left(\frac{9}{16}\right)^{-\frac{3}{4}}\right\}^{\frac{2}{3}}$$

解　(1) $\frac{1}{64}$ 　(2) $\frac{1}{64}$ 　(3) $\frac{1}{4}$ 　(4) $\frac{4}{3}$

**問題 32** 次の式を簡単にせよ．ただし $a, b$ は正の数とする．

(1) $\sqrt{a} \times \sqrt[3]{a} \times \sqrt[6]{a}$    (2) $\dfrac{\sqrt[3]{a}}{a^2} \times \sqrt[6]{a^7} \times \sqrt{a}$    (3) $\sqrt{a^3 \times \sqrt{a} \times \sqrt[4]{a^2}}$

(4) $\sqrt[3]{a^2} \times \sqrt[4]{a} \div \sqrt[6]{a^5}$    (5) $\dfrac{\sqrt{ab^3}}{\sqrt[3]{a^2 b}} \div \sqrt[6]{a^5 b}$

解   (1) $a$   (2) $1$   (3) $a^2$   (4) $\sqrt[12]{a}$   (5) $\dfrac{b}{a}$

**問題 33** 次の式を $a^x$ の形で表せ．

(1) $\dfrac{1}{\sqrt[4]{a^3}}$          (2) $\sqrt{\dfrac{1}{\sqrt{a}}}$          (3) $\dfrac{\sqrt{a} \times \sqrt[6]{a}}{\sqrt[3]{a^2}}$

解   (1) $a^{-\frac{3}{4}}$   (2) $a^{-\frac{1}{4}}$   (3) $a^0$

## 1.10 対数

実数 $a$ が $a > 0,\ a \neq 1$ を満たしているとき，正の数 $x$ に対して，

$$a^y = x$$

を満たす実数 $y$ はただ 1 つ存在する．その $y$ を

$$y = \log_a x$$

と表し，**$a$ を底とする $x$ の対数**という．$x$ を変数と考えると，$y = \log_a x$ は実変数 $x$ の関数である．この関数を $a$ を底とする実変数 $x$ の **対数関数**という．

---

**定理 21 (対数の性質)** 次の (1), (2) が成立する．

(1) $y = \log_a x \iff a^y = x$   $(a > 0,\ a \neq 1,\ x > 0)$
    つまり，対数関数 $y = \log_a x$ と指数関数 $x = a^y$ は，互いに一方は，他方の逆関数である．

(2) $a, b$ は 1 でない正の数で $M, N$ を任意の正の数とするとき

(a) $\log_a 1 = 0, \quad \log_a a = 1$

(b) $a^{\log_a b} = b, \quad a^x = b^{x \log_b a}$

(c) $\log_a(MN) = \log_a M + \log_a N, \quad \log_a \dfrac{M}{N} = \log_a M - \log_a N$

(d) $\log_a(M^k) = k \log_a M$

(e) $(\log_a b) \times (\log_b a) = 1$

(f) $\log_a M = \dfrac{\log_b M}{\log_b a}$  （底の変換公式）

**証明**   (1) は対数の定義である.

(2) を証明する.

**(a) の証明**：  $a^0 = 1, a^1 = a$ より，(a) が成立する.

**(b) の証明**：  (1) より $a^{\log_a b} = b$ が成立する. 同様に $b^{\log_b a} = a$ が成立する. よって，指数法則により $a^x = (b^{\log_b a})^x = b^{x \log_b a}$ が成立する.

**(c), (d) の証明**：  $x = \log_a M, y = \log_a N$ とおくと，

$$a^x = M, \quad a^y = N$$

が成立する. このとき指数法則より，

$$MN = a^{x+y}, \quad \frac{M}{N} = a^{x-y}, \quad a^{kx} = M^k.$$

よって，$\log_a MN = x+y, \log_a \dfrac{M}{N} = x-y, \log_a M^k = kx$ が成立する.

**(e) の証明**：  $u = \log_a b, v = \log_b a$ とおくと，$a^u = b, b^v = a$ が成立する. このとき，$(a^u)^v = b^v = a$ より，$a^{uv} = a$. よって，$uv = 1$.

**(f) の証明**：  (c) と (d) と (e) より，

$$\log_a M = \log_a b^{\log_b M} = \log_b M \log_a b = \log_b M \frac{1}{\log_b a} = \frac{\log_b M}{\log_b a}.$$

$\square$

対数関数 $y = \log_a x$ のグラフの概形は次のようになる.

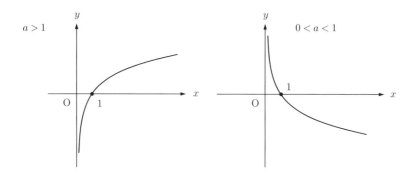

**問題 34** 次の値を求めよ.

(1) $\log_4 \dfrac{1}{16}$　　　　　(2) $\log_2 \sqrt{32}$　　　　　(3) $\log_{\frac{1}{16}} \dfrac{1}{8}$

解　(1) $-2$　(2) $\dfrac{5}{2}$　(3) $\dfrac{3}{4}$

**問題 35** 次の関係を (1)〜(3) は対数の形に, (4)〜(6) は指数の形に表せ.

(1) $8^{\frac{2}{3}}=4$　　　　　(2) $a^0 = 1$　　　　　(3) $a^b = c$

(4) $\log_{10} 100 = 2$　　　(5) $\log_{\sqrt{2}} 32 = 10$　　　(6) $\log_{25} \dfrac{1}{5} = -\dfrac{1}{2}$

解　(1) $\log_8 4 = \dfrac{2}{3}$　(2) $\log_a 1 = 0$　(3) $\log_a c = b$　(4) $10^2 = 100$

(5) $(\sqrt{2})^{10} = 32$　(6) $25^{-\frac{1}{2}} = \dfrac{1}{5}$

**問題 36** $x, y, z > 0$ のとき, 次の式を $X = \log_a x$, $Y = \log_a y$, $Z = \log_a z$ で表せ. ただし, $a > 0$, $a \neq 1$ とする.

(1) $\log_a x^3 y^2 z$　　　　　(2) $\log_a \dfrac{xy^2}{z^3}$　　　　　(3) $\log_a \dfrac{\sqrt{x}\,y}{\sqrt{z^3}}$

解　(1) $3X + 2Y + Z$　(2) $X + 2Y - 3Z$　(3) $\dfrac{1}{2}X + Y - \dfrac{3}{2}Z$

**問題 37** 次の等式を満たす $x$ または $a$ の値を求めよ.

(1) $\log_{\sqrt{2}} x = 4$　　　(2) $\log_9 x = -2$　　　(3) $\log_a \dfrac{1}{2} = -2$

(4) $\log_a 4 = \dfrac{2}{3}$　　　(5) $\log_a \dfrac{4}{25} = -2$

解　(1) $x = 4$　(2) $x = \dfrac{1}{81}$　(3) $a = \sqrt{2}$　(4) $a = 8$　(5) $a = \dfrac{5}{2}$

## 1.11 三角関数

### 1.11.1 三角比

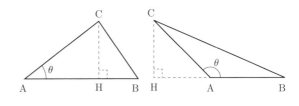

　右図のように，平面内に △ABC がある．点 C から直線 AB に下した垂線の足を H とする．$\theta =$ ∠A とすると $0° < \theta < 180°$ である．このとき，AC や AH の長さに関わらず $\dfrac{\text{AH}}{\text{AC}}, \dfrac{\text{CH}}{\text{AC}}$ の値は $\theta$ の値のみによって決定される．

　$0° < \theta < 90°$ ならば H は A の右側にあり，$90° < \theta < 180°$ ならば H は A の左側にあり，$\theta = 90°$ ならば H は A と一致する．そこで

$$\cos\theta = \begin{cases} \dfrac{\text{AH}}{\text{AC}} & 0° < \theta < 90° \\[2mm] 0 & \theta = 90° \\[2mm] -\dfrac{\text{AH}}{\text{AC}} & 90° < \theta < 180° \end{cases}$$

$$\sin\theta = \frac{\text{CH}}{\text{AC}} \qquad (0° < \theta < 180°)$$

と定義する．このとき，$\cos\theta, \sin\theta$ の値は △ABC の形状に関わらず $\theta = $ ∠A の大きさのみによって，ただ 1 通りに定まる．

　△ABC が ∠B= $90°$ の直角三角形であるとき，

$$\cos A = \frac{\text{AB}}{\text{AC}} = \sin C, \ \ \sin A = \frac{\text{CB}}{\text{AC}} = \cos C$$

が成立する．以上より，次がわかる．

---

**定理 22** $0° < \theta < 90°$ のとき，

$$\sin(90° - \theta) = \cos\theta, \ \ \cos(90° - \theta) = \sin\theta$$

---

　△ABC において，$a = \text{BC}, b = \text{AC}, c = \text{AB}$ とすると

$$c = b\cos A + a\cos B, \quad b = c\cos A + a\cos C, \quad a = c\cos B + b\cos C$$

が成立する．よって，

$$a^2 - b^2 - c^2$$
$$= a(c\cos B + b\cos C) - b(c\cos A + a\cos C) - c(b\cos A + a\cos B)$$
$$= -2bc\cos A$$

ゆえに，

$$a^2 = b^2 + c^2 - 2bc\cos A$$

が成立する．同様にして，

$$b^2 = a^2 + c^2 - 2ac\cos B$$

$$c^2 = a^2 + b^2 - 2ab\cos C$$

が成立する．以上より，次がわかる．

---

**定理 23 (余弦定理)** △ABC において，$a = $ BC, $b = $ AC, $c = $ AB とすると，

$$a^2 = b^2 + c^2 - 2bc\cos A$$

$$b^2 = a^2 + c^2 - 2ac\cos B$$

$$c^2 = a^2 + b^2 - 2ab\cos C$$

が成立する．

---

**注 3** $A = 90°$ のときは $\cos A = 0$ であるから，余弦定理より $a^2 = b^2 + c^2$ が成立する．よって，余弦定理は三平方の定理の一般化でもある．

**問題 38** △ABC において，BC $= \sqrt{2}$, CA$= 1 + \sqrt{3}$, AB$= 2$ であるとき，∠A の大きさを求めよ．

解　$30°$

　△ABC において，$a = $ BC, $b = $ AC, $c = $ AB, 外接円の半径を $R$ とすると，$b\sin A = a\sin B$, $c\sin B = b\sin C$ が成立する．よって，

$$\frac{a}{\sin A} = \frac{b}{\sin B} = \frac{c}{\sin C}$$

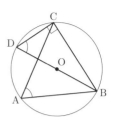

が成立する. △ ABC の外接円の中心を O とする. ∠A, ∠B, ∠C のうち少なくとも 2 つは鋭角である. たとえば, ∠A が鋭角とする. 直線 BO と外接円 の交点のうち B と異なる点を D とすると, 円周角 の定理により, ∠A= ∠BDC である. △ BCD にお いて, ∠ BCD= 90° であるから, BD sin∠BDC= BC が成立する. よって, $2R\sin A = a$. よって,

$$2R = \frac{a}{\sin A} = \frac{b}{\sin B} = \frac{c}{\sin C}$$

が成立する. ∠B または ∠C が鋭角の場合も同様に

$$\frac{a}{\sin A} = \frac{b}{\sin B} = \frac{c}{\sin C} = 2R$$

が成立する. よって, 次が成立する.

---

**定理 24 (正弦定理)** △ ABC において, $a = $ BC, $b = $ AC, $c = $ AB, 外接円 の半径を $R$ とすると,

$$\frac{a}{\sin A} = \frac{b}{\sin B} = \frac{c}{\sin C} = 2R$$

が成立する.

---

**問題 39** △ ABC において, ∠A= 60°, ∠B= 45°, AC = 2 であるとき, BC の長さと外接円の半径を求めよ.

解   BC=$\sqrt{6}$, 半径 $\sqrt{2}$

## 1.11.2 角の単位 (弧度法)

角の大きさを表すのに度を単位とする方法 (60 分法または度数法) のほか にラジアンを単位とする**弧度法 (radian)** が多くの場合使われる.

(1) 半径 $r$ の円で, 長さ $r$ の円弧に対する中心角の大きさを **1 弧度**（**1 rad** または **1 ラジアン**）という.

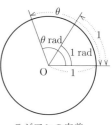

$$\boxed{180^\circ = \pi \,\mathrm{rad}}$$

(※ 弧度法では単位 rad を省略することが多い.)

$$\boxed{1^\circ = \frac{\pi}{180}\,(\mathrm{rad}), \quad 1\,(\mathrm{rad}) = \left(\frac{180}{\pi}\right)^\circ}$$

ラジアンの定義

(2) 扇形の弧の長さと面積

半径 $r$, 中心角 $\theta$ (rad) の扇形において

$$\boxed{\text{弧の長さ } \ell = r\theta \quad \text{面積 } S = \frac{1}{2}r^2\theta = \frac{1}{2}r\ell} \qquad (1.4)$$

が成立する.

**問題 40** 次の角を弧度法で表せ.

(1) $30^\circ$　　　(2) $90^\circ$　　　(3) $135^\circ$　　　(4) $240^\circ$

解　(1) $\frac{\pi}{6}$　(2) $\frac{\pi}{2}$　(3) $\frac{3\pi}{4}$　(4) $\frac{4\pi}{3}$

**問題 41** 次の角を度数法で表せ.

(1) $\dfrac{\pi}{4}$　　　(2) $\dfrac{\pi}{3}$　　　(3) $\dfrac{5}{6}\pi$　　　(4) $\dfrac{3}{2}\pi$　　　(5) $2\pi$

解　(1) $45^\circ$　(2) $60^\circ$　(3) $150^\circ$　(4) $270^\circ$　(5) $360^\circ$

### 1.11.3　一般角

動経 OP が始線 O$x$ の位置から O のまわりを回転して現在の OP の位置にいたるまでの回転の量で $\angle x$OP の大きさは表される. この量は時計と反対にまわるとき正の値をとり, 時計と同じ向きにまわるとき負の値をとるとすると, 動経 OP の回転数に応じて, いくらでも絶対値の

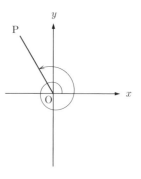

大きい値をとることができる. このように考えた角を**一般角**という. 動経 OP が始線 Ox となす角の 1 つを $\alpha$ (rad) とすると, 一般角 $\theta$ (rad) は

$$\theta = \alpha + 2n\pi \quad (n = 0, \pm 1, \pm 2, \cdots)$$

と表せる.

$xy$ 平面で, $\{x > 0,\ y > 0\}$, $\{x < 0,\ y > 0\}$, $\{x < 0,\ y < 0\}$, $\{x > 0,\ y < 0\}$ の範囲をそれぞれ**第 1 象限, 第 2 象限, 第 3 象限, 第 4 象限** と呼ぶ.

### 1.11.4　三角関数の定義と基本的性質

実数 $\theta$ に対して $xy$ 平面上の原点 O を中心とする半径 1 の円周上の点 P$(x, y)$ を $\angle x\mathrm{OP} = \theta$ となるようにとる. このとき $\theta$ の正弦 (sine), 余弦 (cosine), 正接 (tangent), 正割 (secant), 余割 (cosecant), 余接 (cotangent) をそれぞれ

$$\cos\theta = x, \quad \sin\theta = y, \quad \tan\theta = \frac{y}{x},$$

$$\sec\theta = \frac{1}{x}, \quad \operatorname{cosec}\theta = \frac{1}{y}, \quad \cot\theta = \frac{x}{y}$$

と定義する. このとき, 半径 $r$ の円周を考えても, 比は変わらないので,

$$\cos\theta = \frac{x}{r}, \quad \sin\theta = \frac{y}{r}, \quad \tan\theta = \frac{y}{x},$$

$$\sec\theta = \frac{r}{x}, \quad \operatorname{cosec}\theta = \frac{r}{y}, \quad \cot\theta = \frac{x}{y}$$

であることがわかる.

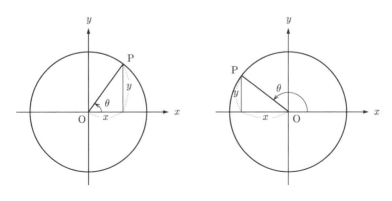

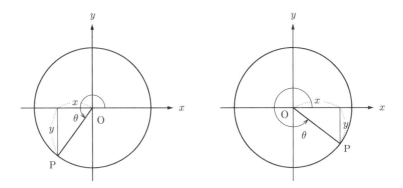

三角関数の定義と定理 22 より,次が成立する.

---

**定理 25** (1) $\tan\theta = \dfrac{\sin\theta}{\cos\theta}$, $\sin^2\theta + \cos^2\theta = 1$, $1 + \tan^2\theta = \dfrac{1}{\cos^2\theta}$

(2) $\sin(-\theta) = -\sin\theta$, $\cos(-\theta) = \cos\theta$

(3) $\sin(\theta + m\pi) = (-1)^m \sin\theta$, $\cos(\theta + m\pi) = (-1)^m \cos\theta$ $(m \in \mathbb{Z})$

(4) $\sin\left(\dfrac{\pi}{2} - \theta\right) = \cos\theta$, $\cos\left(\dfrac{\pi}{2} - \theta\right) = \sin\theta$

(5) $\cot\theta = \dfrac{\cos\theta}{\sin\theta}$, $\sec\theta = \dfrac{1}{\cos\theta}$, $\operatorname{cosec}\theta = \dfrac{1}{\sin\theta}$

---

**問題 42** 三角関数の定義と定理 22 より,

$$\sin\left(\frac{\pi}{2} - \theta\right) = \cos\theta, \ \cos\left(\frac{\pi}{2} - \theta\right) = \sin\theta$$

であることを証明せよ.

ヒント:$0 \leqq \theta \leqq \pi$ の場合を証明する.次に,一般の $\theta$ に対しては,$0 \leqq \theta + m\pi \leqq \pi$ となる整数 $m$ をとり,$\sin(\theta + m\pi) = (-1)^m \sin\theta$, $\cos(\theta + m\pi) = (-1)^m \cos\theta$ を使う.

## 1.11.5 三角関数のグラフ

$y = \sin x$, $y = \cos x$, $y = \tan x$ のグラフは次のようになる.

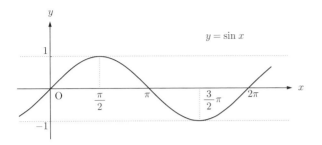

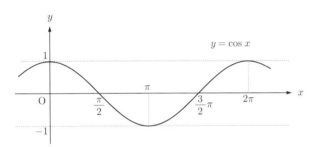

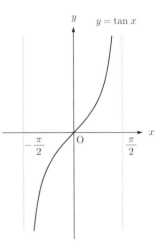

### 1.11.6　加法定理

次の加法定理は三角関数において，重要な基本公式である．

---

**定理 26 (加法定理)**

$$\sin(\alpha \pm \beta) = \sin\alpha\cos\beta \pm \cos\alpha\sin\beta \quad （複号同順）$$

$$\cos(\alpha \pm \beta) = \cos\alpha\cos\beta \mp \sin\alpha\sin\beta \quad （複号同順）$$

$$\tan(\alpha \pm \beta) = \frac{\tan\alpha \pm \tan\beta}{1 \mp \tan\alpha\tan\beta} \quad （複号同順）$$

---

**証明**　まず，$0 \leqq \beta \leqq \alpha \leqq \pi$ の場合に，

$$\cos(\alpha - \beta) = \cos\alpha\cos\beta + \sin\alpha\sin\beta$$

を示す．

$$f(\alpha, \beta) = \cos(\alpha - \beta) - (\cos\alpha\cos\beta + \sin\alpha\sin\beta)$$

とおくと,

$$f(\alpha, \alpha) = \cos 0 - (\cos^2 \alpha + \sin^2 \alpha) = 1 - 1 = 0$$

$$f(\pi, \beta) = \cos(\pi - \beta) - (\cos \pi \cos \beta + \sin \pi \sin \beta) = 0$$

$$f(\alpha, 0) = \cos \alpha - (\cos \alpha \cos 0 + \sin \alpha \sin 0) = 0$$

であるから, $0 < \beta < \alpha < \pi$ の場合を考えればよい.

座標平面上に 2 点　$\mathrm{A}(\cos \alpha, \sin \alpha)$, $\mathrm{B}(\cos \beta, \sin \beta)$ をとり, $\triangle \mathrm{OAB}$ を考える. 余弦定理により

$\mathrm{AB}^2 = \mathrm{OA}^2 + \mathrm{OB}^2 - 2\mathrm{OA} \times \mathrm{OB} \cos(\alpha - \beta)$

よって,

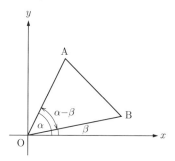

$$(\cos \alpha - \cos \beta)^2 + (\sin \alpha - \sin \beta)^2 = 1 + 1 - 2 \times 1 \times \cos(\alpha - \beta)$$

ゆえに,

$$\cos(\alpha - \beta) = \cos \alpha \cos \beta + \sin \alpha \sin \beta$$

が成立する.

$0 \leqq \alpha \leqq \beta \leqq \pi$ の場合には,

$$\cos(\alpha - \beta) = \cos(\beta - \alpha) = \cos \beta \cos \alpha + \sin \beta \sin \alpha = \cos \alpha \cos \beta + \sin \alpha \sin \beta$$

が成立する. 以上より, $\alpha, \beta \in [0, \pi]$ の場合に,

$$\cos(\alpha - \beta) = \cos \alpha \cos \beta + \sin \alpha \sin \beta$$

が成立することがわかる.

一般の $\alpha, \beta \in \mathbb{R}$ に対して, $\alpha + m\pi, \beta + n\pi \in [0, \pi]$ が成立するように, 整数 $m$, $n$ を選ぶと, 上の結果より

$$\cos\left((\alpha + m\pi) - (\beta + n\pi)\right) = \cos(\alpha + m\pi) \cos(\beta + n\pi) + \sin(\alpha + m\pi) \sin(\beta + n\pi)$$

$$\therefore \quad \cos{(\alpha - \beta + (m-n)\pi)} = (-1)^{m+n}(\cos\alpha\cos\beta + \sin\alpha\sin\beta)$$

$$\therefore \quad (-1)^{m-n}\cos(\alpha - \beta) = (-1)^{m+n}(\cos\alpha\cos\beta + \sin\alpha\sin\beta)$$

$$\therefore \quad \cos(\alpha - \beta) = \cos\alpha\cos\beta + \sin\alpha\sin\beta$$

これを使うと，任意の $\alpha, \beta \in \mathbb{R}$ に対して，

$$
\begin{aligned}
\cos{(\alpha + \beta)} &= \cos{(\alpha - (-\beta))} \\
&= \cos\alpha\cos(-\beta) + \sin\alpha\sin(-\beta) \\
&= \cos\alpha\cos\beta - \sin\alpha\sin\beta
\end{aligned}
$$

$$
\begin{aligned}
\sin(\alpha + \beta) &= \cos\left(\frac{\pi}{2} - (\alpha + \beta)\right) = \cos\left(\left(\frac{\pi}{2} - \alpha\right) - \beta\right) \\
&= \cos\left(\frac{\pi}{2} - \alpha\right)\cos\beta + \sin\left(\frac{\pi}{2} - \alpha\right)\sin\beta \\
&= \sin\alpha\cos\beta + \cos\alpha\sin\beta
\end{aligned}
$$

が成立する．さらに，

$$\sin(\alpha - \beta) = \sin{(\alpha + (-\beta))} = \sin\alpha\cos\beta + \cos\alpha\sin(-\beta) = \sin\alpha\cos\beta - \cos\alpha\sin\beta$$

が成立する．また，$\tan(\alpha \pm \beta) = \dfrac{\sin(\alpha \pm \beta)}{\cos(\alpha \pm \beta)}$（複号同順）より，最後の式が導ける．こうして，加法定理（定理 26）が証明された．　　　　　□

---

**定理 27 (三角関数の基本公式)** 加法定理より，次の三角関数の基本公式が導かれる．

(1) **2倍角の公式**

$$
\begin{aligned}
\sin 2\alpha &= 2\sin\alpha\cos\alpha \\
\cos 2\alpha &= \cos^2\alpha - \sin^2\alpha = 2\cos^2\alpha - 1 = 1 - 2\sin^2\alpha
\end{aligned}
$$

(2) 半角の公式

$$\cos^2\frac{\theta}{2} = \frac{1+\cos\theta}{2}, \quad \cos^2\alpha = \frac{1+\cos 2\alpha}{2}$$
$$\sin^2\frac{\theta}{2} = \frac{1-\cos\theta}{2}, \quad \sin^2\alpha = \frac{1-\cos 2\alpha}{2}$$
$$\tan^2\frac{\theta}{2} = \frac{1-\cos\theta}{1+\cos\theta}, \quad \tan^2\alpha = \frac{1-\cos 2\alpha}{1+\cos 2\alpha}$$

(3) **3 倍角の公式**

$$\sin 3\alpha = 3\sin\alpha - 4\sin^3\alpha$$
$$\cos 3\alpha = 4\cos^3\alpha - 3\cos\alpha$$

(4) 積を和または差の形で表す公式

$$\sin\alpha\cos\beta = \frac{1}{2}\{\sin(\alpha+\beta)+\sin(\alpha-\beta)\}$$
$$\cos\alpha\sin\beta = \frac{1}{2}\{\sin(\alpha+\beta)-\sin(\alpha-\beta)\}$$
$$\cos\alpha\cos\beta = \frac{1}{2}\{\cos(\alpha+\beta)+\cos(\alpha-\beta)\}$$
$$\sin\alpha\sin\beta = -\frac{1}{2}\{\cos(\alpha+\beta)-\cos(\alpha-\beta)\}$$

(5) 和・差を積の形で表す公式

$$\sin\alpha+\sin\beta = 2\sin\frac{\alpha+\beta}{2}\cos\frac{\alpha-\beta}{2}$$
$$\sin\alpha-\sin\beta = 2\sin\frac{\alpha-\beta}{2}\cos\frac{\alpha+\beta}{2}$$
$$\cos\alpha+\cos\beta = 2\cos\frac{\alpha+\beta}{2}\cos\frac{\alpha-\beta}{2}$$
$$\cos\alpha-\cos\beta = -2\sin\frac{\alpha+\beta}{2}\sin\frac{\alpha-\beta}{2}$$

**問題 43** 加法定理を利用して，定理 27 を証明せよ.

---

**定理 28 (三角関数の合成)** $a, b$ のうち少なくとも 1 つは 0 でないとする. そのとき, $\cos\alpha = \dfrac{a}{\sqrt{a^2+b^2}}, \sin\alpha = \dfrac{b}{\sqrt{a^2+b^2}}$ を満たす $\alpha$ をとると,

$$a\sin\theta + b\cos\theta = \sqrt{a^2+b^2}\sin(\theta+\alpha)$$

が成立する.

---

**問題 44** $\theta$ が次の値をとるとき, $\sin\theta, \cos\theta, \tan\theta$ の値を求めよ.

$$\frac{\pi}{6}, \quad \frac{3}{4}\pi, \quad \frac{4}{3}\pi, \quad -\frac{5}{4}\pi$$

解 $\sin\theta : \frac{1}{2}, \frac{\sqrt{2}}{2}, -\frac{\sqrt{3}}{2}, \frac{\sqrt{2}}{2}, \cos\theta : \frac{\sqrt{3}}{2}, -\frac{\sqrt{2}}{2}, -\frac{1}{2}, -\frac{\sqrt{2}}{2}, \tan\theta : \frac{1}{\sqrt{3}}, -1, \sqrt{3}, -1$

**問題 45** 第 2 象限の角 $\theta$ に対して $\sin\theta = \dfrac{2}{3}$ のとき, $\cos\theta, \tan\theta$ の値を求めよ.

解 $\cos\theta = -\frac{\sqrt{5}}{3}, \tan\theta = -\frac{2}{\sqrt{5}}$

**問題 46** $\theta = n\pi$ ($n$ は整数) を除く任意の $\theta$ に対し, 次の等式

$$\frac{\sin\theta}{1-\cos\theta} + \frac{1-\cos\theta}{\sin\theta} = \frac{2}{\sin\theta}$$

が成立することを示せ.

**問題 47** $0 \leqq \theta < 2\pi$ において $\cos\theta > \dfrac{1}{2}$ を満たす $\theta$ の値の範囲を求めよ.

解 $0 \leqq \theta < \frac{\pi}{3}, \frac{5}{3}\pi < \theta < 2\pi$

**問題 48** 第 4 象限の角 $\theta$ に対して $\cos\theta = \dfrac{3}{5}$ のとき, $\sin\theta, \tan\theta$ の値を求めよ.

解 $\sin\theta = -\frac{4}{5}, \tan\theta = -\frac{4}{3}$

**問題 49** $\dfrac{\cos\theta}{1+\sin\theta} + \dfrac{1+\sin\theta}{\cos\theta}$ を簡単にせよ.

解　$\dfrac{2}{\cos\theta}$

**問題 50** $0 \leqq \theta < 2\pi$ において次の式を満たす $\theta$ の値を求めよ.

  (1) $\sqrt{2}\cos\theta = -1$ 　　　　(2) $2\sin\theta + 1 = 0$ 　　　　(3) $\sqrt{3}\tan\theta = 1$

解　(1) $\theta = \frac{3}{4}\pi, \frac{5}{4}\pi$ 　(2) $\theta = \frac{7}{6}\pi, \frac{11}{6}\pi$ 　(3) $\theta = \frac{1}{6}\pi, \frac{7}{6}\pi$

**問題 51** $0 \leqq \theta < 2\pi$ において, 次の不等式を満たす $\theta$ の値の範囲を求めよ.
  (1) $\sin\theta > -\dfrac{1}{2}$ 　　　　　　(2) $\tan\theta < 1$

解　(1) $0 \leqq \theta < \frac{7}{6}\pi, \frac{11}{6}\pi < \theta < 2\pi$ 　(2) $0 \leqq \theta < \frac{1}{4}\pi, \frac{1}{2}\pi < \theta < \frac{5}{4}\pi, \frac{3}{2}\pi < \theta < 2\pi$

**問題 52** $15° = 45° - 30°$ を用いて $\sin 15°, \cos 15°$ を求めよ.

解　$\sin 15° = \frac{\sqrt{6}-\sqrt{2}}{4}, \cos 15° = \frac{\sqrt{6}+\sqrt{2}}{4}$

**問題 53** $\theta = \dfrac{\pi}{5}$ のとき, $\sin 2\theta = \sin 3\theta$ であることを示せ. また, このこと
を使って, $\cos\dfrac{\pi}{5}$ の値を求めよ.

解　$\cos\dfrac{\pi}{5} = \frac{1+\sqrt{5}}{4}$

**問題 54** $0 \leqq \theta < 2\pi$ において次の式を満たす $\theta$ の値や範囲を求めよ.

  (1) $\sin\theta - \cos\theta = 1$ 　　　　　(2) $\sin\theta + \sqrt{3}\cos\theta < \sqrt{2}$

解　(1) $\theta = \frac{1}{2}\pi, \pi$ 　(2) $\frac{5}{12}\pi < \theta < \frac{23}{12}\pi$

**問題 55** $\alpha$ が鋭角, $\beta$ が鈍角で $\sin\alpha = \dfrac{3}{5}, \sin\beta = \dfrac{12}{13}$ のとき, $\sin(\alpha + \beta)$,
$\sin(\alpha - \beta), \cos(\alpha + \beta), \cos(\alpha - \beta)$ の値を求めよ.

解　$\sin(\alpha + \beta) = \frac{33}{65}, \sin(\alpha - \beta) = -\frac{63}{65}, \cos(\alpha + \beta) = -\frac{56}{65}, \cos(\alpha - \beta) = \frac{16}{65}$

**問題 56** 次の三角関数を和または差の形で表せ.

  (1) $\sin 2\alpha \cos\alpha$ 　　　　　(2) $\cos 3x \cos 5x$ 　　　　　(3) $\sin x \sin 7x$

解　(1) $\frac{1}{2}\{\sin 3\alpha + \sin\alpha\}$ 　(2) $\frac{1}{2}\{\cos 8x + \cos 2x\}$ 　(3) $-\frac{1}{2}\{\cos 8x - \cos 6x\}$

## 1.12 ベクトルと行列

### 1.12.1 平面ベクトルと空間ベクトル

平面内の 2 点 A, B に対して，A を始点とし B を終点とする向きのついた線分を**平面ベクトル AB** といい，$\overrightarrow{AB}$ で表す．すなわち，ベクトルとは向きと大きさをもつ量のことである．平面ベクトルの始点と終点が一致するときは，**零ベクトル**という．零ベクトルの大きさは 0 で向きは考えない．

ベクトルは，多くの場合，*a, b, c* などのようにアルファベットの小文字の太字で表す．零ベクトルは **0** で表す．

平面内の 2 点 C, D に対して，$\overrightarrow{AB} = \overrightarrow{CD}$ とは $\overrightarrow{AB}$ と $\overrightarrow{CD}$ の向きと大きさがともに等しいこと，すなわち，平行移動によって，$\overrightarrow{AB}$ を $\overrightarrow{CD}$ に向きを込めて重ね合わせることができることである．

---

**定理 29** A, B, C, D を平面内の 4 点とする．このとき，$\overrightarrow{AB} = \overrightarrow{DC}$ ならば，A, B, C, D は同一直線上にあるか，または四角形 ABCD は平行四辺形である．

---

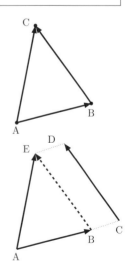

2 つの平面ベクトル $\overrightarrow{AB}$ と $\overrightarrow{BC}$ に対して，2 つの平面ベクトル $\overrightarrow{AB}$ と $\overrightarrow{BC}$ の和 $\overrightarrow{AB} + \overrightarrow{BC}$ を

$$\overrightarrow{AB} + \overrightarrow{BC} = \overrightarrow{AC}$$

によって定義する．

一般の 2 つの平面ベクトル $\overrightarrow{AB}$ と $\overrightarrow{CD}$ の和 $\overrightarrow{AB} + \overrightarrow{CD}$ については，平行移動によって $\overrightarrow{CD} = \overrightarrow{BE}$ となる点 E がただ 1 つ存在するので，

$$\overrightarrow{AB} + \overrightarrow{CD} = \overrightarrow{AB} + \overrightarrow{BE} = \overrightarrow{AE}$$

と定義する．

この定義より $\overrightarrow{AB} = \overrightarrow{A'B'}$, $\overrightarrow{CD} = \overrightarrow{C'D'}$ とすると，

$$\overrightarrow{AB} + \overrightarrow{CD} = \overrightarrow{A'B'} + \overrightarrow{C'D'}$$

が成立する．これより，2 つ以上の平面ベクトルの和を考える場合には，ベクトルの始点の位置は自由に選ぶことができることがわかる．

したがって，$\boldsymbol{a}, \boldsymbol{b}, \boldsymbol{c}$ を 3 つの平面ベクトルとするとき，

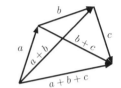

$$\boldsymbol{a} + \boldsymbol{b} = \boldsymbol{b} + \boldsymbol{a} \quad (\text{交換法則})$$

$$(\boldsymbol{a} + \boldsymbol{b}) + \boldsymbol{c} = \boldsymbol{a} + (\boldsymbol{b} + \boldsymbol{c}) \quad (\text{結合法則})$$

も成立することがわかる．

2 つの平面ベクトル $\overrightarrow{\mathrm{AB}}, \overrightarrow{\mathrm{CD}}$ に対して，$\boldsymbol{x} = \overrightarrow{\mathrm{CA}} + \overrightarrow{\mathrm{BD}}$ とすると，

$$\overrightarrow{\mathrm{AB}} + \boldsymbol{x} = \overrightarrow{\mathrm{AB}} + (\overrightarrow{\mathrm{CA}} + \overrightarrow{\mathrm{BD}}) = (\overrightarrow{\mathrm{CA}} + \overrightarrow{\mathrm{AB}}) + \overrightarrow{\mathrm{BD}} = \overrightarrow{\mathrm{CD}}$$

であるから，

$$\overrightarrow{\mathrm{AB}} + \boldsymbol{x} = \boldsymbol{x} + \overrightarrow{\mathrm{AB}} = \overrightarrow{\mathrm{CD}}$$

が成立する．また，2 つの平面ベクトル $\boldsymbol{x}, \boldsymbol{y}$ に対して，$\overrightarrow{\mathrm{AB}} + \boldsymbol{x} = \overrightarrow{\mathrm{AB}} + \boldsymbol{y}$ が成立するならば，$\boldsymbol{x}$ と $\boldsymbol{y}$ の始点が B の位置にくるように $\boldsymbol{x}$ と $\boldsymbol{y}$ を平行移動すると，それにつれて $\boldsymbol{x}$ と $\boldsymbol{y}$ の終点は同じ点に移動しなければならない．よって，$\boldsymbol{x} = \boldsymbol{y}$ である．ゆえに，

$$\overrightarrow{\mathrm{AB}} + \boldsymbol{x} = \boldsymbol{x} + \overrightarrow{\mathrm{AB}} = \overrightarrow{\mathrm{CD}}$$

を満たす平面ベクトル $\boldsymbol{x}$ がただ 1 つ存在する．この平面ベクトル $\boldsymbol{x}$ を $\overrightarrow{\mathrm{CD}}$ と $\overrightarrow{\mathrm{AB}}$ の**差**といい，$\overrightarrow{\mathrm{CD}} - \overrightarrow{\mathrm{AB}}$ で表す．

ベクトルに対し，大きさだけをもつ量を**スカラー（scalar）**という．ここではスカラーは，実数のことと考えてよい．

平面ベクトルの**スカラー倍**は，次のように定義する．$k$ を実数（スカラー）とする．$k > 0$ ならば半直線 AB 上に AE=$k$AB となる点 E をとり，$k\overrightarrow{\mathrm{AB}} = \overrightarrow{\mathrm{AE}}$ と定義する．$k < 0$ ならば，半直線 BA 上に AE=$-k$AB となる点 E を線分 BA の外に

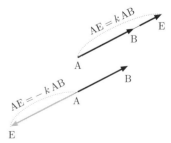

とり，$k\overrightarrow{\mathrm{AB}} = \overrightarrow{\mathrm{AE}}$ と定義する．$k = 0$ な
らば $k\overrightarrow{\mathrm{AB}} = \mathbf{0}$ と定義する．

$k, \ell$ を 2 つの実数とするとき，

$$(k + \ell)\overrightarrow{\mathrm{AB}} = k\overrightarrow{\mathrm{AB}} + \ell\overrightarrow{\mathrm{AB}} \quad (分配法則)$$

$$k(\overrightarrow{\mathrm{AB}} + \overrightarrow{\mathrm{CD}}) = k\overrightarrow{\mathrm{AB}} + k\overrightarrow{\mathrm{CD}} \quad (分配法則)$$

が成立する．

A, B, C, D , E, F を空間内の 6 点とするとき平面ベクトルと同様に**空間ベクトル** $\overrightarrow{\mathrm{AB}}$，2 つの空間ベクトル $\overrightarrow{\mathrm{AB}}$ と $\overrightarrow{\mathrm{CD}}$ の和 $\overrightarrow{\mathrm{AB}} + \overrightarrow{\mathrm{CD}}$，差 $\overrightarrow{\mathrm{AB}} - \overrightarrow{\mathrm{CD}}$，スカラー倍 $k\overrightarrow{\mathrm{AB}}$ $(k \in \mathbb{R})$ が定義でき，

$$\overrightarrow{\mathrm{AB}} + \overrightarrow{\mathrm{CD}} = \overrightarrow{\mathrm{CD}} + \overrightarrow{\mathrm{AB}} \quad (交換法則)$$

$$\left(\overrightarrow{\mathrm{AB}} + \overrightarrow{\mathrm{CD}}\right) + \overrightarrow{\mathrm{EF}} = \overrightarrow{\mathrm{AB}} + \left(\overrightarrow{\mathrm{CD}} + \overrightarrow{\mathrm{EF}}\right) \quad (結合法則)$$

$$(k + \ell)\overrightarrow{\mathrm{AB}} = k\overrightarrow{\mathrm{AB}} + \ell\overrightarrow{\mathrm{AB}} \quad (k, \ell \in \mathbb{R}) \quad (分配法則)$$

$$k(\overrightarrow{\mathrm{AB}} + \overrightarrow{\mathrm{CD}}) = k\overrightarrow{\mathrm{AB}} + k\overrightarrow{\mathrm{CD}} \quad (k \in \mathbb{R}) \quad (分配法則)$$

が成立する．

以上，まとめると次が成立する．

---

**定理 30** A, B, C, D, E, F を平面内または空間内の任意の 6 点とするとき，2 つの空間ベクトルの和 $\overrightarrow{\mathrm{AB}} + \overrightarrow{\mathrm{CD}}$，差 $\overrightarrow{\mathrm{CD}} - \overrightarrow{\mathrm{AB}}$，スカラー倍 $k\overrightarrow{\mathrm{AB}}$ $(k \in \mathbb{R})$ が定義でき，次が成立する：

(1) $\overrightarrow{\mathrm{AB}} + \overrightarrow{\mathrm{BC}} = \overrightarrow{\mathrm{AC}}$

(2) $\overrightarrow{\mathrm{AB}} = \overrightarrow{\mathrm{CB}} - \overrightarrow{\mathrm{CA}}$

(3) $\overrightarrow{\mathrm{CD}} - \overrightarrow{\mathrm{AB}} = \overrightarrow{\mathrm{CD}} + (-1)\overrightarrow{\mathrm{AB}}$

(4) $\overrightarrow{\mathrm{AB}} + \overrightarrow{\mathrm{CD}} = \overrightarrow{\mathrm{CD}} + \overrightarrow{\mathrm{AB}}$ (交換法則)

(5) $\left(\overrightarrow{\mathrm{AB}} + \overrightarrow{\mathrm{CD}}\right) + \overrightarrow{\mathrm{EF}} = \overrightarrow{\mathrm{AB}} + \left(\overrightarrow{\mathrm{CD}} + \overrightarrow{\mathrm{EF}}\right)$ (結合法則)

(6) $(k + \ell) \overrightarrow{\mathrm{AB}} = k \overrightarrow{\mathrm{AB}} + \ell \overrightarrow{\mathrm{AB}}$ 　$(k, \ell \in \mathbb{R})$ （分配法則）

(7) $k(\overrightarrow{\mathrm{AB}} + \overrightarrow{\mathrm{CD}}) = k \overrightarrow{\mathrm{AB}} + k \overrightarrow{\mathrm{CD}}$ 　$(k \in \mathbb{R})$ （分配法則）

**問題 57** 定理 30 が成立することを，平面ベクトルの場合に図を描いて確かめよ．

### 1.12.2　ベクトルの成分表示

座標平面内の平面ベクトル $\boldsymbol{a}$ に対して，$\boldsymbol{a} = \overrightarrow{\mathrm{OA}}$ となる点 A がただ 1 つ存在する．A の座標を A$(a_1, a_2)$ とすると，

$$\text{対応：} \boldsymbol{a} \to (a_1, a_2)$$

は平面ベクトル全体の集合から座標平面 $\mathbb{R}^2$ の上への 1 対 1 写像である．こうして，平面ベクトル $\boldsymbol{a}$ と座標平面の点 $(a_1, a_2)$ を同一視することができる．すなわち，

$$\boldsymbol{a} = (a_1, a_2)$$

と表すことができる．これを平面ベクトルの**成分表示**という．こうして平面ベクトルは，2 次元ベクトルとも呼ばれる．

2 次元ベクトル $\boldsymbol{a} = (a_1, a_2)$ に対して，座標平面内の点 A$(a_1, a_2)$, H$(a_1, 0)$, K$(0, a_2)$ をとると，

$$\boldsymbol{a} = \overrightarrow{\mathrm{OA}} = \overrightarrow{\mathrm{OH}} + \overrightarrow{\mathrm{HA}} = \overrightarrow{\mathrm{OH}} + \overrightarrow{\mathrm{OK}} = (a_1, 0) + (0, a_2)$$

が成立する．よって，$\boldsymbol{a} = (a_1, a_2)$, $\boldsymbol{b} = (b_1, b_2)$, $k \in \mathbb{R}$ とすると，

$$\begin{aligned}
\boldsymbol{a} + \boldsymbol{b} &= ((a_1, 0) + (0, a_2)) + ((b_1, 0) + (0, b_2)) \\
&= ((a_1, 0) + (b_1, 0)) + ((0, a_2) + (0, b_2)) \\
&= (a_1 + b_1, 0) + (0, a_2 + b_2) = (a_1 + b_1, a_2 + b_2)
\end{aligned}$$

$$\begin{aligned}
k\boldsymbol{a} &= k((a_1, 0) + (0, a_2)) \\
&= k(a_1, 0) + k(0, a_2) = (ka_1, 0) + (0, ka_2) = (ka_1, ka_2)
\end{aligned}$$

が成立する.

$a$ を空間ベクトルとすると，平面ベクトルの場合と同様に $a = \overrightarrow{OA}$ となる点 $A(a_1, a_2, a_3)$ をとることにより，$a = (a_1, a_2, a_3)$ と成分表示できる. こうして空間ベクトルは，3 次元ベクトルとも呼ばれる.

このとき，2 次元ベクトルの場合と同様に，$a = (a_1, a_2, a_3)$, $b = (b_1, b_2, b_3)$, $k \in \mathbb{R}$ に対して，

$$a + b = (a_1 + b_1, a_2 + b_2, a_3 + b_3)$$

$$ka = (ka_1, ka_2, ka_3)$$

が成立する.

---

**定理 31** $a, b, c$ を 2 次元または 3 次元ベクトルとするとき，次が成立する:

(1) $a + b = b + a$

(2) $(a + b) + c = a + (b + c)$

(3) $a + 0 = 0 + a$

(4) $a + (-1)b = a - b$

(5) $k(a + b) = ka + kb \quad (k \in \mathbb{R})$

(6) $(k\ell)a = k(\ell a) \quad (k, \ell \in \mathbb{R})$

(7) $(k + \ell)a = ka + \ell b \quad (k, \ell \in \mathbb{R})$

---

O, A, B は同一直線上にない空間内の 3 点とする. そのとき，O, A, B を含む平面がただ 1 つ存在する. その平面内の任意の点を P とすると，

$$\overrightarrow{OP} = x\overrightarrow{OA} + y\overrightarrow{OB}$$

を満たす実数 $x, y$ が存在する. 逆に，空間内の点 P に対して

$$\overrightarrow{OP} = x\overrightarrow{OA} + y\overrightarrow{OB}$$

を満たす実数 $x, y$ が存在すれば P は O, A, B を含む平面上にある.

> **定理 32 (1 次独立性)** O, A, B, C は平面または空間内の 4 点とするとき，次が成立する．
>
> (1) O, A, B が同一直線上にない 3 点ならば，$x\overrightarrow{\text{OA}} + y\overrightarrow{\text{OB}} = \mathbf{0}$ を満たす $x, y$ は $x = y = 0$ に限る．
>
> (2) O, A, B, C が同一平面内にない 4 点ならば，$x\overrightarrow{\text{OA}} + y\overrightarrow{\text{OB}} + z\overrightarrow{\text{OC}} = \mathbf{0}$ を満たす $x, y, z$ は $x = y = z = 0$ に限る．

**証明**

(1) O, A, B を同一直線上にない 3 点とし，$x\overrightarrow{\text{OA}} + y\overrightarrow{\text{OB}} = \mathbf{0}$ とする．$x \neq 0$ とすると，$\overrightarrow{\text{OA}} = \left(\dfrac{-y}{x}\right)\overrightarrow{\text{OB}}$ が成立する．これは，O, A, B が同一直線上にあることを意味し，仮定に反する．よって，$x = 0$. また，$y \neq 0$ としても同様に矛盾を生じるので $y = 0$ でなければならない．よって，$x = y = 0$.

(2) $x\overrightarrow{\text{OA}} + y\overrightarrow{\text{OB}} + z\overrightarrow{\text{OC}} = \mathbf{0}$ とする．$x \neq 0$ とすると，$\overrightarrow{\text{OA}} = \left(\dfrac{-y}{x}\right)\overrightarrow{\text{OB}} + \left(\dfrac{-z}{x}\right)\overrightarrow{\text{OC}}$ が成立する．これは，O, A, B, C が同一平面上にあることを意味し，仮定に反する．また，$y \neq 0$ または $z \neq 0$ としても同様に矛盾を生じるので $y = 0$ かつ $z = 0$ でなければならない．よって，$x = y = z = 0$. □

**例題 2** A, B は空間または平面内の 2 点とするとき，次の問いに答えよ．

(1) 線分 AB を $m : n$ に内分する点を P とすると，

$$\overrightarrow{\text{OP}} = \frac{n}{m+n}\overrightarrow{\text{OA}} + \frac{m}{m+n}\overrightarrow{\text{OB}}$$

が成立する．

(2) P が直線 AB 上の点であるための必要十分条件は $\overrightarrow{\text{OP}} = (1-t)\overrightarrow{\text{OA}} + t\overrightarrow{\text{OB}}$ を満たす実数 $t$ が存在することである．

**解答**

(1) 線分 AB を $m : n$ に内分する点を P とすると，$\overrightarrow{\mathrm{AP}} = \dfrac{m}{m+n} \overrightarrow{\mathrm{AB}}$ である．よって，

$$
\begin{aligned}
\overrightarrow{\mathrm{OP}} &= \overrightarrow{\mathrm{OA}} + \overrightarrow{\mathrm{AP}} \\
&= \overrightarrow{\mathrm{OA}} + \frac{m}{m+n} \overrightarrow{\mathrm{AB}} \\
&= \overrightarrow{\mathrm{OA}} + \frac{m}{m+n} \left( \overrightarrow{\mathrm{OB}} - \overrightarrow{\mathrm{OA}} \right) \\
&= \frac{n}{m+n} \overrightarrow{\mathrm{OA}} + \frac{m}{m+n} \overrightarrow{\mathrm{OB}}
\end{aligned}
$$

(2) P が直線 AB 上の点であるとすると $\overrightarrow{\mathrm{AP}} = t\,\overrightarrow{\mathrm{AB}}$ を満たす実数 $t$ が存在する．

$$
\begin{aligned}
\overrightarrow{\mathrm{OP}} &= \overrightarrow{\mathrm{OA}} + \overrightarrow{\mathrm{AP}} \\
&= \overrightarrow{\mathrm{OA}} + t\,\overrightarrow{\mathrm{AB}} \\
&= \overrightarrow{\mathrm{OA}} + t \left( \overrightarrow{\mathrm{OB}} - \overrightarrow{\mathrm{OA}} \right) \\
&= (1-t)\,\overrightarrow{\mathrm{OA}} + t\,\overrightarrow{\mathrm{OB}}
\end{aligned}
$$

逆に，ある実数 $t$ に対して，$\overrightarrow{\mathrm{OP}} = (1-t)\,\overrightarrow{\mathrm{OA}} + t\,\overrightarrow{\mathrm{OB}}$ が成立するならば $\overrightarrow{\mathrm{AP}} = t\,\overrightarrow{\mathrm{AB}}$ が成立し，P は直線 AB 上の点である．　　　□

**例題 3** A, B, C は空間内の同一直線上にない 3 点とする．そのとき，P が A, B, C を含む平面上の点であるための必要十分条件は $\overrightarrow{\mathrm{OP}} = x\,\overrightarrow{\mathrm{OA}} + y\,\overrightarrow{\mathrm{OB}} + z\,\overrightarrow{\mathrm{OC}}$，$x+y+z=1$ を満たす実数 $x, y, z$ が存在することである．

**解答**　P が A, B, C を含む平面上の点であるとすると $\overrightarrow{\mathrm{AP}} = u\,\overrightarrow{\mathrm{AB}} + v\,\overrightarrow{\mathrm{AC}}$ を満たす実数 $u, v$ が存在する．よって，

$$
\overrightarrow{\mathrm{OP}} - \overrightarrow{\mathrm{OA}} = u \left( \overrightarrow{\mathrm{OB}} - \overrightarrow{\mathrm{OA}} \right) + v \left( \overrightarrow{\mathrm{OC}} - \overrightarrow{\mathrm{OA}} \right)
$$

よって，

$$
\overrightarrow{\mathrm{OP}} = (1-u-v)\,\overrightarrow{\mathrm{OA}} + u\,\overrightarrow{\mathrm{OB}} + v\,\overrightarrow{\mathrm{OC}}
$$

ここで，$x = 1 - u - v,\ y = u,\ z = v$ とおくと，

$$\overrightarrow{\mathrm{OP}} = x\overrightarrow{\mathrm{OA}} + y\overrightarrow{\mathrm{OB}} + z\overrightarrow{\mathrm{OC}},\ \ x + y + z = 1$$

が成立する．逆に，点 P が $x + y + z = 1$ を満たすある実数 $x, y, z$ に対して，$\overrightarrow{\mathrm{OP}} = x\overrightarrow{\mathrm{OA}} + y\overrightarrow{\mathrm{OB}} + z\overrightarrow{\mathrm{OA}}$ が成立すれば，

$$\overrightarrow{\mathrm{AP}} = y\overrightarrow{\mathrm{AB}} + z\overrightarrow{\mathrm{AC}}$$

が成立する．よって，P は A, B, C を含む平面上の点である．　　　　□

**問題 58** $\triangle\mathrm{OAB}$ がある．$\overrightarrow{\mathrm{OA}} = \boldsymbol{a}$, $\overrightarrow{\mathrm{OB}} = \boldsymbol{b}$ とする．線分 OB を $2 : 3$ に内分する点を P とし，線分 AB を $2 : 1$ に内分する点を Q とする．そのとき，次の問いに答えよ．

(1) $\overrightarrow{\mathrm{OP}}$, $\overrightarrow{\mathrm{OQ}}$ を $\boldsymbol{a}, \boldsymbol{b}$ で表せ．

(2) 直線 AP と直線 OQ の交点を R とする．$\overrightarrow{\mathrm{OR}}$ を $\boldsymbol{a}, \boldsymbol{b}$ で表せ．

(3) 直線 OA と直線 BR の交点を S とするとき，$\overrightarrow{\mathrm{OS}}$ を $\boldsymbol{a}, \boldsymbol{b}$ で表せ．

解　(1) $\overrightarrow{\mathrm{OP}} = \frac{2}{5}\boldsymbol{b}$, $\overrightarrow{\mathrm{OQ}} = \frac{1}{3}\boldsymbol{a} + \frac{2}{3}\boldsymbol{b}$　(2) $\overrightarrow{\mathrm{OR}} = \frac{1}{6}\boldsymbol{a} + \frac{1}{3}\boldsymbol{b}$　(3) $\overrightarrow{\mathrm{OS}} = \frac{1}{4}\boldsymbol{a}$

### 1.12.3　内積

　$\boldsymbol{a}, \boldsymbol{b}$ を 2 次元または 3 次元ベクトルとする．このとき $\boldsymbol{a} = \overrightarrow{\mathrm{OA}}$, $\boldsymbol{b} = \overrightarrow{\mathrm{OB}}$ を満たす点 A, B が存在する．OA の長さをベクトル $\boldsymbol{a}$ の**大きさまたは長さ**といい，記号 $|\overrightarrow{\mathrm{OA}}| = |\boldsymbol{a}|$ で表す．また，$\angle\mathrm{AOB}$ の大きさを $\boldsymbol{a}$ と $\boldsymbol{b}$ のなす**角**という．ただし，$\theta = \angle\mathrm{AOB}$ とするとき，$\theta$ は $0 \leqq \theta \leqq \pi$ の範囲で考えるものとする．

**例 15** 2 次元ベクトル $\boldsymbol{a} = (a_1, a_2)$ に対し，$\boldsymbol{a}$ の大きさ $|\boldsymbol{a}|$ は

$$|\boldsymbol{a}| = \sqrt{a_1{}^2 + a_2{}^2}$$

　3 次元ベクトル $\boldsymbol{a} = (a_1, a_2, a_3)$ に対し，$\boldsymbol{a}$ の大きさ $|\boldsymbol{a}|$ は

$$|\boldsymbol{a}| = \sqrt{a_1{}^2 + a_2{}^2 + a_3{}^2}$$

$\boldsymbol{a}$ と $\boldsymbol{b}$ を $2$ つの $2$ 次元または $3$ 次元ベクトルとする. $\boldsymbol{a}$ と $\boldsymbol{b}$ のなす角を $\theta\ (0 \leqq \theta \leqq \pi)$ とする.

$$(\boldsymbol{a}, \boldsymbol{b}) = |\boldsymbol{a}||\boldsymbol{b}| \cos\theta$$

を $\boldsymbol{a}$ と $\boldsymbol{b}$ の**内積**¶という. 次が成立する:

---

**定理 33** $\boldsymbol{a}, \boldsymbol{b}$ は $2$ 次元または $3$ 次元ベクトルとし, ともに零ベクトルでないとすると,

$$\boldsymbol{a} \perp \boldsymbol{b} \Longleftrightarrow (\boldsymbol{a}, \boldsymbol{b}) = 0$$

---

$3$ 次元ベクトル $\boldsymbol{a} = (a_1, a_2, a_3)$ と $\boldsymbol{b} = (b_1, b_2, b_3)$ は, $\boldsymbol{a} \neq \boldsymbol{0}, \boldsymbol{b} \neq \boldsymbol{0}$ とし, $\boldsymbol{a}$ と $\boldsymbol{b}$ のなす角を $\theta\ (0 < \theta < \pi)$ とする. $\boldsymbol{a} = \overrightarrow{OA}, \boldsymbol{b} = \overrightarrow{OB}$ を満たす点 A, B をとると, $\overrightarrow{AB} = \overrightarrow{OB} - \overrightarrow{OA} = \boldsymbol{b} - \boldsymbol{a} = (b_1 - a_1, b_2 - a_2, b_3 - a_3)$ である. $\triangle OAB$ において, 余弦定理により

$$AB^2 = OA^2 + OB^2 - 2\,OA \cdot OB \cos\theta$$

が成立する. よって,

$$(b_1 - a_1)^2 + (b_2 - a_2)^2 + (b_3 - a_3)^2 = a_1{}^2 + a_2{}^2 + a_3{}^2 + b_1{}^2 + b_2{}^2 + b_3{}^2 - 2(\boldsymbol{a}, \boldsymbol{b})$$

これを整理すると,

$$(\boldsymbol{a}, \boldsymbol{b}) = a_1 b_1 + a_2 b_2 + a_3 b_3$$

が得られる. この式は $\boldsymbol{a} = \boldsymbol{0}$ または $\boldsymbol{b} = \boldsymbol{0}$ または $\theta = 0$ または $\theta = \pi$ の場合も成立する.

したがって, 任意の $3$ 次元ベクトル $\boldsymbol{a} = (a_1, a_2, a_3)$ と $\boldsymbol{b} = (b_1, b_2, b_3)$ に対して,

$$(\boldsymbol{a}, \boldsymbol{b}) = a_1 b_1 + a_2 b_2 + a_3 b_3$$

が成立する. また, 同様にして任意の $2$ 次元ベクトル $\boldsymbol{a} = (a_1, a_2), \boldsymbol{b} = (b_1, b_2)$ に対して

$$(\boldsymbol{a}, \boldsymbol{b}) = a_1 b_1 + a_2 b_2$$

---
¶高校数学などでは内積の記号 $(\boldsymbol{a}, \boldsymbol{b})$ は別の記号 $\boldsymbol{a} \cdot \boldsymbol{b}$ 使用することが多い.

が成立する．以上，まとめると

---

**定理 34** (1) 任意の 3 次元ベクトル $\boldsymbol{a} = (a_1, a_2, a_3)$ と $\boldsymbol{b} = (b_1, b_2, b_3)$ に対して，

$$(\boldsymbol{a}, \boldsymbol{b}) = a_1 b_1 + a_2 b_2 + a_3 b_3$$

が成立する．

(2) 任意の 2 次元ベクトル $\boldsymbol{a} = (a_1, a_2)$, $\boldsymbol{b} = (b_1, b_2)$ に対して

$$(\boldsymbol{a}, \boldsymbol{b}) = a_1 b_1 + a_2 b_2$$

が成立する．

---

**例 16** $\boldsymbol{a} = (1, 0)$, $\boldsymbol{b} = \left(1, \dfrac{1}{\sqrt{3}}\right)$, $\boldsymbol{c} = (1, \sqrt{3})$ とすると，$\boldsymbol{a}$ と $\boldsymbol{c}$ のなす角は $\dfrac{\pi}{3}$, $\boldsymbol{a}$ と $\boldsymbol{b}$ のなす角は $\dfrac{\pi}{6}$, $\boldsymbol{b}$ と $\boldsymbol{c}$ のなす角は $\dfrac{\pi}{6}$ である．

**問題 59** 次の 2 つのベクトル $\boldsymbol{a}, \boldsymbol{b}$ について，内積 $(\boldsymbol{a}, \boldsymbol{b})$ と $\boldsymbol{a}, \boldsymbol{b}$ のなす角を求めよ．

(1) $\boldsymbol{a} = (1, 2)$, $\boldsymbol{b} = (-1, 3)$　　　(2) $\boldsymbol{a} = (1, 1)$, $\boldsymbol{b} = (1 - \sqrt{3}, 1 + \sqrt{3})$

(3) $\boldsymbol{a} = (1, 2, 1)$, $\boldsymbol{b} = (-1, 1, -1)$　(4) $\boldsymbol{a} = (1, 0, -1)$, $\boldsymbol{b} = (0, 1, 1)$

解　(1) $5, \frac{\pi}{4}$　　(2) $2, \frac{\pi}{3}$　　(3) $0, \frac{\pi}{2}$　　(4) $-1, \frac{2\pi}{3}$

## 1.12.4 行列

数を長方形の形に並べて括弧で閉じたものを**行列**という．

**例 17** $\begin{pmatrix} 1 & 3 & -2 & 5 \\ -3 & 1 & 4 & 9 \\ 7 & 2 & 3 & -1 \end{pmatrix}$, $\begin{pmatrix} 1 & 0 \\ 0 & 1 \end{pmatrix}$, $\begin{pmatrix} 5 & -1 & 7 \end{pmatrix}$, $\begin{pmatrix} 1 \\ -4 \\ 13 \\ -2 \end{pmatrix}$ など．

行列についての用語を少し紹介しておこう.

(1) 行列において，数の横の並びを**行**といい，上から順に，第 1 行，第 2 行，… という．また，数の縦の並びを**列**といい，左から順に，第 1 列，第 2 列，… という．

(2) 行の数が $m$ で，列の数が $n$ である行列を **$m \times n$ 型行列**，または，**$(m, n)$ 型行列**という．とくに，$(n, n)$ 型（$n \times n$ 型：行の数と列の数が同じ）行列を **$n$ 次正方行列**という．$m \times 1$ 型行列を（**$m$ 次元**）**列ベクトル**，$1 \times n$ 型行列を（**$n$ 次元**）**行ベクトル**ということもある．

上の例では，それぞれ $3 \times 4$ 型行列，2 次正方行列（$2 \times 2$ 型），3 次元行ベクトル（$1 \times 3$ 型），4 次元列ベクトル（$4 \times 1$ 型）である．

(3) 行列の中の数をそれぞれを**成分**といい，とくに，第 $j$ 行で第 $k$ 列の成分を **$(j, k)$ 成分**という．そこで一般に，第 $(j, k)$ 成分を $a_{jk}$ で表し，行列を $(a_{jk})$ と表すこともある（$a$ に付けた 2 つの添数で左側が上から何行目かを，右側が左から何列目かを表している）．

一般に，$m \times n$ 型行列 $A$ は，下記のように表される．

$$A = (a_{jk}) = \begin{pmatrix} a_{11} & a_{12} & \cdots & a_{1n} \\ a_{21} & a_{22} & \cdots & a_{2n} \\ \vdots & \vdots & & \vdots \\ a_{m1} & a_{m2} & \cdots & a_{mn} \end{pmatrix}$$

(4) すべての成分が 0 である行列を**零行列**といい，総じて $O$ で表す.

例 $\begin{pmatrix} 0 & 0 \\ 0 & 0 \end{pmatrix}$, $\begin{pmatrix} 0 & 0 & 0 & 0 \\ 0 & 0 & 0 & 0 \\ 0 & 0 & 0 & 0 \end{pmatrix}$, $\begin{pmatrix} 0 & 0 & 0 \\ 0 & 0 & 0 \\ 0 & 0 & 0 \end{pmatrix}$ など.

(5) 対角成分が全て 1 である対角行列を**単位行列**といい，総じて $E$ で表し，$n$ 次の単位行列は $E_n$ で表す.

例 $\begin{pmatrix} 1 & 0 \\ 0 & 1 \end{pmatrix}$, $\begin{pmatrix} 1 & 0 & 0 \\ 0 & 1 & 0 \\ 0 & 0 & 1 \end{pmatrix}$ など.

同じ型の行列 $A, B$ について，それらの和 $A+B$ 及び差 $A-B$ を成分どうしの和，差で定義する．行列と実数 $\alpha$ との積は，すべての成分の $\alpha$ 倍で定義する．

**例題 4** 行列 $A = \begin{pmatrix} 3 & -2 & 5 \\ -3 & 1 & -1 \end{pmatrix}, B = \begin{pmatrix} 2 & 5 & -1 \\ 1 & -3 & 1 \end{pmatrix}$ について，次の計算をせよ．

(1) $3A$       (2) $3A - B$

**解答** (1)   $3A = 3\begin{pmatrix} 3 & -2 & 5 \\ -3 & 1 & -1 \end{pmatrix} = \begin{pmatrix} 9 & -6 & 15 \\ -9 & 3 & -3 \end{pmatrix}$

(2)   $3A - B = 3\begin{pmatrix} 3 & -2 & 5 \\ -3 & 1 & -1 \end{pmatrix} - \begin{pmatrix} 2 & 5 & -1 \\ 1 & -3 & 1 \end{pmatrix}$

$= \begin{pmatrix} 7 & -11 & 16 \\ -10 & 6 & -4 \end{pmatrix}$      □

**問題 60** 行列 $A = \begin{pmatrix} 1 & -1 & -2 \\ 2 & 5 & -3 \end{pmatrix}, B = \begin{pmatrix} -1 & 2 & -3 \\ 6 & -1 & 2 \end{pmatrix}$ について，次の計算をせよ．

(1) $-2A$    (2) $A + B$    (3) $2A - 3B$

解 (1) $\begin{pmatrix} -2 & 2 & 4 \\ -4 & -10 & 6 \end{pmatrix}$   (2) $\begin{pmatrix} 0 & 1 & -5 \\ 8 & 4 & -1 \end{pmatrix}$   (3) $\begin{pmatrix} 5 & -8 & 5 \\ -14 & 13 & -12 \end{pmatrix}$

行列の和と実数倍の計算について，次の性質が成立する．

**定理 35** 任意の $m \times n$ 型の行列 $A, B, C$ と実数 $\alpha, \beta$ に対して，次の等式が成り立つ．

(1) $m \times n$ 型行列の和も同じ $m \times n$ 型行列である．

(a) ［交換律］ $A + B = B + A$

(b) ［結合律］ $(A + B) + C = A + (B + C)$

(c) ［零行列］ $A + O = O + A = A$

(2) $m \times n$ 型行列と実数の積も同じ $m \times n$ 型行列である.

(a) ［結合律］ $\alpha(\beta A) = \beta(\alpha A) = (\alpha\beta)A$

(b) ［分配律］ $\alpha(A + B) = \alpha A + \alpha B$

(c) ［分配律］ $(\alpha + \beta)A = \alpha A + \beta A$

(d) ［その他］ $1A = A, 0A = O, \alpha O = O$

### 1.12.5 行列の積

行列 $A$ と $B$ に対して,$A$ の列の数と $B$ の行の数が等しいとき積 $AB$ が定義される.例えば,$2 \times 3$ 型の行列と $3 \times 2$ 型の行列の積は,次のように定義する.

$$
\begin{pmatrix} a_{11} & a_{12} & a_{13} \\ a_{21} & a_{22} & a_{23} \end{pmatrix}
\begin{pmatrix} b_{11} & b_{12} \\ b_{21} & b_{22} \\ b_{31} & b_{32} \end{pmatrix}
$$
$$
= \begin{pmatrix} a_{11} \times b_{11} + a_{12} \times b_{21} + a_{13} \times b_{31} & a_{11} \times b_{12} + a_{12} \times b_{22} + a_{13} \times b_{32} \\ a_{21} \times b_{11} + a_{22} \times b_{21} + a_{23} \times b_{31} & a_{21} \times b_{12} + a_{22} \times b_{22} + a_{23} \times b_{32} \end{pmatrix}
$$

$A$ の列の数と $B$ の行の数が等しくないときは,積 $AB$ は,この定義では計算できないことがわかる.

**例題 5** 行列 $A = \begin{pmatrix} 1 & 2 & 3 \\ 4 & 5 & 6 \end{pmatrix}, B = \begin{pmatrix} 3 & -1 \\ -2 & -3 \\ 1 & 2 \end{pmatrix}$ について,次の式を計算せよ.

(1) $AB$ (2) $BA$

**解答**

(1) $AB = \begin{pmatrix} 1 & 2 & 3 \\ 4 & 5 & 6 \end{pmatrix} \begin{pmatrix} 3 & -1 \\ -2 & -3 \\ 1 & 2 \end{pmatrix}$

$= \begin{pmatrix} 1 \cdot 3 + 2 \cdot (-2) + 3 \cdot 1 & 1 \cdot (-1) + 2 \cdot (-3) + 3 \cdot 2 \\ 4 \cdot 3 + 5 \cdot (-2) + 6 \cdot 1 & 4 \cdot (-1) + 5 \cdot (-3) + 6 \cdot 2 \end{pmatrix}$

$= \begin{pmatrix} 2 & -1 \\ 8 & -7 \end{pmatrix}$

(2) $BA = \begin{pmatrix} 3 & -1 \\ -2 & -3 \\ 1 & 2 \end{pmatrix} \begin{pmatrix} 1 & 2 & 3 \\ 4 & 5 & 6 \end{pmatrix}$

$= \begin{pmatrix} 3 \cdot 1 + (-1) \cdot 4 & 3 \cdot 2 + (-1) \cdot 5 & 3 \cdot 3 + (-1) \cdot 6 \\ (-2) \cdot 1 + (-3) \cdot 4 & (-2) \cdot 2 + (-3) \cdot 5 & (-2) \cdot 3 + (-3) \cdot 6 \\ 1 \cdot 1 + 2 \cdot 4 & 1 \cdot 2 + 2 \cdot 5 & 1 \cdot 3 + 2 \cdot 6 \end{pmatrix}$

$= \begin{pmatrix} -1 & 1 & 3 \\ -14 & -19 & -24 \\ 9 & 12 & 15 \end{pmatrix}$                          □

この 例題 5 (1), (2) より，積 $AB$ と $BA$ が等しくないことがわかる．この
ように，一般に，行列の積の左右を入れ替えたら，その積は等しいとは限らな
い．もちろん，その積の型が異なることもあることがわかる．一般に，$m \times n$
型行列 $A$ と $n \times l$ 型行列 $B$ の積 $AB$ は，次の式で定義される．

$$AB = \begin{pmatrix} a_{11} & \ldots & a_{1n} \\ \vdots & \ddots & \vdots \\ a_{j1} & \ldots & a_{jn} \\ \vdots & \ddots & \vdots \\ a_{m1} & \ldots & a_{mn} \end{pmatrix} \begin{pmatrix} b_{11} & \ldots & b_{1k} & \ldots & b_{1l} \\ \vdots & \ddots & \vdots & \ddots & \vdots \\ b_{n1} & \ldots & b_{nk} & \ldots & b_{nl} \end{pmatrix} = \begin{pmatrix} c_{11} & \ldots & c_{1k} & \ldots & c_{1l} \\ \vdots & \ddots & \vdots & \ddots & \vdots \\ c_{j1} & \ldots & c_{jk} & \ldots & c_{jl} \\ \vdots & \ddots & \vdots & \ddots & \vdots \\ c_{m1} & \ldots & c_{mk} & \ldots & c_{ml} \end{pmatrix}$$

$$c_{jk} = a_{j1}b_{1k} + \cdots + a_{jn}b_{nk}, \quad (1 \leqq j \leqq m, 1 \leqq k \leqq l)$$

上記より、$m \times n$ 型行列 $A$ と $n \times l$ 型行列 $B$ の積 $AB$ は，$m \times l$ 型行列
であり，その成分 $c_{jk}$ の計算式は，行列 $A$ の第 $j$ 行のベクトルと行列 $B$ の第

$k$ 列のベクトルの内積である.

**問題 61** 行列 $A = \begin{pmatrix} 1 & 2 \\ -2 & 4 \end{pmatrix}, B = \begin{pmatrix} 3 & -1 \\ -1 & -2 \end{pmatrix}$ について,次の計算をせよ.

(1) $AB$    (2) $BA$

解 (1) $\begin{pmatrix} 1 & -5 \\ -10 & -6 \end{pmatrix}$    (2) $\begin{pmatrix} 5 & 2 \\ 3 & -10 \end{pmatrix}$

## 1.12.6 行列式

正方行列 $A$ に対して,$A$ の**行列式**(**determinant**)を紹介しよう.行列式(determinant)の記号は,$|A|$, $\det A$, $\det(A)$, $\det(a_{jk})$, $D(A)$ などが使われる.

2 次正方行列 $A = \begin{pmatrix} a_{11} & a_{12} \\ a_{21} & a_{22} \end{pmatrix}$ に対し,$A$ の行列式を

$$\begin{vmatrix} a_{11} & a_{12} \\ a_{21} & a_{22} \end{vmatrix} = a_{11}a_{22} - a_{12}a_{21} \tag{1.5}$$

と定義する.すなわち,

$$\begin{vmatrix} a & b \\ c & d \end{vmatrix} = ad - bc \qquad \text{2 次の行列式} \tag{1.6}$$

3 次正方行列 $A = \begin{pmatrix} a_{11} & a_{12} & a_{13} \\ a_{21} & a_{22} & a_{23} \\ a_{31} & a_{32} & a_{33} \end{pmatrix}$ に対して,$A$ の行列式を

$$\begin{vmatrix} a_{11} & a_{12} & a_{13} \\ a_{21} & a_{22} & a_{23} \\ a_{31} & a_{32} & a_{33} \end{vmatrix} = a_{11}a_{22}a_{33} + a_{12}a_{23}a_{31} + a_{13}a_{21}a_{32} \tag{1.7}$$

$$-a_{13}a_{22}a_{31} - a_{12}a_{21}a_{33} - a_{11}a_{23}a_{32}$$

と定義する.

　3 次の行列式は，右図において，実
線の矢印が示す 3 つの成分の積に符号
「+」を付け，点線の矢印が示す 3 つの
成分の積に符号「−」を付けて加えた
和になっていることがわかる.

　この行列式の計算方法は，Sarrus の
方法と呼ばれている.

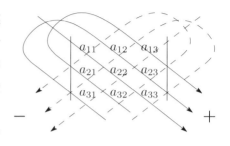

**例題 6** 次の行列式の値を求めよ.

$$(1) \begin{vmatrix} 1 & 2 \\ 3 & 4 \end{vmatrix} \qquad (2) \begin{vmatrix} 1 & 2 & 3 \\ 4 & 5 & 6 \\ 7 & 8 & 9 \end{vmatrix}$$

**解**　$(1) \begin{vmatrix} 1 & 2 \\ 3 & 4 \end{vmatrix} = 1 \times 4 - 2 \times 3 = -2$

$(2) \begin{vmatrix} 1 & 2 & 3 \\ 4 & 5 & 6 \\ 7 & 8 & 9 \end{vmatrix} = 1{\times}5{\times}9 + 2{\times}6{\times}7 + 3{\times}4{\times}8 - 3{\times}5{\times}7 - 1{\times}6{\times}8 - 2{\times}4{\times}9 = 0$

□

**問題 62** 次の行列式の値を求めよ.

$$(1) \begin{vmatrix} 2 & 3 \\ 4 & 5 \end{vmatrix} \qquad (2) \begin{vmatrix} 5 & 4 \\ 3 & 6 \end{vmatrix} \qquad (3) \begin{vmatrix} 2 & -3 \\ 5 & 7 \end{vmatrix} \qquad (4) \begin{vmatrix} 1 & 0 \\ 0 & 1 \end{vmatrix}$$

解　(1) −2　　(2) 18　　(3) 29　　(4) 1

**問題 63** 次の行列式の値を求めよ.

$$(1) \begin{vmatrix} 1 & 4 & 7 \\ 2 & 5 & 8 \\ 3 & 6 & 9 \end{vmatrix} \quad (2) \begin{vmatrix} 1 & 3 & 2 \\ 1 & 2 & 1 \\ 3 & 3 & 1 \end{vmatrix} \quad (3) \begin{vmatrix} 1 & 1 & 1 \\ 1 & 2 & 1 \\ 2 & 3 & 4 \end{vmatrix} \quad (4) \begin{vmatrix} 2 & -1 & 2 \\ 1 & -1 & 1 \\ -1 & 5 & 4 \end{vmatrix}$$

解　(1) 0　　(2) −1　　(3) 2　　(3) −5

### 1.12.7　3次元ベクトルの外積

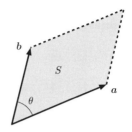

2つのベクトル $a$, $b$ で作られる平行四辺形の面積 $S$ は，内積を用いると，

$$S = |a||b|\sin\theta = \sqrt{|a|^2|b|^2 - (a,b)^2} \quad (1.8)$$

3次元ベクトル $a = (a_1, a_2, a_3)$, $b = (b_1, b_2, b_3)$ に対して，$a$ と $b$ の**外積** $a \times b$ を，2次の行列式を用いて，

$$
a \times b = \left( \begin{vmatrix} a_2 & b_2 \\ a_3 & b_3 \end{vmatrix}, \begin{vmatrix} a_3 & b_3 \\ a_1 & b_1 \end{vmatrix}, \begin{vmatrix} a_1 & b_1 \\ a_2 & b_2 \end{vmatrix} \right)
$$
$$
= (a_2 b_3 - a_3 b_2, a_3 b_1 - a_1 b_3, a_1 b_2 - a_2 b_1)
$$

と定義する．<u>外積 $a \times b$ はベクトル</u>であることがわかる．

**例題 7** 2つのベクトル $a = (1, 2, 3)$, $b = (2, 0, -1)$ に対し，次の値およびベクトルを求めよ．

(1) $|a|$　(2) $(a, b)$　(3) $(b, a)$　(4) $a \times b$　(5) $b \times a$　(6) $(a, a)$　(7) $a \times a$
(8) $(a \times b, b)$　　(9) $|a \times b|$　　(10) $a, b$ が作る平行四辺形の面積 $S$

**解答**　(1) $|a| = \sqrt{14}$　　(2) $(a, b) = -1$　　(3) $(b, a) = -1$
(4) $a \times b = (-2, 7, -4)$　　(5) $b \times a = (2, -7, 4)$　(6) $(a, a) = 14$
(7) $a \times a = 0$　(8) $(a \times b, a) = 0$　(9) $|a \times b| = \sqrt{69}$　(10) $S = \sqrt{69}$　□

例題 7 より，内積や外積について，次が成立することがわかる．

---

$(a, b) = (b, a)$,　$a \times b = -b \times a$,　$(a, a) = |a|^2$,　$a \times a = 0$,
$(a \times b) \perp a$,　$(a \times b) \perp b$,　$S = |a \times b|$

---

外積 $a \times b$ は，$a$ と $b$ に垂直で，大きさは $a$ と $b$ の作る平行四辺形の面積 $S$ にスカラーとして等しいベクトルである．また外積 $a \times b$ は，$a$, $b$, $a \times b$ がこの順で右手系をなす向きの3次元ベクトルである．

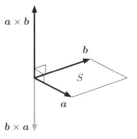

## 1.12.8　直線と平面

　零ベクトルでない 2 つのベクトル $a$ と $b$ が平行であるとは，$a$ と $b$ が同じ向き，または逆向きであるときをいい，$a \mathbin{/\!/} b$ と表す．$a \mathbin{/\!/} b$ の必要十分条件は，$a = tb$ を満たすスカラー（実数）$t$ が存在することである．この場合，$t > 0$ のとき同じ向きで，$t < 0$ のとき逆向きである．

　点 $\mathrm{P_0}$ を通り，ベクトル $d \neq 0$ に平行な直線上の任意の点を P とすると，$d \mathbin{/\!/} \overrightarrow{\mathrm{P_0 P}}$ であるので，

$$\overrightarrow{\mathrm{P_0 P}} = td \qquad (1.9)$$

を満たすスカラー（実数）$t$ が存在する．このとき，P は任意の点だから，$t$ は任意の実数である．式 (1.9) を直線のベクトル方程式といい，直線に平行なベクトル $d$ を，その直線の**方向ベクトル**という．また，$t$ は直線のパラメータと呼ばれている．

　2 次元の場合，$\mathrm{P_0}(x_0, y_0)$, $\mathrm{P}(x, y)$, $d = (d_1, d_2)$ とすると，(1.9) より

$$(x - x_0, y - y_0) = t(d_1, d_2)$$

したがって，

$$\begin{cases} x = d_1 t + x_0 \\ y = d_2 t + y_0 \end{cases} \qquad (1.10)$$

　同様に 3 次元の場合も，$\mathrm{P_0}(x_0, y_0, z_0)$, $\mathrm{P}(x, y, z)$, $d = (d_1, d_2, d_3)$ とすると，

$$\begin{cases} x = d_1 t + x_0 \\ y = d_2 t + y_0 \\ z = d_3 t + z_0 \end{cases} \qquad (1.11)$$

直線の式 (1.10), (1.11) は直線のパラメータ表示と呼ばれている．

**例題 8**　次の問いに答えよ．

(1) 2 次元の場合，点 $\mathrm{P_0}(x_0, y_0)$ を通り，ベクトル $n = (n_1, n_2) \neq 0$ に垂直な直線 $\ell$ の方程式を求めよ．

(2) 3 次元の場合, 点 $P_0(x_0, y_0, z_0)$ を通り, ベクトル $\boldsymbol{n} = (n_1, n_2, n_3) \neq \boldsymbol{0}$ に垂直な平面 $\alpha$ の方程式を求めよ.

**解答**

(1) 求める直線上の任意の点を $P(x, y)$ とすると, $\overrightarrow{P_0 P} = (x - x_0, y - y_0)$ である. このとき $\boldsymbol{n} \perp \overrightarrow{P_0 P}$ であるので, $(\boldsymbol{n}, \overrightarrow{P_0 P}) = 0$ が成立する. これより内積を計算すると, 求める直線の方程式は

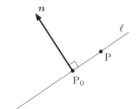

$$n_1(x - x_0) + n_2(y - y_0) = 0$$

である.

(2) 求める平面上の任意の点を $P(x, y, z)$ とすると, $\overrightarrow{P_0 P} = (x - x_0, y - y_0, z - z_0)$ である. このとき $\boldsymbol{n} \perp \overrightarrow{P_0 P}$ であるので, $(\boldsymbol{n}, \overrightarrow{P_0 P}) = 0$ が成立する.

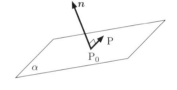

これより内積を計算すると, 求める平面の方程式は

$$n_1(x - x_0) + n_2(y - y_0) + n_3(z - z_0) = 0$$

である. □

$a, b, c, d$ は実数で, $(a, b, c) \neq (0, 0, 0)$ とする. 座標空間内の点 $(x_0, y_0, z_0)$ が $ax + by + cz + d = 0$ を満たすとすると, $ax_0 + by_0 + cz_0 + d = 0$ が成立する. この 2 つの式より, $a(x - x_0) + b(y - y_0) + c(z - z_0) = 0$ が得られる. よって, $ax + by + cz + d = 0$ は点 $(x_0, y_0, z_0)$ を通り, ベクトル $(a, b, c)$ に垂直な平面の方程式である. したがって, ベクトル $\boldsymbol{n} = (a, b, c)$ は平面 $ax + by + cz + d = 0$ に垂直なベクトルである. 平面に垂直なベクトルは, その平面の**法線ベクトル (normal vector)** と呼ばれている.

同様に, 2 次元の場合, ベクトル $\boldsymbol{n} = (a, b)$ は直線 $ax + by + c = 0$ に垂直なベクトルであり, 直線に垂直なベクトルは, その直線の**法線ベクトル**と

呼ばれている.

## 1.13  数列とその和

実数を $a_1, a_2, \ldots, a_n, \ldots$ というように無限に並べたものを**数列**といい, $\{a_n\}_{n=1}^{\infty}$ または $\{a_n\}$ と表す.  数列 $\{a_n\}$ は自然数全体の集合 $\mathbb{N}$ を定義域とする実数値関数とみなすことができる.

数列 $\{a_n\}$ において, $a_1$ を**初項**といい, $a_n$ を**第 $n$ 項**または**一般項**という.

数列 $\{a_n\}$ において,

$$a_n - a_{n-1} = d \,(\text{一定}) \quad (n \geqq 2)$$

が成立するとき, 数列 $\{a_n\}$ は**公差** $d$ の**等差数列**であるという.  このとき, 一般項 $\{a_n\}$ は

$$a_n = a_1 + (n-1)d \quad (n \geqq 1)$$

と $n$ の 1 次式で表される.

$a_1 \neq 0$ を満たす数列 $\{a_n\}$ において,

$$\frac{a_n}{a_{n-1}} = r(\neq 0) \,(\text{一定}) \quad (n \geqq 2)$$

が成立するとき, 数列 $\{a_n\}$ は**公比** $r$ の**等比数列**であるという.  このとき, 一般項 $\{a_n\}$ は

$$a_n = a_1 r^{n-1} \quad (n \geqq 1)$$

と表される.

**問題 64** 次の数列 $\{a_n\}$ は等差数列または等比数列とする.  数列 $\{a_n\}$ の第 1 項から第 6 項までが次のように与えられているとき $\{a_n\}$ の一般項を求めよ.

(1) $-3, 0, 3, 6, 9, 12, \ldots$     (2) $1, -2, 4, -8, 16, -32, \ldots$

(3) $10, 8, 6, 4, 2, 0, \ldots$     (4) $3, 1, \dfrac{1}{3}, \dfrac{1}{9}, \dfrac{1}{27}, \dfrac{1}{81}, \ldots$

解 (1) $a_n = 3n - 6$ (2) $a_n = (-2)^{n-1}$ (3) $a_n = -2n + 12$ (4) $a_n = \left(\dfrac{1}{3}\right)^{n-2}$

**Σ シグマ記号：和を表す記号** 数列 $\{a_n\}$ において，第 1 項から第 $n$ 項までの和 $S_n = a_1 + a_2 + \cdots + a_n$ を $\displaystyle\sum_{k=1}^{n} a_k$ で表す．すなわち，

$$\sum_{k=1}^{n} a_k = a_1 + a_2 + \cdots + a_n$$

次が成立する：

---

**定理 36** 2 つの数列 $\{a_n\}$, $\{b_n\}$ と実数 $\alpha$, $\beta$ に対して，

$$\sum_{k=1}^{n} (\alpha a_n + \beta b_n) = \alpha \sum_{k=1}^{n} a_n + \beta \sum_{k=1}^{n} b_n$$

が成立する．

---

**定理 37** 次は基本的な数列の和の公式である：

(1) $$\sum_{k=1}^{n} ar^{k-1} = \frac{a\left(1 - r^n\right)}{1 - r} \quad (r \neq 1)$$

(2) $$\sum_{k=1}^{n} 1 = n$$ 　　(3) $\displaystyle\sum_{k=1}^{n} k = \frac{n(n+1)}{2}$

(4) $$\sum_{k=1}^{n} k^2 = \frac{n(n+1)(2n+1)}{6}$$ 　(5) $\displaystyle\sum_{k=1}^{n} k^3 = \left\{\frac{n(n+1)}{2}\right\}^2$

---

**証明** $S_n = a_1 + a_2 + \cdots + a_n$ とおく．

(1) $S_n - rS_n = a + ar + \cdots + ar^{n-1} - \left(ar + ar^2 + \cdots + ar^n\right) = a\left(1 - r^n\right)$
　　よって，

$$\sum_{k=1}^{n} ar^{k-1} = \frac{a\left(1 - r^n\right)}{1 - r} \quad (r \neq 1)$$

　　が成立する．

(2) $\displaystyle\sum_{k=1}^{n} 1 = 1 + 1 + \cdots + 1 = n$

(3) $2S_n = (1 + 2 + \cdots + n) + \{n + (n-1) + \cdots + 2 + 1\} = n(n+1).$
よって,
$$\sum_{k=1}^{n} k = \frac{n(n+1)}{2}.$$

(4) $T_n = \dfrac{n(n+1)(2n+1)}{6}$ とおくと,
$$T_n - T_{n-1} = \frac{n(n+1)(2n+1)}{6} - \frac{n(n-1)(2n-1)}{6} = n^2.$$
このとき,
$$2^2 + 3^2 + \cdots + n^2 = (T_2 - T_1) + (T_3 - T_2) + \cdots + (T_{n-1} - T_{n-2}) + (T_n - T_{n-1})$$
$$= T_n - T_1.$$
よって, $T_1 = 1$ より,
$$\sum_{k=1}^{n} k^2 = 1 + 2^2 + 3^2 + \cdots + n^2$$
$$= 1 + T_n - T_1 = T_n = \frac{n(n+1)(2n+1)}{6}$$

(5) $U_n = \left\{\dfrac{n(n+1)}{2}\right\}^2$ とおくと,
$$U_n - U_{n-1} = \left\{\frac{n(n+1)}{2}\right\}^2 - \left\{\frac{(n-1)n}{2}\right\}^2 = n^3.$$
このとき,
$$2^3 + 3^3 + \cdots + n^3 = (U_2 - U_1) + (U_3 - U_2) + \cdots + (U_{n-1} - U_{n-2}) + (U_n - U_{n-1})$$
$$= U_n - U_1.$$
よって, $U_1 = 1$ より,
$$\sum_{k=1}^{n} k^3 = 1 + 2^3 + 3^3 + \cdots + n^3$$
$$= 1 + U_n - U_1 = U_n = \left\{\frac{n(n+1)}{2}\right\}^2$$
$\square$

**問題 65** 次の数列の和を $n$ のできるだけ簡単な式で表せ.

$$(1) \sum_{k=1}^{n} \left(\frac{1}{2}\right)^k \quad (2) \sum_{k=1}^{n} (1 + 3k) \quad (3) \sum_{k=1}^{n} \frac{1}{k(k + 1)} \quad (4) \sum_{k=1}^{n} (1 + k + 3k^2)$$

解　(1) $1 - \frac{1}{2^n}$　(2) $\frac{n(3n+5)}{2}$　(3) $\frac{n}{n+1}$　(4) $n(n^2 + 2n + 2)$

## 1.14　複素平面

複素数 $z = x + iy$　$(x, y$ は実数$)$ に平面上の点 $(x, y)$ を対応させると, この対応は上への 1 対 1 対応である. したがって, 平面上の各点は 1 つの複素数を表すものと考えることができる. このように複素数を表すために用いられる平面を**複素平面**という. また複素平面上における $x$ 軸, $y$ 軸をそれぞれ**実軸**, **虚軸**という.

複素数 $z = x + iy$　$(x, y$ は実数$)$ において

**実部（Real part）**　　$\mathrm{Re}(z) = x$

**虚部（Imaginary part）**　　$\mathrm{Im}(z) = y$

**絶対値**　$|z| = \sqrt{x^2 + y^2}$

**偏角（argement）**　　$\arg z =$ 実軸の正の部分と線分 O$z$ のなす角

と定義する.

$r = |z|$, $\theta = \arg z$ とすると,

$$z = r(\cos\theta + i\sin\theta)$$

と表すことができる.

**注 4** $z$ の偏角は一意的には決まらない. $z$ の偏角の 1 つを $\theta_0$ とすると, $\theta_0 + 2n\pi$　$(n = 0, \pm 1, \pm 2, \ldots)$ のおのおのも $z$ の偏角であり, 偏角の一般角表示である. $\arg z$ はそれらの 1 つを表すものとする. また $z = 0$ は偏角を考えない.

---

**定理 38 (複素数の性質)** $z_1$, $z_2$ を複素数とするとき，次が成立する．

(1) $|z_1 z_2| = |z_1| \, |z_2|$,　　$\left| \dfrac{z_1}{z_2} \right| = \dfrac{|z_1|}{|z_2|}$　$(z_2 \neq 0)$

(2) $\arg(z_1 z_2) = \arg z_1 + \arg z_2$　$(z_1 \neq 0,\ z_2 \neq 0)$

(3) $\arg\left( \dfrac{z_1}{z_2} \right) = \arg z_1 - \arg z_2$　$(z_1 \neq 0,\ z_2 \neq 0)$

---

**注 5** $z_1 = 0$, $z_2 = 0$ のとき偏角は考えられないので除外する．(2), (3) については，$z_1$, $z_2$, $z_1 z_2$, $\dfrac{z_1}{z_2}$ の偏角をそれぞれ勝手にとったのでは成立しないが $2\pi$ の整数倍の差を無視すると成立する．偏角に関する式については，そのように解釈するものとする．

**証明**　$z_1 = 0$ または $z_2 = 0$ のとき，(1) が成立することは明らかである．

$z_1 \neq 0$, $z_2 \neq 0$ のとき，$|z_1| = r_1$, $|z_2| = r_2$, $\arg z_1 = \theta_1$, $\arg z_2 = \theta_2$ とすると，$z_1 = r_1(\cos\theta_1 + i\sin\theta_1)$, $z_2 = r_2(\cos\theta_2 + i\sin\theta_2)$ と表すことができる．加法定理より，

$$
\begin{aligned}
z_1 z_2 &= r_1 r_2 \left( \cos\theta_1 + i\sin\theta_1 \right) \left( \cos\theta_2 + i\sin\theta_2 \right) \\
&= r_1 r_2 \left\{ (\cos\theta_1 \cos\theta_2 - \sin\theta_1 \sin\theta_2) + i(\sin\theta_1 \cos\theta_2 + \cos\theta_1 \sin\theta_2) \right\} \\
&= r_1 r_2 \left\{ \cos(\theta_1 + \theta_2) + i\sin(\theta_1 + \theta_2) \right\}
\end{aligned}
$$

$$
\begin{aligned}
\frac{z_1}{z_2} &= \frac{r_1 \left( \cos\theta_1 + i\sin\theta_1 \right)}{r_2 \left( \cos\theta_2 + i\sin\theta_2 \right)} \\
&= \frac{r_1 \left( \cos\theta_1 + i\sin\theta_1 \right) \left( \cos\theta_2 - i\sin\theta_2 \right)}{r_2 \left( \cos\theta_2 + i\sin\theta_2 \right) \left( \cos\theta_2 - i\sin\theta_2 \right)} \\
&= \left( \frac{r_1}{r_2} \right) \left\{ (\cos\theta_1 \cos\theta_2 + \sin\theta_1 \sin\theta_2) + i(\sin\theta_1 \cos\theta_2 - \cos\theta_1 \sin\theta_2) \right\} \\
&= \left( \frac{r_1}{r_2} \right) \left\{ \cos(\theta_1 - \theta_2) + i\sin(\theta_1 - \theta_2) \right\}
\end{aligned}
$$

である．よって，(1), (2), (3) が成立することがわかる．　　　　　　□

複素数 $z = x + iy$ （$x, y$ は実数）に対して

$$e^z = e^x(\cos y + i \sin y)$$

によって $e^z$ を定義する．ただし，$e$ は Napier（ネピア）数で，$e = 2.71828\cdots$ である．ネピア数 $e$ の定義については後の章（78ページ，238ページ）で述べる．

実数 $\theta$ に対して

$$\boxed{e^{i\theta} = \cos\theta + i\sin\theta \quad : \textbf{Euler（オイラー）の公式}}$$

が成立する．よって，複素数 $z$ に対し，$r = |z|$, $\theta = \arg z$ とするとき

$$z = r(\cos\theta + i\sin\theta) = re^{i\theta}$$

と表すことができる．

$$\boxed{z = re^{i\theta}}$$

を $z$ の**極形式**という．

**問題 66** 次の複素数の絶対値と偏角を求めよ．

(1) $e^{\frac{\pi}{3}i}$ (2) $2e^{-\frac{5}{4}\pi i}$ (3) $e^{2+3i}$

解 $n$ は整数 (1) 絶対値 1, 偏角 $\frac{\pi}{3} + 2n\pi$ (2) 絶対値 2, 偏角 $-\frac{5\pi}{4} + 2n\pi$ (3) 絶対値 $e^2$, 偏角 $3 + 2n\pi$

**問題 67** 次の複素数を極形式 $re^{i\theta}$ $(0 \leqq \theta < 2\pi)$ で表せ．

$$1+i, \quad -1+i, \quad i, \quad -1+\sqrt{3}i, \quad -2, \quad 2\sqrt{3}-2i$$

解 $\sqrt{2}e^{\frac{\pi}{4}i}, \sqrt{2}e^{\frac{3\pi}{4}i}, e^{\frac{\pi}{2}i}, 2e^{\frac{2\pi}{3}i}, 2e^{\pi i}, 4e^{\frac{11\pi}{6}i}$

さて，0 でない複素数 $a$ と整数 $n$ に対して，

$$a^n = \begin{cases} a \times a \times \cdots \times a \quad (a \text{ の } n \text{ 個の積}) \quad (n > 0) \\ \dfrac{1}{a^{-n}} \quad (n < 0) \\ 1 \quad (n = 0) \end{cases}$$

と定義する.

---

**定理 39 (指数法則)**　　複素数 $z$, $z_1$, $z_2$ に対して次が成立する.

(1) $e^{z_1} e^{z_2} = e^{z_1 + z_2}$

(2) $\dfrac{e^{z_1}}{e^{z_2}} = e^{z_1 - z_2}$

(3) $(e^z)^n = e^{nz}$　　($n$ は整数)

---

**証明**　　$z = x + iy$　($x, y$ は実数), $z_1 = x_1 + iy_1$　($x_1, y_1$ は実数), $z_2 = x_2 + iy_2$　($x_2, y_2$ は実数) とする. そのとき, 定理 38 と定理 38 の証明より,

$$
\begin{aligned}
e^{z_1} e^{z_2} &= \left\{ e^{x_1}(\cos y_1 + i \sin y_1) \right\} \left\{ e^{x_2}(\cos y_2 + i \sin y_2) \right\} \\
&= e^{x_1} e^{x_2} \left\{ \cos(y_1 + y_2) + i \sin(y_1 + y_2) \right\} \\
&= e^{x_1 + x_2} \left\{ \cos(y_1 + y_2) + i \sin(y_1 + y_2) \right\} \\
&= e^{(x_1 + x_2) + i(y_1 + y_2)} \\
&= e^{z_1 + z_2}
\end{aligned}
$$

$$
\begin{aligned}
\frac{e^{z_1}}{e^{z_2}} &= \frac{\left\{ e^{x_1}(\cos y_1 + i \sin y_1) \right\}}{\left\{ e^{x_2}(\cos y_2 + i \sin y_2) \right\}} \\
&= \frac{e^{x_1}}{e^{x_2}} \left\{ \cos(y_1 - y_2) + i \sin(y_1 - y_2) \right\} \\
&= e^{x_1 - x_2} \left\{ \cos(y_1 - y_2) + i \sin(y_1 - y_2) \right\} \\
&= e^{(x_1 - x_2) + i(y_1 - y_2)} \\
&= e^{z_1 - z_2}
\end{aligned}
$$

である. よって, (1), (2) が証明された.

$n$ 個の複素数 $z_1, z_2, \ldots, z_n$ に対し, (1) より

$$
e^{z_1} e^{z_2} \cdots e^{z_n} = e^{z_1 + z_2 + \cdots + z_n}
$$

$z_1 = z_2 = \cdots = z_n = z$ とすると,

$$
(e^z)^n = e^{nz}
$$

$n = 0$ のときは明らかに $(e^z)^n = e^{nz}$ が成立する. $n$ が負の整数の場合を考える. $m = -n$ とおくと, $m > 0$ で $n = -m$ である. よって,

$$
\begin{aligned}
(e^z)^n &= (e^z)^{-m} = \frac{1}{(e^z)^m} = \frac{1}{e^{mz}} \\
&= e^{-mz} = e^{nz}
\end{aligned}
$$

よって, (3) が証明された.　　　　　　　　　　　　　　□

上の定理 39 と Euler の公式より, 次が成立する.

---

**定理 40 (de Moivre（ド・モアブル）の公式)** $n$ を整数とするとき,

$$
(\cos\theta + i\sin\theta)^n = \cos n\theta + i\sin n\theta
$$

---

**問題 68** 次の複素数を de Moivre（ド・モアブル）の公式を用いて簡単にせよ.

(1) $(1+i)^{10}$ 　　　　(2) $(\sqrt{3}-i)^6$

解　(1) $32i$　(2) $-64$

**例題 9** 方程式 $z^3 = i$ を解け.

**解答**　$z = re^{i\theta}$ $(r > 0, 0 \leqq \theta < 2\pi)$ とおく. 複素数 $i$ の偏角を一般角表示して, $i$ を極形式で表すと, $i = e^{(\frac{\pi}{2}+2n\pi)i}$ だから

$$
\begin{aligned}
\{re^{i\theta}\}^3 &= e^{(\frac{\pi}{2}+2n\pi)i} \\
r^3 e^{i3\theta} &= e^{(\frac{\pi}{2}+2n\pi)i}.
\end{aligned}
$$

これより,

$$
r^3 = 1, \quad 3\theta = \frac{\pi}{2} + 2n\pi \quad (n=0,1,2)
$$

これを解いて, $r = 1, \theta = \dfrac{\pi}{6}, \dfrac{5}{6}\pi, \dfrac{3}{2}\pi$ である. よって, 求める解は

$$
z_0 = e^{\frac{\pi}{6}i} = \frac{\sqrt{3}}{2} + \frac{1}{2}i, \quad z_1 = e^{\frac{5}{6}\pi i} = -\frac{\sqrt{3}}{2} + \frac{1}{2}i, \quad z_3 = e^{\frac{3}{2}\pi i} = -i
$$

である.　　　　　　　　　　　　　　□

**問題 69** 方程式 $z^4 = -1$ を解け.

解　　$z = \frac{1}{2} \pm \frac{\sqrt{2}}{2}i, -\frac{1}{2} \pm \frac{\sqrt{2}}{2}i$

# 2 ———————————— 導関数

## 2.1 関数の極限

変数 $x$ の値が 1 でない値をとって，1 に限りなく近づくとき，関数

$$f(x) = \frac{x^3 - 1}{x - 1}$$

はどのようになるか調べてみよう．まず，$f(x)$ の定義域は $\{x \mid x \neq 1\}$ であることに，注意する．$x \neq 1$ のとき，

$$
\begin{aligned}
f(x) &= \frac{(x-1)(x^2+x+1)}{x-1} \\
&= x^2 + x + 1
\end{aligned}
$$

であるから，$x$ が限りなく 1 に近づくとき，$f(x)$ は限りなく $1^2 + 1 + 1 = 3$ に限りなく近づく．このことは，次の評価式を使うと，もっとはっきりと理解できる．

$$
\begin{aligned}
|f(x) - 3| &= |(x^2 + x + 1) - 3| \\
&= |x^2 + x - 2| \\
&= |(x+2)(x-1)| \\
&= |x+2||x-1| \\
&\leqq 4|x-1| \quad (0 < x < 2)
\end{aligned}
$$

変数 $x$ が $a$ でない値をとって $a$ に限りなく近づくとき，その近づき方によらず，関数 $f(x)$ の値がつねに一定の値 $b$ に限りなく近づくならば，$x \to a$ のとき $f(x) \to b$ または $\lim\limits_{x \to a} f(x) = b$ と表す．$b$ は $x = a$ における $f(x)$ の **極限値** といい，$f(x)$ は $x \to a$ のとき $b$ に **収束する** という．関数の極限値について，次のことが成立する．

**定理 41** $\lim_{x \to a} f(x) = \alpha$, $\lim_{x \to a} g(x) = \beta$ ならば

(1) $\lim_{x \to a} (f(x) \pm g(x)) = \alpha \pm \beta$　(複号同順)

(2) $\lim_{x \to a} f(x)g(x) = \alpha\beta$

(3) $\lim_{x \to a} \dfrac{f(x)}{g(x)} = \dfrac{\alpha}{\beta}$　　ただし，$\beta \neq 0$ とする.

(4) $a$ の十分近くで $f(x) \leqq g(x)$ ならば，$\alpha \leqq \beta$ が成立する.

(5) (**はさみうちの原理**) 関数 $h(x)$ は $a$ の十分近くで $f(x) \leqq h(x) \leqq g(x)$ を満たし，$\alpha = \beta$ とする. そのとき，$x \to a$ のとき，関数 $h(x)$ も収束し，$\lim_{x \to a} h(x) = \alpha = \beta$ が成立する.

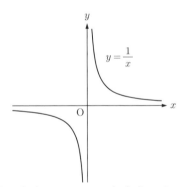

　$x \to 0$ のときの $f(x) = \dfrac{1}{x}$ の変化の様子を調べてみよう. $y = \dfrac{1}{x}$ のグラフは図のような双曲線で，$x$ が正の値をとって $0$ に限りなく近づくときと，$x$ が負の値をとって $0$ に限りなく近づくときとで $\dfrac{1}{x}$ の変化の様子は異なっていることが図からわかる.

　一般に $x$ が $a$ より小さい値から $a$ に近づくことを $x \to a - 0$ と表す. そのときの関数 $f(x)$ の極限値を

$$\lim_{x \to a-0} f(x)　または　f(a-0)$$

などで表し，$f(x)$ の $a$ における**左極限値**という. 同様に $x$ が $a$ より大きい値から $a$ に近づくことを $x \to a + 0$ と表す. そのときの $f(x)$ の極限値を

$$\lim_{x \to a+0} f(x)　または　f(a+0)$$

などで表し，$f(x)$ の $a$ における**右極限値**という. また $0+0, 0-0$ をそれぞれ単に $+0, -0$ と表す.

さて，再び $y = \dfrac{1}{x}$ において $x \to +0$ とすると $\dfrac{1}{x}$ の値はどんな正の値をも超えて増大する．このようなとき $\dfrac{1}{x} \to +\infty$（または単に $\dfrac{1}{x} \to \infty$）と表す．また $x \to -0$ とすると $\dfrac{1}{x}$ はどんな負の値よりも小さくなっていく．このとき $\dfrac{1}{x} \to -\infty$ と表す．これらのことを

$$\lim_{x \to +0} \frac{1}{x} = \infty, \quad \lim_{x \to -0} \frac{1}{x} = -\infty$$

と表すこともある．$x \to \infty, x \to -\infty$ の意味も同様である．この場合 $f(x)$ の値が限りなく $c$ に近づくときは

$$\lim_{x \to \infty} f(x) = c, \quad \lim_{x \to -\infty} f(x) = c$$

で表す．無限大に関して，

$$\lim_{x \to a} f(x) = \infty, \quad \lim_{x \to a} f(x) = -\infty, \quad \lim_{x \to \infty} f(x) = \infty, \quad \lim_{x \to \infty} f(x) = -\infty$$

などの意味も同様である．

**例題 10** 次の極限値を求めよ．

(1) $f(x) = \dfrac{x^2 - x}{|x - 1|}$ のときの $\displaystyle\lim_{x \to 1+0} f(x), \lim_{x \to 1-0} f(x), \lim_{x \to 1} f(x)$

(2) $\displaystyle\lim_{x \to 1} \dfrac{\sqrt{x + 3} - 2}{x - 1}$    (3) $\displaystyle\lim_{x \to -\infty} (x^2 + 2x)$    (4) $\displaystyle\lim_{x \to \infty} \dfrac{2x^2 - x}{x^2 + 2x - 1}$

**解答**

(1) $x > 1$ のとき，$f(x) = \dfrac{x^2 - x}{|x - 1|} = \dfrac{x(x - 1)}{x - 1} = x$

$x < 1$ のとき，$f(x) = \dfrac{x^2 - x}{|x - 1|} = \dfrac{x(x - 1)}{-(x - 1)} = -x$ であるから，

$$\lim_{x \to 1+0} f(x) = \lim_{x \to 1+0} x = 1, \qquad \lim_{x \to 1-0} f(x) = \lim_{x \to 1-0} (-x) = -1.$$

上記より，右極限値と左極限値が一致しないので，$\displaystyle\lim_{x \to 1} f(x)$ は存在しない．

(2) 分子を有理化すると,

$$
\begin{aligned}
\lim_{x \to 1} \frac{\sqrt{x+3}-2}{x-1} &= \lim_{x \to 1} \frac{\left(\sqrt{x+3}-2\right)\left(\sqrt{x+3}+2\right)}{(x-1)\left(\sqrt{x+3}+2\right)} \\
&= \lim_{x \to 1} \frac{x+3-4}{(x-1)\left(\sqrt{x+3}+2\right)} \\
&= \lim_{x \to 1} \frac{x-1}{(x-1)\left(\sqrt{x+3}+2\right)} \\
&= \lim_{x \to 1} \frac{1}{\left(\sqrt{x+3}+2\right)} \\
&= \frac{1}{\sqrt{1+3}+2} = \frac{1}{4}.
\end{aligned}
$$

(3) $x = -t$ とおくと,

$$
\begin{aligned}
\lim_{x \to -\infty} \left(x^2 + 2x\right) &= \lim_{t \to \infty} \left(t^2 - 2t\right) \\
&= \lim_{t \to \infty} \left\{ (t-1)^2 - 1 \right\} = \infty.
\end{aligned}
$$

(4) 分母分子に $\dfrac{1}{x^2}$ を掛けると,

$$
\lim_{x \to \infty} \frac{2x^2 - x}{x^2 + 2x - 1} = \lim_{x \to \infty} \frac{2 - \dfrac{1}{x}}{1 + \dfrac{2}{x} - \dfrac{1}{x^2}} = \frac{2 - 0}{1 + 0 - 0} = 2. \qquad \square
$$

問題 70 次の極限値を求めよ.

(1) $\displaystyle\lim_{x \to 1+0} \frac{1}{1-x}$ 　　　(2) $\displaystyle\lim_{x \to 1-0} \frac{1}{1-x}$ 　　　(3) $\displaystyle\lim_{x \to 0} \frac{\sqrt{1+x}-\sqrt{1-x}}{x}$

(4) $\displaystyle\lim_{x \to -\infty} (-x^3 + 5x^2 + 4)$ 　(5) $\displaystyle\lim_{x \to \infty} \frac{3x^2 - x}{x^2 + 3x - 1}$ 　(6) $\displaystyle\lim_{x \to -\infty} \frac{x^2 - 2x + 1}{x+1}$

解　(1) $-\infty$ 　(2) $+\infty$ 　(3)1 　(4) $+\infty$ 　(5)3 　(6) $-\infty$

## 2.2 三角関数の極限

次は三角関数の極限において, 基本的である.

定理 42

$$\lim_{x \to 0} \frac{\sin x}{x} = 1$$

証明

$0 < x < \dfrac{\pi}{2}$ とし，O を中心とする半径 1 の円の周上に 2 点 A, P をとって $\angle \mathrm{AOP} = x$ であるようにする．点 A における円の接線と OP の延長との交点を T とすれば

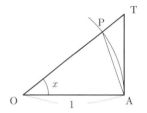

$$\triangle \mathrm{OAP} \text{ の面積} < \text{扇形 OAP の面積} < \triangle \mathrm{OAT} \text{ の面積}$$

であるから，

$$\frac{1}{2}\sin x < \frac{1}{2}x < \frac{1}{2}\tan x$$

上の不等式の各辺に $\dfrac{2}{\sin x}$ を掛けると，$1 < \dfrac{x}{\sin x} < \dfrac{1}{\cos x}$ であるから，

$$\cos x < \frac{\sin x}{x} < 1 \quad \left(0 < x < \frac{\pi}{2}\right) \tag{2.1}$$

が成立する．$-\dfrac{\pi}{2} < x < 0$ のとき，$0 < -x < \dfrac{\pi}{2}$ であるから，(2.1) より，

$$\cos(-x) < \frac{\sin(-x)}{-x} < 1$$

よって，

$$\cos x < \frac{\sin x}{x} < 1 \quad \left(-\frac{\pi}{2} < x < 0\right). \tag{2.2}$$

(2.1), (2.2) および $\cos x = 1 - 2\sin^2 \dfrac{x}{2} > 1 - 2\left(\dfrac{x}{2}\right)^2 = 1 - \dfrac{1}{2}x^2$ より，

$$1 - \frac{1}{2}x^2 < \cos x < \frac{\sin x}{x} < 1 \quad \left(-\frac{\pi}{2} < x < \frac{\pi}{2}, x \neq 0\right) \tag{2.3}$$

がわかる．したがって，$\displaystyle\lim_{x \to 0} \frac{\sin x}{x} = 1$ が成立する． □

問題 71 次の極限値を求めよ．

(1) $\displaystyle\lim_{x \to 0} \frac{x}{\sin x}$    (2) $\displaystyle\lim_{x \to 0} \frac{\sin 5x}{x}$    (3) $\displaystyle\lim_{x \to 0} \frac{\sin 3x}{\sin 2x}$    (4) $\displaystyle\lim_{x \to 0} \frac{1 - \cos x}{x^2}$

解 (1) 1 (2) 5 (3) $\dfrac{3}{2}$ (4) $\dfrac{1}{2}$

## 2.3　Napier（ネピア）数

関数 $f(x) = (1+x)^{\frac{1}{x}}$　$(x \neq 0)$ の $x = 0$ の近くの $f(x)$ の値を計算すると次のようになる.

$f(0.1)$　　　　$=(1+0.1)^{\frac{1}{0.1}}$　　　$=1.1^{10}$　　　　$=2.59374\cdots$

$f(0.01)$　　　$=(1+0.01)^{\frac{1}{0.01}}$　　$=1.01^{100}$　　　$=2.70481\cdots$

$f(0.001)$　　$=(1+0.001)^{\frac{1}{0.001}}$　$=1.001^{1000}$　　$=2.71692\cdots$

$f(0.0001)$　$=(1+0.0001)^{\frac{1}{0.0001}}$　$=1.0001^{10000}$　$=2.71814\cdots$

$f(0.00001)$　$=(1+0.00001)^{\frac{1}{0.00001}}$　$=1.00001^{100000}$　$=2.71826\cdots$

$f(-0.00001)$　$=(1-0.00001)^{\frac{1}{-0.00001}}$　$=\dfrac{1}{0.99999^{100000}}$　$=2.71829\cdots$

$f(-0.0001)$　$=(1-0.0001)^{\frac{1}{-0.0001}}$　$=\dfrac{1}{0.9999^{10000}}$　$=2.71841\cdots$

$f(-0.001)$　$=(1-0.001)^{\frac{1}{-0.001}}$　$=\dfrac{1}{0.999^{1000}}$　$=2.71964\cdots$

$f(-0.01)$　　$=(1-00.1)^{\frac{1}{-0.01}}$　$=\dfrac{1}{0.99^{100}}$　$=2.73199\cdots$

$f(-0.1)$　　$=(1-0.1)^{\frac{1}{-0.1}}$　$=\dfrac{1}{0.9^{10}}$　$=2.86797\cdots$

このデータより, $x \to 0$ のとき, $f(x) = (1+x)^{\frac{1}{x}}$　$(x \neq 0)$ は 2.71826 と 2.71829 の間のある実数値に近づくことが予想される. 実際に, 次が成立することが知られている. 証明は, 第8章において与えられる.

---

**定理 43**　$\displaystyle\lim_{x \to 0}(1+x)^{\frac{1}{x}}$ は収束する. その極限値を $e$ と表し, **Napier**（ネピア）**数**という. このとき, $e$ は無理数で $e = 2.71828\cdots$ である.

$$\lim_{x \to 0}(1+x)^{\frac{1}{x}} = e = 2.71828\cdots$$

---

これより

$$\lim_{x \to \infty}\left(1+\frac{1}{x}\right)^x = \lim_{x \to -\infty}\left(1+\frac{1}{x}\right)^x = e$$

もわかる．ネピア数 $e$ を底とする指数関数 $e^x$，対数関数 $\log_e x$ は数学，自然科学のあらゆる部門において，重要である．

特に，$\underline{\log_e x \text{ は，} \log x \text{ または } \ln x \text{ で表され，}}$**自然対数 (natural logarithm )** と呼ばれている．

**問題 72** 次の極限値を求めよ．

(1) $\displaystyle\lim_{x\to 0}(1+x)^{\frac{1}{2x}}$   (2) $\displaystyle\lim_{x\to 0}(1-x)^{\frac{1}{x}}$   (3) $\displaystyle\lim_{x\to 0}\frac{\log(1+x)}{x}$

解   (1) $\sqrt{e}$   (2) $\frac{1}{e}$   (3) 1

## 2.4　関数の極限と連続性

関数 $f(x)$ は区間 $I$ で定義されているとする．$x_0 \in I$ とする．

$$\lim_{x\to x_0} f(x) = f(x_0)$$

が成立するとき*，関数 $f(x)$ は $x_0 \in I$ で**連続**であるという．$f(x)$ が区間 $I$ のすべての点で連続ならば，$f(x)$ は**区間 $I$ で連続**であるという．ある区間で連続な関数のグラフは，その区間で切れ目なしにつながっている．

さて，三角関数 $y = \sin x$, $y = \cos x$ の連続性を考えよう．定理 42 の証明より，任意の $a \in \mathbb{R}$ に対して，

$$\begin{aligned}
0 &\leqq \left|\sin x - \sin a\right| = \left|2\cos\frac{x+a}{2}\sin\frac{x-a}{2}\right| \\
&= 2\left|\cos\frac{x+a}{2}\right|\left|\sin\frac{x-a}{2}\right| \leqq 2\left|\sin\frac{x-a}{2}\right| \\
&\leqq |x-a|,
\end{aligned}$$

$$\begin{aligned}
0 &\leqq \left|\cos x - \cos a\right| = \left|-2\sin\frac{x+a}{2}\sin\frac{x-a}{2}\right| \\
&= 2\left|\sin\frac{x+a}{2}\right|\left|\sin\frac{x-a}{2}\right| \leqq 2\left|\sin\frac{x-a}{2}\right| \\
&\leqq |x-a|
\end{aligned}$$

---

*$x_0$ が $I$ の左端点のときは，$\displaystyle\lim_{x\to x_0} f(x)$ を 右極限 $\displaystyle\lim_{x\to x_0+0} f(x)$ で置き換え，$x_0$ が $I$ の右端点のときは，$\displaystyle\lim_{x\to x_0} f(x)$ を 左極限 $\displaystyle\lim_{x\to x_0-0} f(x)$ で置き換える．

であるから，

$$\lim_{x \to a} \sin x = \sin a, \quad \lim_{x \to a} \cos x = \cos a.$$

よって，三角関数 $y = \sin x$, $y = \cos x$ は $\mathbb{R}$ で連続である．

　また，$a$ が 1 でない正の数であるとき，指数関数 $y = a^x$ は $\mathbb{R}$ において連続である．定理 41 より，次が成立する．

---

**定理 44**　2 つの関数 $f(x)$, $g(x)$ が区間 $I$ で連続ならば，$f(x) \pm g(x)$，$f(x)g(x)$, $\dfrac{f(x)}{g(x)}$　$(g(x) \neq 0)$ も区間 $I$ で連続である．

---

　関数 $y = x$ は $\mathbb{R}$ で連続であるから，定理 44 より，多項式 $P(x)$ は $\mathbb{R}$ で連続であり，有理関数（多項式の分数で表される関数）$\dfrac{P(x)}{Q(x)}$ は，$Q(x) \neq 0$ を満たす点 $x$ で連続である．次の定理は応用上重要である．

---

**定理 45 (合成関数の連続性)** $I$ と $J$ は区間とし，2 つの関数 $f : I \to J$ と関数 $g : J \to \mathbb{R}$ はともに連続とする．そのとき，合成関数 $g \circ f : I \to \mathbb{R}$ は連続である．

---

**証明**　$a \in I$ を任意にとり，$b = f(a) \in J$ とおく．$x \to a$ とすると $f(x) \to b$ で，$g$ は連続であるから，$x \to a$ のとき，$g \circ f(x) = g(f(x)) \to g(b)$ である．よって，

$$\lim_{x \to a} g \circ f(x) = g \circ f(a).$$

ゆえに，合成関数 $g \circ f : I \to \mathbb{R}$ は連続である．　　　　　　　□

　次の定理の証明は第 8 章において，与えられる．

---

**定理 46 (逆関数の連続性)** $I$ は開区間（または閉区間）とし，関数 $f : I \to \mathbb{R}$ は単調でかつ連続とする．そのとき，$J = f(I)$ は開区間（または閉区間）であり，逆関数 $f^{-1} : J \to I$ は連続である．

---

次の 2 つの定理は連続関数の性質として重要かつ基本的である. 証明はいずれも第 8 章において与えられる.

---

**定理 47 (最大値・最小値の存在定理)** $a, b$ は実数で $a < b$ とする. 関数 $f(x)$ が閉区間 $[a, b]$ で連続ならば関数 $f(x)$ は最大値と最小値をもつ. すなわち, 実数 $x_1, x_2 \in [a, b]$ で, すべての $x \in [a, b]$ に対して

$$f(x_1) \leqq f(x) \leqq f(x_2)$$

を満たすものが存在する.

---

**定理 48 (中間値の定理)** 関数 $f(x)$ は閉区間 $[a, b]$ で連続で, $f(a) \neq f(b)$ とする. そのとき, $f(a)$ と $f(b)$ の間の任意の $\eta$ に対して,

$$f(c) = \eta$$

を満たす実数 $c \in (a, b)$ が存在する.

---

**問題 73** 方程式 $2 - x - e^x = 0$ の解が, 閉区間 $[0, 1]$ に存在することを, 中間値の定理を用いて示せ.

## 2.5　変化率, 微分係数, 導関数

変数 $x$ が $a$ から $a + \Delta x$ まで変化するとき, 関数 $y = f(x)$ の平均変化率は, $y$ の増分 $f(a + \Delta x) - f(a)$ を $\Delta y$ とすると

$$\frac{\Delta y}{\Delta x} = \frac{f(a + \Delta x) - f(a)}{\Delta x}$$

である. ここで $\Delta x \to 0$ とき $\dfrac{\Delta y}{\Delta x}$ が有限な値に収束するとき, その極限値を $y = f(x)$ の $x = a$ における**変化率**または**微分係数**といい,

$$f'(a), \frac{df}{dx}(a), \frac{dy}{dx}(a)$$

などの記号で表す. すなわち

$$f'(a) = \lim_{\Delta x \to 0} \frac{f(a + \Delta x) - f(a)}{\Delta x}$$
$$= \lim_{x \to a} \frac{f(x) - f(a)}{x - a}$$

この極限値 $f'(a)$ が存在するとき, $f(x)$ は $x = a$ で**微分可能**であるという. また, $f(x)$ が開区間 $I$ のすべての点で微分可能のとき, $f(x)$ は $I$ で**微分可能**であるという.

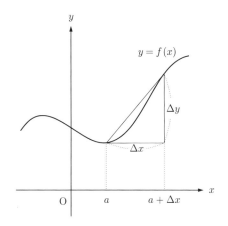

---

**定理 49** 開区間 $I$ で定義された関数 $y = f(x)$ が $a \in I$ で微分可能であるための必要十分条件は, 次の条件を満たす関数 $\varepsilon(x)$ $(x \in I)$ と定数 $A$ が存在することである :

$$f(x) = f(a) + A(x - a) + \varepsilon(x), \quad x \in I \tag{2.4}$$

$$\lim_{x \to a} \frac{\varepsilon(x)}{x - a} = 0 \tag{2.5}$$

このとき, (2.4), (2.5) を満たす定数 $A$ はただ 1 つ存在し,

$$A = f'(a)$$

である.

---

**証明**　$y = f(x)$ が $a \in I$ で微分可能とすると, $x = a$ における微分係数

$$f'(a) = \lim_{x \to a} \frac{f(x) - f(a)}{x - a}$$

が存在する.

$$\varepsilon(x) = f(x) - \{f(a) + f'(a)(x - a)\}$$

とおくと,

$$\lim_{x \to a} \frac{\varepsilon(x)}{x - a} = \lim_{x \to a} \left\{ \frac{f(x) - f(a)}{x - a} - f'(a) \right\} = f'(a) - f'(a) = 0$$

よって，$A = f'(a)$ とすれば，(2.4), (2.5) を満たす．

逆に (2.4), (2.5) を満たす $A$, $\varepsilon(x)$ が存在すれば

$$\lim_{x \to a} \frac{f(x) - f(a)}{x - a} = \lim_{x \to a} \left\{ A - \frac{\varepsilon(x)}{x - a} \right\} = A$$

よって，関数 $y = f(x)$ は $a \in I$ で微分可能で $A = f'(a)$ である． □

定理 49 により，開区間 $I$ で定義された関数 $y = f(x)$ が $a \in I$ で微分可能ならば，

$$f(x) = f(a) + f'(a)(x - a) + \varepsilon(x), \quad x \in I \tag{2.6}$$

$$\lim_{x \to a} \frac{\varepsilon(x)}{x - a} = 0 \tag{2.7}$$

を満たす関数 $\varepsilon(x)$ $(x \in I)$ が存在し，(2.4), (2.5) を満たす定数 $A$ は $A = f'(a)$ に限るので，関数 $y = f(a) + f'(a)(x - a)$ は $a$ の近くでは関数 $y = f(x)$ に最も近い 1 次関数と考えることができる．1 次関数 $y = f(a) + f'(a)(x - a)$ を $y = f(x)$ の $x = a$ における **1 次近似式**という．また直線 $y = f(a) + f'(a)(x - a)$ は $x = a$ の近くでは曲線 $y = f(x)$ に最も近い直線であると考えることができる．直線 $y = f(a) + f'(a)(x - a)$ を曲線 $y = f(x)$ の $(a, f(a))$ における **接線**という．

---

**定理 50** 開区間 $I$ で定義された関数 $y = f(x)$ が $a \in I$ で微分可能であるとき，曲線 $y = f(x)$ 上の点 $(a, f(a))$ における接線の方程式は

$$y - f(a) = f'(a)(x - a)$$

で与えられる．

---

**定理 51** 開区間 $I$ で定義された関数 $y = f(x)$ が $a \in I$ で微分可能ならば，関数 $y = f(x)$ は $a \in I$ で連続である．

証明    $y = f(x)$ が $a \in I$ で微分可能ならば,

$$\lim_{x \to a} f(x) = \lim_{x \to a} \left\{ \left( \frac{f(x) - f(a)}{x - a} \right) (x - a) + f(a) \right\} = f'(a) \times 0 + f(a) = f(a)$$

である.  よって,  関数 $y = f(x)$ は $a \in I$ で連続である.                    □

**例題 11**  関数 $f(x) = x^3$ の $x = a$ における微分係数を求めよ.  また,  曲線 $y = x^3$ 上の点 $(a, a^3)$ における接線の方程式を求めよ.

**解答**    定義にしたがって微分係数を求めると

$$\begin{aligned}
\lim_{h \to 0} \frac{f(a + h) - f(a)}{h} &= \lim_{h \to 0} \frac{(a + h)^3 - a^3}{h} \\
&= \lim_{h \to 0} \frac{3a^2 h + 3ah^2 + h^3}{h} \\
&= \lim_{h \to 0} (3a^2 + 3ah + h^2) = 3a^2.
\end{aligned}$$

よって,  関数 $f(x) = x^3$ の $x = a$ における微分係数 $f'(a)$ は,  $f'(a) = 3a^2$ である.  したがって,  曲線の $y = x^3$ 点 $(a, a^3)$ における接線の方程式は

$$\begin{aligned}
y - f(a) &= f'(a)(x - a) \\
y - a^3 &= 3a^2(x - a) \\
\therefore \quad y &= 3a^2 x - 2a^3
\end{aligned}$$

□

原点を O とする数直線上を動く物体の時刻 $t$ における座標が $x = f(t)$ で与えられているとする.  時刻 $t$ が $t_0$ から $t_0 + \Delta t$ まで変化したときの平均の速さは

$$\frac{f(t_0 + \Delta t) - f(t_0)}{\Delta t} \tag{2.8}$$

で与えられる.  $\Delta t \to 0$ としたとき,  (2.8) の極限値が存在するならばその値をこの物体の (**瞬間の**) 速さと定義する.  すなわち,  微分係数について

$$f'(t_0) = \lim_{\Delta t \to 0} \frac{f(t_0 + \Delta t) - f(t_0)}{\Delta t} = (t = t_0 における瞬間の速さ)$$

である.

**例題 12** 毎秒 $20\ \mathrm{m}$ の速さで真上に投げ上げた物体の $t$ 秒後における高さを $s(t)$ とすると関係式 $s(t) = 20t - 4.9t^2$ が成立する. 投げ上げて $a$ 秒後における（瞬間の）速さを求めよ.

**解答** $a$ 秒後における（瞬間の）速さは

$$
\begin{aligned}
s'(a) &= \lim_{\Delta t \to 0} \frac{s(a + \Delta t) - s(a)}{\Delta t} \\
&= \lim_{\Delta t \to 0} \frac{\left\{20(a + \Delta t) - 4.9(a + \Delta t)^2\right\} - (20a - 4.9a^2)}{\Delta t} \\
&= \lim_{\Delta t \to 0} \frac{20\Delta t - 4.9(2a\Delta t + (\Delta t)^2)}{\Delta t} \\
&= \lim_{\Delta t \to 0} (20 - 4.9(2a + \Delta t)) = 20 - 9.8a
\end{aligned}
$$

$\square$

　開区間 $I$ で定義された関数 $f : I \to \mathbb{R}$ が $I$ のすべての点で微分可能であるとき, 対応 $I \ni x \to f'(x)$ によって, 関数 $f' : I \to \mathbb{R}$ を定義することができる. この関数 $f'$ を $f$ の**導関数**といい,

$$
f',\ f'(x),\ y',\ \frac{dy}{dx},\ \frac{df(x)}{dx}
$$

などで表す. 関数 $f$ の導関数を求めることを**微分する**という. このとき,

$$
f'(x) = \lim_{\Delta x \to 0} \frac{\Delta y}{\Delta x} = \lim_{\Delta x \to 0} \frac{f(x + \Delta x) - f(x)}{\Delta x} = \lim_{h \to 0} \frac{f(x + h) - f(x)}{h}.
$$

## 2.5.1 べき関数とべき根関数の導関数

**例題 13** 次の関数を微分せよ. ただし, $n$ は正の整数とする.

(1) $f(x) = c$ （$c$ は定数）　　(2) $f(x) = x^2$　　(3) $f(x) = x^n$

(4) $f(x) = \sqrt{x}$　　(5) $f(x) = \sqrt[3]{x}$　　(6) $f(x) = \sqrt[n]{x}$

**解答** (3)〜(6) では, 11ページの定理 10を用いる.

(1) $f'(x) = \lim_{h \to 0} \dfrac{f(x + h) - f(x)}{h} = \lim_{h \to 0} \dfrac{c - c}{h} = 0$

(2) $f'(x) = \lim_{h \to 0} \dfrac{f(x + h) - f(x)}{h} = \lim_{h \to 0} \dfrac{(x + h)^2 - x^2}{h} = \lim_{h \to 0} \dfrac{x^2 + 2xh + h^2 - x^2}{h}$

$$= \lim_{h \to 0} \frac{h(2x + h)}{h} = 2x$$

(3) $f'(x) = \lim_{h \to 0} \dfrac{f(x+h) - f(x)}{h} = \lim_{h \to 0} \dfrac{(x+h)^n - x^n}{h}$

$\phantom{(3)\ f'(x)} = \lim_{h \to 0} \dfrac{\sum_{r=0}^{n} {}_nC_r x^{n-r} h^r - x^n}{h} = \lim_{h \to 0} \left( \sum_{r=1}^{n} {}_nC_r x^{n-r} h^{r-1} \right)$

$\phantom{(3)\ f'(x)} = nx^{n-1}$

(4) $f'(x) = \lim_{h \to 0} \dfrac{f(x+h) - f(x)}{h} = \lim_{h \to 0} \dfrac{\sqrt{x+h} - \sqrt{x}}{h}$

$\phantom{(4)\ f'(x)} = \lim_{h \to 0} \dfrac{\left(\sqrt{x+h} - \sqrt{x}\right)\left(\sqrt{x+h} + \sqrt{x}\right)}{h\left(\sqrt{x+h} + \sqrt{x}\right)} = \lim_{h \to 0} \dfrac{h}{h\left(\sqrt{x+h} + \sqrt{x}\right)}$

$\phantom{(4)\ f'(x)} = \lim_{h \to 0} \dfrac{1}{\sqrt{x+h} + \sqrt{x}}$

$\phantom{(4)\ f'(x)} = \dfrac{1}{2\sqrt{x}}$

(5) $f'(x) = \lim_{h \to 0} \dfrac{f(x+h) - f(x)}{h} = \lim_{h \to 0} \dfrac{\sqrt[3]{x+h} - \sqrt[3]{x}}{h}$

$\phantom{(5)\ f'(x)} = \lim_{h \to 0} \dfrac{\left(\sqrt[3]{x+h} - \sqrt[3]{x}\right)\left(\sqrt[3]{x+h}^2 + \sqrt[3]{x+h}\sqrt[3]{x} + \sqrt[3]{x}^2\right)}{h\left(\sqrt[3]{x+h}^2 + \sqrt[3]{x+h}\sqrt[3]{x} + \sqrt[3]{x}^2\right)}$

$\phantom{(5)\ f'(x)} = \lim_{h \to 0} \dfrac{h}{h\left(\sqrt[3]{x+h}^2 + \sqrt[3]{x+h}\sqrt[3]{x} + \sqrt[3]{x}^2\right)}$

$\phantom{(5)\ f'(x)} = \dfrac{1}{3\sqrt[3]{x^2}}$

(6) $f'(x) = \lim_{h \to 0} \dfrac{f(x+h) - f(x)}{h} = \lim_{h \to 0} \dfrac{\sqrt[n]{x+h} - \sqrt[n]{x}}{h}$

$= \lim_{h \to 0} \dfrac{\left(\sqrt[n]{x+h} - \sqrt[n]{x}\right)\left(\sqrt[n]{x+h}^{n-1} + \sqrt[n]{x+h}^{n-2}\sqrt[n]{x} + \cdots + \sqrt[n]{x+h}\sqrt[n]{x}^{n-2} + \sqrt[n]{x}^{n-1}\right)}{h\left(\sqrt[n]{x+h}^{n-1} + \sqrt[n]{x+h}^{n-2}\sqrt[n]{x} + \cdots + \sqrt[n]{x+h}\sqrt[n]{x}^{n-2} + \sqrt[n]{x}^{n-1}\right)}$

$= \lim_{h \to 0} \dfrac{h}{h\left(\sqrt[n]{x+h}^{n-1} + \sqrt[n]{x+h}^{n-2}\sqrt[n]{x} + \cdots + \sqrt[n]{x+h}\sqrt[n]{x}^{n-2} + \sqrt[n]{x}^{n-1}\right)}$

$= \dfrac{1}{n\left(\sqrt[n]{x}\right)^{n-1}} = \dfrac{1}{n}x^{-\frac{n-1}{n}} = \dfrac{1}{n}x^{\frac{1}{n}-1}$ $\hfill \square$

　　例題 13 より，次の定理が窺える．その証明については，100 ページの例題 20 (1) で，一般化して与える．

---

**定理 52** 単項式関数 $y = x^n$ は $(-\infty, \infty)$ で, べき根関数 $y = x^{\frac{1}{n}}$ は $(0, \infty)$ で微分可能で,

$$(x^n)' = nx^{n-1} \quad (n \text{ は } 0 \text{ 以上の整数}),$$
$$\left(\sqrt[n]{x}\right)' = \left(x^{\frac{1}{n}}\right)' = \frac{1}{n}x^{\frac{1}{n}-1} \quad (n \text{ は } 2 \text{ 以上の整数})$$

が成立する.

## 2.5.2 導関数の性質

**定理 53 (四則演算と導関数)** 2 つの関数 $f(x)$, $g(x)$ は開区間 $I$ で微分可能とする. そのとき, $cf(x)$ ($c$ は定数), $f(x) \pm g(x)$, $f(x)g(x)$, $\dfrac{f(x)}{g(x)}$ (ただし $g(x) \neq 0$) も $I$ で微分可能で, 次が成立する.

(1) $\{cf(x)\}' = cf'(x)$

(2) $\{f(x) \pm g(x)\}' = f'(x) \pm g'(x)$

(3) $\{f(x)g(x)\}' = f'(x)g(x) + f(x)g'(x)$ (積の微分公式)

(4) $\left\{\dfrac{f(x)}{g(x)}\right\}' = \dfrac{f'(x)g(x) - f(x)g'(x)}{g(x)^2}$ (商の微分公式)

**証明** (4) のみ示す. 他も同様である.

$$\begin{aligned}
\frac{f(x+h)}{g(x+h)} - \frac{f(x)}{g(x)} &= \frac{f(x+h)g(x) - f(x)g(x+h)}{g(x+h)g(x)} \\
&= \frac{f(x+h)g(x) - f(x)g(x) - f(x)g(x+h) + f(x)g(x)}{g(x+h)g(x)} \\
&= \frac{\{f(x+h) - f(x)\}g(x) - f(x)\{g(x+h) - g(x)\}}{g(x+h)g(x)}
\end{aligned}$$

であり，$g(x)$ は連続であるから，

$$\lim_{h \to 0} \frac{\dfrac{f(x+h)}{g(x+h)} - \dfrac{f(x)}{g(x)}}{h} = \lim_{h \to 0} \frac{\dfrac{f(x+h) - f(x)}{h}g(x) - f(x)\dfrac{g(x+h) - g(x)}{h}}{g(x+h)g(x)}$$

$$= \frac{f'(x)g(x) - f(x)g'(x)}{g(x)^2} \qquad\qquad \square$$

**例題 14** 次の関数を微分せよ．

(1) $y = 2x^3 + 4x - 3$        (2) $y = (3x - 2)(x^2 - 2x + 2)$

(3) $y = \dfrac{3x + 5}{x - 2}$             (4) $y = \dfrac{2x - 3}{x^2 + 1}$

**解答**

(1) 和，差は項別微分ができるので
$$y' = 2(x^3)' + 4(x)' - (3)' = 6x^2 + 4$$

(2) 積の微分公式より
$$\begin{aligned} y' &= (3x - 2)'(x^2 - 2x + 2) + (3x - 2)(x^2 - 2x + 2)' \\ &= 3(x^2 - 2x + 2) + (3x - 2)(2x - 2) \\ &= (3x^2 - 6x + 6) + (6x^2 - 10x + 4) \\ &= 9x^2 - 16x + 10 \end{aligned}$$

(3) 商の微分公式より
$$\begin{aligned} y' &= \frac{(3x + 5)'(x - 2) - (3x + 5)(x - 2)'}{(x - 2)^2} \\ &= \frac{3(x - 2) - (3x + 5)}{(x - 2)^2} \\ &= -\frac{11}{(x - 2)^2} \end{aligned}$$

(4) 商の微分公式より
$$\begin{aligned} y' &= \frac{(2x - 3)'(x^2 + 1) - (2x - 3)(x^2 + 1)'}{(x^2 + 1)^2} \\ &= \frac{2(x^2 + 1) - (2x - 3)2x}{(x^2 + 1)^2} \\ &= \frac{-2x^2 + 6x + 2}{(x^2 + 1)^2} \qquad\qquad \square \end{aligned}$$

**例題 15** $y = \dfrac{1}{x^m}$ （$m$ は正の整数）を微分せよ.

**解答**　商の微分公式より

$$y' = \frac{(1)'x^m - 1(x^m)'}{(x^m)^2} = \frac{0x^m - mx^{m-1}}{x^{2m}} = -mx^{-m-1}$$

である.　　　　　　　　　　　　　　　　　　　　　　　　　□

　例題 13 と例題 15 より,

$$(x^n)' = nx^{n-1} \quad （n \text{ は任意の整数}）$$

が成立することがわかる.

**問題 74** 次の関数を微分せよ.

(1) $y = 2x^3 + 5x^2 - x + 2$　　　(2) $y = (3x+1)(x^2+2x-1)$

(3) $y = \dfrac{4}{x^3}$　　　　　　　　　(4) $y = \dfrac{2}{x^5}$

(5) $y = 3x + \dfrac{2}{x}$　　　　　　　(6) $y = \dfrac{x^3 - 5}{x+1}$

(7) $y = \dfrac{x^2 + x - 1}{x^2 - x + 1}$

**解**　(1) $y' = 6x^2 + 10x - 1$　(2) $y' = 9x^2 + 14x - 1$　(3) $y' = -\frac{12}{x^4}$
(4) $y' = -\frac{10}{x^6}$　(5) $y' = 3 - \frac{2}{x^2}$　(6) $y' = \frac{2x^3+3x^2+5}{(x+1)^2}$　(7) $y' = \frac{-2x^2+4x}{(x^2-x+1)^2}$

## 2.6　合成関数の微分法

　$I$ と $J$ は開区間とし, 関数 $f : I \to J$ と関数 $g : J \to \mathbb{R}$ はともに微分可能とする. そのとき, 合成関数 $g \circ f : I \to \mathbb{R}$ を考える. $a \in I$ を任意にとり, $b = f(a)$ とおく.

$$\delta(k) = \begin{cases} \dfrac{g(b+k) - g(b)}{k} & （k \neq 0 \text{ のとき}） \\ g'(b) & （k = 0 \text{ のとき}） \end{cases}$$

とおくと，$\delta(k)$ は $k = 0$ を含む開区間で定義された関数で $k = 0$ で連続である．

また，$g(b + k) = g(b) + \delta(k)k$ が成立する．

よって，

$$
\begin{aligned}
\frac{g\left(f(a+h)\right) - g\left(f(a)\right)}{h}
&= \frac{g\left(f(a) + f(a+h) - f(a)\right) - g\left(f(a)\right)}{h} \\
&= \frac{g\left(b + f(a+h) - f(a)\right) - g(b)}{h} \\
&= \frac{\delta\left(f(a+h) - f(a)\right)\left(f(a+h) - f(a)\right)}{h} \\
&= \delta\left(f(a+h) - f(a)\right)\frac{f(a+h) - f(a)}{h}.
\end{aligned}
$$

$f(x)$ と $\delta(k)$ はともに連続であるから，

$$
\begin{aligned}
\lim_{h \to 0} \frac{g \circ f(a+h) - g \circ f(a)}{h}
&= \delta\left(f(a+h) - f(a)\right)\frac{f(a+h) - f(a)}{h} \\
&= \delta(0)f'(a) = g'(b)f'(a).
\end{aligned}
$$

こうして，次の定理を得る．

---

**定理 54 (合成関数の微分公式)** $I$ と $J$ は開区間とし，関数 $f : I \to J$ と関数 $g : J \to \mathbb{R}$ はともに微分可能とする．そのとき，合成関数 $g \circ f : I \to \mathbb{R}$ も $I$ で微分可能で

$$
\left(g \circ f(x)\right)' = g'\left(f(x)\right) f'(x)
$$

すなわち，$y = g(u), \quad u = f(x)$ とすると，

$$
\frac{dy}{dx} = \frac{dy}{du}\frac{du}{dx}
$$

が成立する．

---

**例題 16** 次の関数を微分せよ．

(1) $y = (3x - 1)^4$  　　　　　　　(2) $y = \sqrt{9 - x^2}$

**解答**　(1) $y = (3x-1)^4$ は $y = u^4$ と $u = 3x-1$ の合成関数であるから,

$$\frac{dy}{dx} = \frac{dy}{du}\frac{du}{dx} = 4u^3 \times 3 = 12(3x-1)^3$$

(2) $y = \sqrt{9-x^2}$ は $y = \sqrt{u}$ と $u = 9-x^2$ の合成関数であるから,

$$\frac{dy}{dx} = \frac{dy}{du}\frac{du}{dx} = \frac{1}{2\sqrt{u}}(-2x) = -\frac{x}{\sqrt{9-x^2}}$$

□

**問題 75** 次の関数を微分せよ.

(1) $y = (2x+1)^6$　　(2) $y = \sqrt{x^3+4}$　　(3) $y = (3x+1)^{11}$

(4) $y = (x^4+1)^6$　　(5) $y = x\sqrt{x^2+1}$　　(6) $y = \dfrac{1}{\sqrt{x^2+5}}$

(7) $y = 2x - \sqrt[3]{x^3+8}$

**解**　(1) $y' = 12(2x+1)^5$　　(2) $y' = \frac{3x^2}{2\sqrt{x^3+4}}$　　(3) $y' = 33(3x+1)^{10}$

(4) $y' = 24x^3(x^4+1)^5$　　(5) $y' = \frac{2x^2+1}{\sqrt{x^2+1}}$　　(6) $y' = -\frac{x}{(x^2+5)\sqrt{x^2+5}}$

(7) $y' = 2 - \frac{x^2}{(\sqrt[3]{x^3+8})^2}$

## 2.7　逆関数の微分法

$I$ は開区間で, $f : I \to \mathbb{R}$ は単調かつ微分可能で, $f'(x) \neq 0$　$(x \in I)$ とする. $J = f(I)$ とすると定理 46 により, $J$ は開区間で逆関数 $f^{-1} : J \to I$ は連続である. $a \in I$ を任意にとり, $b = f(a)$ とおく. $h = f^{-1}(b+k) - f^{-1}(b)$ とおくと $b = f(a)$ であるから, $k = f(a+h) - f(a)$ が成立する. 定理 46 により, $k \to 0$ のとき $h \to 0$ である. よって,

$$
\begin{aligned}
\lim_{k \to 0} \frac{f^{-1}(b+k) - f^{-1}(b)}{k} &= \lim_{h \to 0} \frac{h}{f(a+h) - f(a)} \\
&= \lim_{h \to 0} \frac{1}{\dfrac{f(a+h) - f(a)}{h}} \\
&= \frac{1}{f'(a)}
\end{aligned}
$$

以上より, 次の定理を得る.

定理 55 (逆関数の微分公式) 関数 $y = f(x)$ は開区間 $I$ で単調かつ微分可能で, $f'(x) \neq 0$ $(x \in I)$ とする. そのとき, $y = f(x)$ の逆関数 $x = f^{-1}(y)$ も微分可能で

$$\frac{d}{dy} f^{-1}(y) = \frac{1}{f'(x)} \quad (y = f(x))$$

すなわち,

$$\frac{dx}{dy} = \frac{1}{\dfrac{dy}{dx}} \quad (y = f(x))$$

が成立する.

**問題 76** 次の関数について, $\dfrac{dx}{dy}$ を $x$ で表せ.

(1) $y = \dfrac{x+1}{2x+3}$ 　　　　　　　(2) $y = x^2 + x + 1$

解　(1) $\frac{dx}{dy} = (2x+3)^2$ 　(2) $\frac{dx}{dy} = \frac{1}{2x+1}$

## 2.8　三角関数の導関数

微分積分学では, 特に断らない限り, 角の表示は弧度法で表す.

関数 $y = \sin x$ は $\mathbb{R}$ 全体で連続な関数である. 42ページの和差を積で表す公式より,

$$\sin(x+h) - \sin x = 2\cos\frac{2x+h}{2}\sin\frac{h}{2}$$

が成立する. よって,

$$
\begin{aligned}
\lim_{h \to 0} \frac{\sin(x+h) - \sin x}{h} &= \lim_{h \to 0} \frac{2\cos\dfrac{2x+h}{2}\sin\dfrac{h}{2}}{h} \\
&= \lim_{h \to 0} \cos\frac{2x+h}{2} \times \frac{\sin\dfrac{h}{2}}{\dfrac{h}{2}} \\
&= \cos x \times 1 = \cos x
\end{aligned}
$$

である．したがって，$y = \sin x$ は $\mathbb{R}$ 全体で微分可能で

$$\frac{d}{dx}\sin x = \cos x$$

が成立する．$\cos x = \sin\left(\dfrac{\pi}{2} - x\right)$ であるから，$y = \cos x$ も $\mathbb{R}$ 全体で微分可能で

$$\frac{d}{dx}\cos x = \frac{d}{dx}\sin\left(\frac{\pi}{2} - x\right) = \cos\left(\frac{\pi}{2} - x\right) \times \left(\frac{\pi}{2} - x\right)' = \sin x \times (-1) = -\sin x$$

が成立する．したがって，$\tan x = \dfrac{\sin x}{\cos x}$ （$\cos x \neq 0$）も微分可能で

$$\frac{d}{dx}\tan x = \frac{d}{dx}\left(\frac{\sin x}{\cos x}\right) = \frac{(\sin x)'\cos x - \sin x(\cos x)'}{\cos^2 x} = \frac{\cos^2 x + \sin^2 x}{\cos^2 x}$$
$$= \frac{1}{\cos^2 x}$$

が成立する．

同様に，$\cot x = \dfrac{\cos x}{\sin x}$ （$\sin x \neq 0$）も微分可能で

$$\frac{d}{dx}\cot x = \frac{d}{dx}\left(\frac{\cos x}{\sin x}\right) = \frac{(\cos x)'\sin x - \cos x(\sin x)'}{\sin^2 x} = \frac{-(\sin^2 x + \cos^2 x)}{\sin^2 x}$$
$$= \frac{-1}{\sin^2 x}$$

が成立する．よって，次の定理を得る．

---

**定理 56** 三角関数は定義された区間で微分可能で，

$$(\sin x)' = \cos x$$
$$(\cos x)' = -\sin x$$
$$(\tan x)' = \frac{1}{\cos^2 x} = \sec^2 x$$
$$(\cot x)' = \frac{-1}{\sin^2 x} = -\operatorname{cosec}^2 x$$

が成立する．

---

**例題 17** 次の関数を微分せよ.

(1) $y = \sin(ax + b)$ (2) $y = \sin^2 x$

**解答** (1) $y' = \cos(ax + b)(ax + b)' = a\cos(ax + b)$

(2) $y' = 2\sin x \, (\sin x)' = 2\sin x \cos x = \sin 2x$ □

**問題 77** 次の関数を微分せよ.

(1) $y = \cos 3x$ (2) $y = \sin(2x + 1)$ (3) $y = \dfrac{x}{2} + \dfrac{\sin 2x}{4}$

(4) $y = \tan x + \dfrac{1}{3}\tan^3 x$ (5) $y = \cos^3\left(\dfrac{\pi}{6} - 3x\right)$ (6) $y = x\cos x$

(7) $y = \dfrac{1 + \cos x}{1 - \sin x}$

**解** (1) $y' = -3\sin 3x$ (2) $y' = 2\cos(2x + 1)$ (3) $y' = \frac{1}{2} + \frac{\cos 2x}{2} = \cos^2 x$

(4) $y' = \frac{1}{\cos^4 x}$ (5) $y' = 9\cos^2(\frac{\pi}{6} - 3x)\sin(\frac{\pi}{6} - 3x)$ (6) $y' = \cos x - x\sin x$

(7) $y' = \frac{1 - \sin x + \cos x}{(1 - \sin x)^2}$

## 2.9 逆三角関数

閉区間 $\left[-\dfrac{\pi}{2}, \dfrac{\pi}{2}\right]$ で関数 $y = \sin x$ は単調増加関数であるので, 1 対 1 である. したがって, 関数 $y = \sin x$, $x \in \left[-\dfrac{\pi}{2}, \dfrac{\pi}{2}\right]$ の逆関数が存在する. その逆関数を $x = \arcsin y$ または $x = \sin^{-1} y$ と表す. この逆関数の独立変数を $x$ で, 従属変数を $y$ で表したもの $y = \arcsin x$ $(-1 \leqq x \leqq 1)$ を**逆正弦関数**という. このとき逆正弦関数の値域を考えれば,

$$-\frac{\pi}{2} \leqq \arcsin x \leqq \frac{\pi}{2} \qquad \left(-\frac{\pi}{2} \leqq \sin^{-1} x \leqq \frac{\pi}{2}\right)$$

がわかる. また, $y = \arcsin x$ と $x = \sin y$ $\left(-\dfrac{\pi}{2} \leqq y \leqq \dfrac{\pi}{2}\right)$ の関係は次のようになる.

$$y = \arcsin x \quad \rightleftharpoons \quad x = \sin y \quad \left(-\frac{\pi}{2} \leqq y \leqq \frac{\pi}{2}\right)$$

**問題 78** 次の値を求めよ.

(1) $\arcsin 0$     (2) $\arcsin\left(\dfrac{\sqrt{3}}{2}\right)$     (3) $\arcsin(-1)$     (4) $\arcsin\left(-\dfrac{1}{2}\right)$

解    (1) $0$    (2) $\frac{\pi}{3}$    (3) $-\frac{\pi}{2}$    (4) $-\frac{\pi}{6}$

  同様に, $y = \cos x$ $(x \in [0, \pi])$, $y = \tan x$, $x \in \left(-\dfrac{\pi}{2}, \dfrac{\pi}{2}\right)$ の逆関数を考えることにより, **逆余弦関数** $y = \arccos x$ $(y = \cos^{-1} x)$, **逆正接関数** $y = \arctan x$ $(y = \tan^{-1} x)$ を考えることができる. このとき,

$$\boxed{\; 0 \leqq \arccos x \leqq \pi \qquad \left(\; 0 \leqq \cos^{-1} x \leqq \pi \;\right) \;}$$

$$\boxed{\; -\dfrac{\pi}{2} < \arctan x < \dfrac{\pi}{2} \qquad \left(-\dfrac{\pi}{2} < \tan^{-1} x < \dfrac{\pi}{2}\right) \;}$$

である. また, 逆余弦関数と余弦関数の関係, 逆正接関数と正接関数の関係は次のようになる.

$$y = \arccos x \quad (-1 \leqq x \leqq 1) \quad \rightleftarrows \quad x = \cos y \quad (0 \leqq y \leqq \pi)$$
$$y = \arctan x \quad (-\infty < x < \infty) \quad \rightleftarrows \quad x = \tan y \quad \left(-\dfrac{\pi}{2} < y < \dfrac{\pi}{2}\right)$$

次は逆三角関数のグラフである.

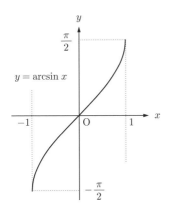

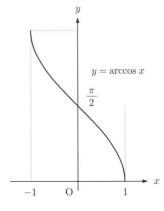

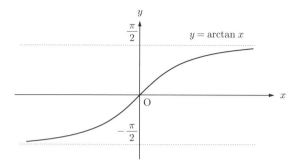

問題 **79** 次の値を求めよ.

(1) $\arccos \dfrac{1}{2}$　　(2) $\arccos\left(-\dfrac{\sqrt{3}}{2}\right)$　　(3) $\arctan 1$　　(4) $\arctan(\sqrt{3})$

解　(1) $\frac{\pi}{3}$　(2) $\frac{5}{6}\pi$　(3) $\frac{\pi}{4}$　(4) $\frac{\pi}{3}$

問題 **80** $\sin^{-1} x + \cos^{-1} x = \dfrac{\pi}{2}$ が成立することを示せ.

## 2.10　逆三角関数の導関数

三角関数の導関数は $(\sin x)' = \cos x \neq 0 \left(-\dfrac{\pi}{2} < x < \dfrac{\pi}{2}\right)$, $(\cos x)' = -\sin x \neq 0$ $(0 < x < \pi)$, $(\tan x)' = \dfrac{1}{\cos^2 x} \neq 0$ $\left(-\dfrac{\pi}{2} < x < \dfrac{\pi}{2}\right)$ であるから, 定理 55 よりそれらの逆関数 $y = \arcsin x$, $y = \arccos x$, $y = \arctan x$ も微分可能で

$$(\arcsin x)' = \left(\sin^{-1} x\right)' = \frac{1}{\cos y} = \frac{1}{\sqrt{1 - \sin^2 y}} = \frac{1}{\sqrt{1 - x^2}}$$

$$(\arccos x)' = \left(\cos^{-1} x\right)' = \frac{1}{-\sin y} = -\frac{1}{\sqrt{1 - \cos^2 y}} = -\frac{1}{\sqrt{1 - x^2}}$$

$$(\arctan x)' = \left(\tan^{-1} x\right)' = \frac{1}{\dfrac{1}{\cos^2 y}} = \cos^2 y = \frac{1}{1 + \tan^2 y} = \frac{1}{1 + x^2}$$

よって, 次の定理を得る.

定理 57 $y = \arcsin x \quad (-1 < x < 1)$, $y = \arccos x \quad (-1 < x < 1)$, $y = \arctan x \quad (-\infty < x < \infty)$ は微分可能で,

$$(\arcsin x)' = \frac{1}{\sqrt{1-x^2}}, \quad (\arccos x)' = -\frac{1}{\sqrt{1-x^2}}, \quad (\arctan x)' = \frac{1}{1+x^2}$$

が成立する.

例題 18 次の関数を微分せよ. ただし $a > 0$ とする.

(1) $y = \dfrac{1}{2}\left(x\sqrt{a^2-x^2} + a^2 \arcsin \dfrac{x}{a}\right)$　　(2) $y = \dfrac{1}{a}\arctan\dfrac{x}{a}$　　(3) $y = \cos^{-1}\dfrac{x}{a}$

解答

$$
\begin{aligned}
(1)\ y' &= \frac{1}{2}\left\{(x)'\sqrt{a^2-x^2} + x\left(\sqrt{a^2-x^2}\right)' + a^2\frac{1}{\sqrt{1-\left(\frac{x}{a}\right)^2}}\frac{1}{a}\right\} \\
&= \frac{1}{2}\left\{\sqrt{a^2-x^2} + x\frac{-2x}{2\sqrt{a^2-x^2}} + \frac{a^2}{\sqrt{a^2-x^2}}\right\} \\
&= \sqrt{a^2-x^2}
\end{aligned}
$$

(2) $y' = \left(\dfrac{1}{a}\right)\dfrac{1}{1+\left(\dfrac{x}{a}\right)^2}\left(\dfrac{1}{a}\right) = \dfrac{1}{a^2+x^2}$

(3) $y' = -\dfrac{1}{\sqrt{1-\left(\dfrac{x}{a}\right)^2}}\dfrac{1}{a} = -\dfrac{1}{\sqrt{a^2-x^2}}$

$\square$

　上記の例題18のように, 合成関数の微分法により, 次がわかる.

$$\left(\sin^{-1}\frac{x}{a}\right)' = \frac{1}{\sqrt{a^2-x^2}}, \quad \left(\cos^{-1}\frac{x}{a}\right)' = -\frac{1}{\sqrt{a^2-x^2}}, \quad \left(\tan^{-1}\frac{x}{a}\right)' = \frac{a}{a^2+x^2}$$

問題 81 次の関数を微分せよ.

(1) $y = \arcsin(1-2x)$　　　(2) $y = \arctan(3x-1)$　　　(3) $y = 7\cos^{-1}\dfrac{x}{3}$

解　(1) $y' = -\dfrac{1}{\sqrt{x(1-x)}}$　　(2) $y' = \dfrac{3}{9x^2-6x+2}$　　(3) $y' = -\dfrac{7}{\sqrt{9-x^2}}$

## 2.11 対数関数・指数関数の導関数，対数微分法

$a$ は $a > 0, a \neq 1$ を満たす定数とする．定理 46 により，対数関数 $f(x) = \log_a x \quad (x > 0)$ は連続関数である．定理 43 により，

$$
\begin{aligned}
\lim_{h \to 0} \frac{f(x+h) - f(x)}{h} &= \lim_{h \to 0} \frac{\log_a(x+h) - \log_a x}{h} \\
&= \lim_{h \to 0} \frac{1}{h} \log_a \frac{x+h}{x} \\
&= \lim_{h \to 0} \log_a \left(1 + \frac{h}{x}\right)^{\frac{1}{h}} \\
&= \lim_{h \to 0} \log_a \left\{\left(1 + \frac{h}{x}\right)^{\frac{x}{h}}\right\}^{\frac{1}{x}} \\
&= \lim_{h \to 0} \frac{1}{x} \log_a \left\{\left(1 + \frac{h}{x}\right)^{\frac{x}{h}}\right\} \\
&= \frac{1}{x} \log_a e \\
(\text{底の変換公式より}) &= \frac{1}{x \log a}.
\end{aligned}
$$

$\log_e e = \log e = 1$ であるから，次を得る．

$$(\log x)' = \frac{1}{x}$$

$x < 0$ のとき，合成関数の微分公式より

$$(\log(-x))' = \frac{1}{-x}(-x)' = \frac{1}{x}$$

よって，

$$(\log|x|)' = \frac{1}{x}$$

が成立する．

---

定理 58 対数関数は微分可能で，

$$(\log x)' = \frac{1}{x}, \ (\log_a x)' = \frac{1}{x \log a}, \ (\log|x|)' = \frac{1}{x}, \ (\log_a|x|)' = \frac{1}{x \log a}$$

指数関数 $y = e^x$ に対して, $x = \log y$ であるから逆関数の微分公式より

$$y' = \frac{dy}{dx} = \frac{1}{\dfrac{dx}{dy}} = \frac{1}{\dfrac{1}{y}} = y = e^x$$

が成立する. 一般に底が $a$ $(a > 0, a \neq 1)$ のときは, $a^x = e^{x \log a}$ だから $u = x \log a$ とすると, 合成関数の微分法により

$$\frac{dy}{dx} = \frac{dy}{du}\frac{du}{dx} = e^u u' = e^{x \log a} \log a = a^x \log a.$$

---

**定理 59** 指数関数は微分可能で,

$$(e^x)' = e^x, \qquad (a^x)' = a^x \log a$$

---

**例題 19** 次の関数を微分せよ.

(1) $y = \log_2 x$        (2) $y = x \log|x|$        (3) $y = 10^x$

**解答** (1) 定理 58 より, $y' = (\log_2 x)' = \dfrac{1}{x \log 2}$.

(2) 積の微分法と定理 58 より

$$y' = (x \log|x|)' = (x)' \log|x| + x (\log|x|)' = 1 \cdot \log|x| + x \cdot \frac{1}{x} = \log|x| + 1.$$

(3) 定理 59 より, $y' = (10^x)' = 10^x \log 10.$ $\qquad\qquad\square$

---

**定理 60** $f(x)$ 微分可能で, $f(x) \neq 0$ とするとき,

$$(\log|f(x)|)' = \frac{f'(x)}{f(x)}.$$

---

**証明** $y = \log|f(x)|$ は $y = \log|u|$ と $u = f(x)$ の合成関数の微分法により,

$$\frac{dy}{dx} = \frac{dy}{du}\frac{du}{dx} = \frac{1}{u}f'(x) = \frac{f'(x)}{f(x)} \qquad\qquad\square$$

**問題 82** 次の関数を微分せよ.

(1) $y = e^{2-2x}$             (2) $y = e^{x^2-1}$

(3) $y = \log(x^2 + x + 2)$     (4) $y = \log(x + \sqrt{x^2 + 3})$

解 (1) $y' = -2e^{2-2x}$ (2) $y' = 2xe^{x^2-1}$ (3) $y' = \frac{2x+1}{x^2+x+2}$ (4) $y' = \frac{1}{\sqrt{x^2+3}}$

**例題 20** 次の関数を微分せよ.

(1) $y = x^\alpha$ （ただし $x > 0$, $a$ は実数） (2) $y = x^x$ （ただし, $x > 0$）

(3) $y = (x+1)(x-2)(x-3)$

**解答** (1) 両辺の対数をとると,

$$\log y = \alpha \log x$$

である. 両辺を $x$ で微分すると,

$$\frac{y'}{y} = \alpha \frac{1}{x}$$

よって, $y' = \alpha \frac{1}{x} y = \alpha \frac{1}{x} x^\alpha = \alpha x^{\alpha-1}$ である.

(2) 両辺の対数をとると,

$$\log y = \log(x^x) = x \log x$$

である. 両辺を $x$ で微分すると,

$$\frac{y'}{y} = \log x + 1$$

よって $y' = y(\log x + 1) = x^x(\log x + 1)$ である.

(3) 両辺の絶対値をとり, 対数をとると

$$\log|y| = \log|x+1| + \log|x-2| + \log|x-3|$$

両辺を $x$ で微分すると,

$$\begin{aligned}\frac{y'}{y} &= \frac{1}{x+1} + \frac{1}{x-2} + \frac{1}{x-3} \\ &= \frac{3x^2 - 8x + 1}{(x+1)(x-2)(x-3)}\end{aligned}$$

よって, $y' = 3x^2 - 8x + 1$ である. □

　上の例題 20 の解答のように両辺の絶対値をとり，対数をとって，両辺を微分して導関数を計算する方法を**対数微分法**という．上の例題 20 より，微分公式

$$(x^\alpha)' = \alpha x^{\alpha-1} \quad (x > 0,\, \alpha\text{ は実数})$$

を得る．

**問題 83** 対数微分法を用いて，次の関数を微分せよ．

(1) $y = (x-3)^2(x+1)^3(x-1)$　　(2) $y = \dfrac{2-x}{(x+3)^2(x-4)}$　　(3) $y = x^{\sin x}$

解　(1) $y' = 2(3x^2 - 7x + 2)(x-3)(x+1)^2$　　(2) $y' = \frac{2(x^2-5x+11)}{(x+3)^3(x-4)^2}$

(3) $y' = x^{\sin x}(\cos x \log x + \frac{\sin x}{x})$

## 2.12　双曲線関数

$$\cosh x = \frac{e^x + e^{-x}}{2}, \quad \sinh x = \frac{e^x - e^{-x}}{2}, \quad \tanh x = \frac{e^x - e^{-x}}{e^x + e^{-x}} = \frac{\sinh x}{\cosh x}$$

を**双曲線関数**（**hyperbolic function**）という．グラフは，次のようになる．

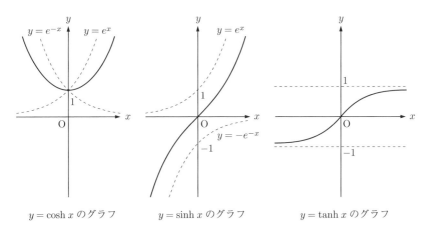

$y = \cosh x$ のグラフ　　　$y = \sinh x$ のグラフ　　　$y = \tanh x$ のグラフ

　双曲線関数の定義より，次が成立する．

---

**定理 61 (双曲線関数の性質)**

(1) $\tanh x = \dfrac{\sinh x}{\cosh x}$

(2) $\cosh^2 x - \sinh^2 x = 1$ (ただし,$(\cosh x)^2$ を $\cosh^2 x$ と書く)

(3) $\sinh(\alpha + \beta) = \sinh \alpha \cosh \beta + \cosh \alpha \sinh \beta$

(4) $\cosh(\alpha + \beta) = \cosh \alpha \cosh \beta + \sinh \alpha \sinh \beta$

---

双曲線関数の導関数は次のとおりである.

---

**定理 62** 双曲線関数は微分可能で,

$$(\sinh x)' = \cosh x, \quad (\cosh x)' = \sinh x, \quad (\tanh x)' = \frac{1}{\cosh^2 x}$$

---

**証明**

$$(\sinh x)' = \left( \frac{e^x + e^{-x}}{2} \right)' = \frac{(e^x)' + (e^{-x})'}{2} = \frac{e^x - e^{-x}}{2} = \cosh x.$$

同様に,その他も示せる.                                                      □

$y = \cosh x$ は,$x \geqq 0$ の範囲で 1 対 1 であるので,逆関数を考えることができ,この逆関数を $y = \cosh^{-1} x$ と表す.また,$y = \sinh x$ は全区間で 1 対 1 であるから逆関数 $y = \sinh^{-1} x$ が考えられる.その導関数は次のようになる.

---

**定理 63** $y = \cosh^{-1} x \ (x > 1)$, $y = \sinh x \ (-\infty < x < \infty)$ は微分可能で,

$$(\cosh^{-1} x)' = \frac{1}{\sqrt{x^2 - 1}}, \qquad\qquad (\sinh^{-1} x)' = \frac{1}{\sqrt{x^2 + 1}}$$

---

**証明** $y = \cosh^{-1} x$ より $x = \cosh y, y > 0$ であるから,逆関数の微分公式と

定理 62 により

$$左辺 = \frac{dy}{dx} = \frac{1}{\dfrac{dx}{dy}} = \frac{1}{\dfrac{d}{dy}\cosh y} = \frac{1}{\sinh y} = \frac{1}{\sqrt{\cosh^2 y - 1}} = \frac{1}{\sqrt{x^2 - 1}}$$

である.  $y = \sinh^{-1} x$ についても同様に示せる.　　　　　　　□

**問題 84** $\cosh^2 x - \sinh^2 x = 1$ 示せ.

解　省略

**問題 85** 次の関数を微分せよ.

(1) $y = \cosh(2x)$　　　　　　(2) $y = \sinh(2 + 3x)$

解　(1) $y' = 2\sinh(2x)$　　(2) $y' = 3\cosh(2 + 3x)$

これまで得られた初等関数の導関数をまとめて記述しておく.

(1)　　$(x^{\alpha})' = \alpha x^{\alpha-1}$　　　　　　($\alpha$ は実数 )

(2)　　$(\log x)' = \dfrac{1}{x}$,  $(\log_a x)' = \dfrac{1}{x \log a}$　　　（定義域 $x > 0$）

(3)　　$(\log |x|)' = \dfrac{1}{x}$,  $(\log_a |x|)' = \dfrac{1}{x \log a}$　　　（定義域 $x \neq 0$）

(4)　　$(e^x)' = e^x$,　$(a^x)' = a^x \log a$

(5)　　$(\sin x)' = \cos x$,　$(\cos x)' = -\sin x$

(6)　　$(\tan x)' = \dfrac{1}{\cos^2 x} = \sec^2 x$,　$(\cot x)' = -\dfrac{1}{\sin^2 x} = -\mathrm{cosec}^2 x$

(7)　　$\left(\arcsin \dfrac{x}{a}\right)' = \left(\sin^{-1} \dfrac{x}{a}\right)' = \dfrac{1}{\sqrt{a^2 - x^2}}$

(8)　　$\left(\arccos \dfrac{x}{a}\right)' = \left(\cos^{-1} \dfrac{x}{a}\right)' = -\dfrac{1}{\sqrt{a^2 - x^2}}$

(9)　　$\left(\arctan \dfrac{x}{a}\right)' = \left(\tan^{-1} \dfrac{x}{a}\right)' = \dfrac{a}{a^2 + x^2}$

(10)　　$(\sinh x)' = \cosh x, \quad (\cosh x)' = \sinh x, \quad (\tanh x)' = \dfrac{1}{\cosh^2 x}$

## 2.13　媒介変数（パラメータ）によって与えられた関数の微分法

$I$ は区間とし，$f : I \to \mathbb{R}$ と $g : I \to \mathbb{R}$ はともに連続とすると，一般に

$$x = f(t), \quad y = g(t) \quad (t \in I)$$

で与えられた点 $(x, y) = (f(t), g(t))$ の軌跡は平面内の曲線を表す．これを**曲線の媒介変数（parameter：パラメータ）表示**という．$f(t), g(t)$ はともに微分可能で $f'(t), g'(t)$ はともに連続とする．さらに，$f(t)$ は単調で $f'(t) \neq 0 \quad (t \in I)$ とすると，$x = f(t)$ の微分可能な逆関数 $t = f^{-1}(x)$ が存在する．このとき，$y = g \circ f^{-1}(x)$ となり，$y$ は $x$ の関数とみなすことができる．合成関数の微分公式と逆関数の微分公式より

$$
\begin{aligned}
\frac{dy}{dx} &= \frac{d}{dx}\left(g \circ f^{-1}(x)\right) \\
&= g'(t)\frac{1}{f'(t)} = \frac{g'(t)}{f'(t)} \quad (x = f(t))
\end{aligned}
$$

次の章において，$f'(t) \neq 0 \quad (t \in I)$ ならば，$f(t)$ は単調であることが示される．よって，次の定理を得る．

---

**定理 64** $x = f(t), y = g(t)$ はともに微分可能で，$f'(t), g'(t)$ はともに連続とする．$f'(t) \neq 0 \quad (t \in I)$ とすると，$y$ は $x$ の微分可能な関数であり，

$$\frac{dy}{dx} = \frac{\dfrac{dy}{dt}}{\dfrac{dx}{dt}}$$

が成立する．

---

**問題 86** $t$ を媒介変数とするとき，次の式はどんな曲線を表すか．

(1) $x = 2t - 3, \quad y = t^2 + 4$　　　　(2) $x = \cos t, \quad y = \cos 2t$

(3) $x = \dfrac{t^2 - 1}{t^2 + 1}, \quad y = -\dfrac{2t}{t^2 + 1}$　　　(4) $x = 2\cos t + 1, \quad y = 2\sin t - 2$

解　(1) $y = \frac{1}{4}(x+3)^2 + 4$　放物線　　(2) $y = 2x^2 - 1 \ (-1 \leqq x \leqq 1)$　放物線

　　(3) $x^2 + y^2 = 1$　円（ただし，$(1,0)$ を除く）　　(4) $(x-1)^2 + (y+2)^2 = 4$　円

**例題 21** 次の関係が成立するとき $\dfrac{dy}{dx}$ を求めよ．

$$x = 2t - 3, \quad y = 5 - 4t^2$$

**解答**　$\dfrac{dx}{dt} = 2 \neq 0$ であるから，

$$\frac{dy}{dx} = \frac{\dfrac{dy}{dt}}{\dfrac{dx}{dt}} = \frac{(5 - 4t^2)'}{(2t - 3)'} = -4t$$

$\square$

**問題 87** 次の関係が成立するとき $\dfrac{dy}{dx}$ を求めよ．

(1) $x = 2t + 3, \quad y = 6 - 4t^3$　　(2) $x = t - \dfrac{1}{t}, \quad y = t + \dfrac{1}{t}$

(3) $x = \dfrac{2t^2}{1 + t}, \quad y = \dfrac{t}{2 - t}$

解　(1) $\frac{dy}{dx} = -6t^2$　　(2) $\frac{dy}{dx} = \frac{t^2 - 1}{t^2 + 1}$　　(3) $\frac{dy}{dx} = \frac{(t+1)^2}{t(t+2)(t-2)^2}$

**問題 88** 媒介変数 $\theta$ によって表された曲線 $x = \cos^3 \theta, y = \sin^3 \theta \ (0 < \theta < \frac{\pi}{2})$ 上の点 $\mathrm{A}(\cos^3 \theta_0, \sin^3 \theta_0)$ における接線と $x$ 軸との交点を P，$y$ 軸との交点を Q とするとき，2 点 P, Q の長さ PQ は $\theta_0$ の取り方によらず一定であることを示せ．

## 2.14　高次導関数

　微分可能な関数 $y = f(x)$ の導関数 $y' = f'(x)$ が微分可能のとき，その導関数を

$$f''(x), \quad y'', \quad \frac{d^2 f(x)}{dx^2}, \quad \frac{d^2 y}{dx^2}$$

などと表し，**第 2 次導関数**という．同様に，第 3 次，第 4 次，．．．の導関数が考えられる．一般に**第 $n$ 次導関数**を次のように表す．

$$f^{(n)}(x), \quad y^{(n)}, \quad \frac{d^n f(x)}{dx^n}, \quad \frac{d^n y}{dx^n}$$

$f(x)$ の第 $n$ 次までの導関数が存在するとき，$f(x)$ は **$n$ 回微分可能**であるという．さらに，$f(x), f'(x), ..., f^{(n)}(x)$ がすべて連続であるとき，$f(x)$ は **$C^n$-級**または **$n$ 回連続的微分可能**であるといい，任意の $n$ に対し，$C^n$-級であるとき **$C^{\infty}$-級**または **無限回微分可能**であるという．

**例題 22** 次の関数の第 $n$ 次導関数 $y^{(n)} = \dfrac{d^n y}{dx^n}$ を求めよ．

    (1) $y = \sin x$         (2) $y = \dfrac{1}{1+x}$

**解答** (1) $y = \sin x$ より

$$y' = \cos x \qquad\qquad\qquad = \sin(x + \tfrac{1}{2}\pi)$$

$$y'' = -\sin x \qquad\qquad\qquad = \sin(x + \tfrac{2}{2}\pi)$$

$$y^{(3)} = -\cos x \qquad\qquad\qquad = \sin(x + \tfrac{3}{2}\pi)$$

$$y^{(4)} = \sin x \qquad\qquad\qquad = \sin(x + \tfrac{4}{2}\pi)$$

$$y^{(5)} = \cos x \qquad\qquad\qquad = \sin(x + \tfrac{5}{2}\pi)$$

$$\vdots$$

よって，$\qquad\qquad\qquad y^{(n)} = \sin(x + \tfrac{n}{2}\pi)$

(2) $y = \dfrac{1}{1+x} = (1+x)^{-1}$ より合成関数の微分公式を適用して

$$y' = (-1)(1+x)^{-2} \qquad\qquad\qquad = (-1)^1 (1+x)^{-2}$$

$$y'' = (-1)(-2)(1+x)^{-3} \qquad\qquad = (-1)^2 2!(1+x)^{-3}$$

$$y^{(3)} = (-1)(-2)(-3)(1+x)^{-4} \qquad = (-1)^3 3!(1+x)^{-4}$$

$$\vdots$$

$$y^{(n)} = (-1)(-2) \times \cdots \times (-n)(1+x)^{-(n+1)} = (-1)^n n!(1+x)^{-(n+1)}$$

よって，$\qquad\qquad\qquad y^{(n)} = (-1)^n \dfrac{n!}{(1+x)^{n+1}}$       □

**問題 89** 次の関数の第 $n$ 次導関数 $y^{(n)} = \dfrac{d^n y}{dx^n}$ を求めよ.

(1) $y = e^{-2x}$ (2) $y = \log(1-x)$ (3) $y = \cos x$

解 (1) $y^{(n)} = (-2)^n e^{-2x}$ (2) $y^{(n)} = -\dfrac{(n-1)!}{(1-x)^n}$ (3) $y^{(n)} = \cos(x + \frac{n}{2}\pi)$

2つの関数の積については, 次の Leibniz (ライプニッツ) の公式が知られている.

---

**定理 65 (Leibniz (ライプニッツ) の公式)**

関数 $f(x), g(x)$ がともに $n$ 回微分可能ならば, 積 $f(x)g(x)$ も $n$ 回微分可能であり, 第 $n$ 次導関数については次が成立する.

$$\{f(x)g(x)\}^{(n)} = \sum_{k=0}^{n} {}_n C_k f^{(n-k)}(x) g^{(k)}(x) \tag{2.9}$$

ただし, $f^{(0)}(x) = f(x)$ とする.

---

**証明** $n$ に関する帰納法で示す. 簡単のため, $f, g$ とする.

(i) $n = 1$ のとき, 定理53 (積の微分公式) より

$$\{fg\}^{(1)} = \{fg\}' = f'g + fg'$$

$$= {}_1 C_0 f^{(1)} g^{(1-1)} + {}_1 C_1 f^{(0)} f^{(1-1)} g^{(1-0)} = \sum_{k=0}^{1} {}_1 C_k f^{(1-k)} g^{(k)}$$

だから, $n = 1$ のとき, (2.9) は成立する.

(ii) $n = m$ のとき成立すると仮定する. このとき, 積の微分公式と10ページの定理9(組み合わせ ${}_n C_r$ の性質) より,

$$\{fg\}^{(m+1)} = \left\{ \sum_{k=0}^{m} {}_m C_k f^{(m-k)} g^{(k)} \right\}' = \sum_{k=0}^{m} {}_m C_k \left\{ f^{(m-k)} g^{(k)} \right\}'$$

$$= \sum_{k=0}^{m} {}_m C_k \left\{ f^{(m-k+1)} g^{(k)} + f^{(m-k)} g^{(k+1)} \right\}$$

$$= \sum_{k=0}^{m} {}_m C_k f^{(m-k+1)} g^{(k)} + \sum_{k=0}^{m} {}_m C_k f^{(m-k)} g^{(k+1)}$$

$$= {}_mC_0 f^{(m+1)}g^{(0)} + \sum_{k=1}^{m} {}_mC_k f^{(m+1-k)}g^{(k)}$$

$$+ \sum_{k=0}^{m-1} {}_mC_k f^{(m-k)}g^{(k+1)} + {}_mC_m f^{(0)}g^{(m+1)}$$

$$= {}_{m+1}C_0 f^{(m+1)}g^{(0)} + \sum_{k=1}^{m} {}_mC_k f^{(m+1-k)}g^{(k)}$$

$$+ \sum_{k=1}^{m} {}_mC_{k-1} f^{(m+1-k)}g^{(k)} + {}_{m+1}C_{m+1} f^{(0)}g^{(m+1)}$$

$$= {}_{m+1}C_0 f^{(m+1)}g^{(0)} + \sum_{k=1}^{m} ({}_mC_k + {}_mC_{k-1}) f^{(m+1-k)}g^{(k)}$$

$$+ {}_{m+1}C_{m+1} f^{(0)}g^{(m+1)}$$

$$= \sum_{k=0}^{m+1} {}_{m+1}C_k \, f^{(m+1-k)}g^{(k)}$$

よって, $n = m + 1$ のときも (2.9) は成立する.

したがって, すべての自然数 $n$ について, (2.9) は成立する. □

**例題 23** $y = (x^2 + x + 1)e^x$ の第 $n$ 次導関数 $y^{(n)} = \dfrac{d^n y}{dx^n}$ を求めよ.

**解答**　Leibniz（ライプニッツ）の公式より

$$y^{(n)} = \sum_{k=0}^{n} {}_n\mathrm{C}_k (x^2 + x + 1)^{(n-k)} (e^x)^{(k)}$$

$$= e^x \sum_{k=0}^{n} {}_n\mathrm{C}_k (x^2 + x + 1)^{(n-k)} = e^x \sum_{j=0}^{2} {}_n\mathrm{C}_j (x^2 + x + 1)^{(j)}$$

$$= e^x \left\{ {}_n\mathrm{C}_0 (x^2 + x + 1)^{(0)} + {}_n\mathrm{C}_1 (x^2 + x + 1)^{(1)} + {}_n\mathrm{C}_2 (x^2 + x + 1)^{(2)} \right\}$$

$$= e^x \left\{ 1 \times (x^2 + x + 1) + n \times (2x + 1) + \frac{n(n-1)}{2} \times 2 \right\}$$

$$= e^x \left\{ x^2 + (2n + 1)x + n^2 + 1 \right\}$$

□

**問題 90** $y = (x+3)e^x$ の第 $n$ 次導関数 $y^{(n)} = \dfrac{d^n y}{dx^n}$ を求めよ.

解　$y^{(n)} = (x+n+3)e^x$

# 3 ——————— 導関数の応用

この章では平均値の定理とその一般化である Taylor（テイラー）の定理と導関数の応用について述べる.

## 3.1 平均値の定理, l'Hospital（ロピタル）の定理

まず閉区間 $[a,b]$ で連続な関数 $f(x)$ はこの区間のどこかで必ず最大値を,またどこかで必ず最小値をとること（定理 47：最大値・最小値の存在定理）に注意しておく.

---

**定理 66 (Rolle（ロル）の定理)** 閉区間 $[a,b]$ で連続で開区間 $(a,b)$ で微分可能な関数 $f(x)$ において $f(a) = f(b)$ が成立するならば,

$$f'(c) = 0 \quad (a < c < b)$$

を満たす実数 $c$ が存在する.

---

**証明** もし関数 $f(x)$ が定数とすると, $f'(x) = 0$ であるから, 開区間 $(a,b)$ の任意の点を $c$ としてとればよい.

$f(x)$ は定数でないとする. 関数 $f(x)$ は $[a,b]$ で連続であるから, 定理 47の最大値・最小値の存在定理により $f(x)$ の最大値 $M$ と最小値 $m$ をとる点が存在する. それを

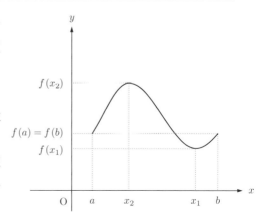

$m = f(x_1), M = f(x_2)$ とすると, すべての $x \in [a,b]$ に対して

$$f(x_1) \leqq f(x) \leqq f(x_2)$$

が成立する. $f(x_1) = f(x_2)$ とすると, $f(x)$ は定数関数となり仮定に反する. よって, $f(x_1) < f(x_2)$ である. $f(a) = f(b)$ であるから, $x_1 \in (a,b)$ または $x_2 \in (a,b)$ である. $x_1 \in (a,b)$ とする ($x_2 \in (a,b)$ の場合も同様である).

 $m = f(x_1)$ は最小値だから, $x_1 + h \in (a,b)$ を満たすすべての $h$ に対して

$$f(x_1) \leqq f(x_1 + h)$$

が成立する. よって, 次が成立する.

$$\frac{f(x_1 + h) - f(x_1)}{h} \geqq 0 \quad (h > 0)$$

$$\frac{f(x_1 + h) - f(x_1)}{h} \leqq 0 \quad (h < 0)$$

であるので,

$$f'(x_1) = \lim_{h \to +0} \frac{f(x_1 + h) - f(x_1)}{h} \geqq 0$$

$$f'(x_1) = \lim_{h \to -0} \frac{f(x_1 + h) - f(x_1)}{h} \leqq 0$$

したがって $c = x_1$ とすると, $f'(c) = 0$ $(a < c < b)$ が成立する. □

---

**定理 67 (Lagrange (ラグランジュ) の平均値の定理)** 閉区間 $[a,b]$ で連続で開区間 $(a,b)$ で微分可能な関数 $f(x)$ に対して

$$\frac{f(b) - f(a)}{b - a} = f'(c) \quad (a < c < b) \tag{3.1}$$

を満たす実数 $c$ が存在する. $\theta = \dfrac{c - a}{b - a}$ とおくと, 式 (3.1) は

$$\frac{f(b) - f(a)}{b - a} = f'(a + \theta(b - a)) \quad (0 < \theta < 1) \tag{3.2}$$

を満たす実数 $\theta$ が存在すると表すことができる.
(式 (3.2) の表現は $b < a$ の場合も使用できるので便利である.)

Lagrange の平均値の定理の結論は

$$f(b) = f(a) + f'(a+\theta(b-a))\,(b-a) \quad (0 < \theta < 1) を満たす実数 \theta が存在する$$

と表すこともできる．これらは**平均値の定理**と呼ばれている．

**証明**  関数 $F(x)$ を

$$F(x) = f(x) - f(a) - \frac{f(b) - f(a)}{b - a}(x - a) \quad (x \in [a, b])$$

によって定義すると，$F(x)$ は $[a, b]$ で連続で $(a, b)$ で微分可能である．

$F(a) = F(b) = 0$ であるから，
定理 66（Rolle の定理）により

$$F'(c) = 0 \quad (a < c < b)$$

を満たす実数 $c$ が存在する．

$$F'(x) = f'(x) - \frac{f(b) - f(a)}{b - a}$$

であるから

$$\frac{f(b) - f(a)}{b - a} = f'(c) \quad (a < c < b)$$

が成立する．          $\square$

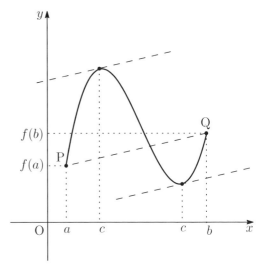

**例題 24** ある区間で定義された関数 $f(x)$ がその区間でつねに $f'(x) = 0$ な
らば  $f(x)$ は定数である．またある区間で定義された関数 $f(x), g(x)$ がそ
の区間でつねに $f'(x) = g'(x)$ ならば $f(x) = g(x) + c$  （$c$ は定数）であるこ
とを示せ．

**解答**  関数 $f(x)$ は区間 $I$ で定義されているとする．$a \in I$ を固定する．平
均値の定理により，任意の $x \in I$ に対して

$$f(x) = f(a) + f'(a + \theta(x - a))\,(x - a) \quad (0 < \theta < 1)$$

を満たす実数 $\theta$ が存在する. 仮定より $f'(a+\theta(x-a))=0$ であるから, すべての $x \in I$ に対して $f(x)=f(a)$ $(x \in I)$ が成立する. よって, $f(x)$ は定数である. 後半は $F(x)=g(x)-f(x)$ とおけば, 前半より $F'(x)=0$ であることより証明される. $\qquad\square$

**問題 91** 次の関数について Lagrange の平均値の定理の式
$$f(b)-f(a)=f'(a+\theta(b-a))(b-a) \quad (0<\theta<1)$$ を満たす $\theta$ の値を求めよ.

(1) $f(x)=px^2+qx+r \quad (p \neq 0, \quad a=-1, \quad b=3)$

(2) $f(x)=\log x \qquad (a=1, \quad b=e)$

解 (1) $\theta=\frac{1}{2}$ (2) $\theta=\frac{e-2}{e-1}$

---

**定理 68 (Cauchy（コーシー）の平均値の定理)** 閉区間 $[a,b]$ で連続で開区間 $(a,b)$ で微分可能な 2 つの関数 $f(x), g(x)$ がある. $g'(x) \neq 0$ $x \in (a,b)$ を満たすとする. そのとき,
$$\frac{f(b)-f(a)}{g(b)-g(a)}=\frac{f'(a+\theta(b-a))}{g'(a+\theta(b-a))} \quad (0<\theta<1)$$
を満たす実数 $\theta$ が存在する.
(Rolle の定理により $g(a) \neq g(b)$ であることに注意)

---

**証明** 関数 $F(x)$ を
$$F(x)=f(x)-f(a)-\frac{f(b)-f(a)}{g(b)-g(a)}(g(x)-g(a)) \quad (x \in [a,b])$$
によって定義すると, $F(x)$ は $[a,b]$ で連続, $(a,b)$ で微分可能で
$$F(a)=F(b)=0$$
を満たす. よって, 定理 66 (Rolle の定理) により
$$F'(a+\theta(b-a))=0 \quad (0<\theta<1)$$

を満たす実数 $\theta$ が存在する.

$$F'(x) = \frac{f(b) - f(a)}{g(b) - g(a)}\, g'(x) - f'(x)$$

であるから,

$$0 = F'(a + \theta(b - a)) = \frac{f(b) - f(a)}{g(b) - g(a)}\, g'(a + \theta(b - a)) - f'(a + \theta(b - a))$$

よって,

$$\frac{f(b) - f(a)}{g(b) - g(a)} = \frac{f'\left(a + \theta(b - a)\right)}{g'\left(a + \theta(b - a)\right)} \quad (0 < \theta < 1)$$

が成立する.                                                                                $\square$

　関数の極限について, $\displaystyle\lim_{x \to a} f(x) = \lim_{x \to a} g(x) = 0$ のとき, $\displaystyle\lim_{x \to a} \frac{f(x)}{g(x)}$ は $\dfrac{0}{0}$ 型の**不定形**という. $\dfrac{0}{0}$ 型の不定形については, 次の定理がある.

---

**定理 69 (l'Hospital（ロピタル）の定理)** $f(x), g(x)$ が開区間 $(a, b)$ で微分可能であり, $\displaystyle\lim_{x \to a+0} f(x) = \lim_{x \to a+0} g(x) = 0,\ \lim_{x \to a+0} \frac{f'(x)}{g'(x)} = \alpha, -\infty < \alpha < \infty$ ならば

$$\lim_{x \to a+0} \frac{f(x)}{g(x)} = \lim_{x \to a+0} \frac{f'(x)}{g'(x)} = \alpha$$

が成立する.

---

**証明**　$f(a) = g(a) = 0$ と定義することによって, $f(x), g(x)$ は $a$ を含む閉区間で連続であると仮定してよい. Cauchy の平均値の定理により,

$$\frac{f(x)}{g(x)} = \frac{f(x) - f(a)}{g(x) - g(a)} = \frac{f'\left(a + \theta(x - a)\right)}{g'\left(a + \theta(x - a)\right)} \quad (0 < \theta < 1)$$

を満たす実数 $\theta$ が存在する. $x \to a + 0$ のとき, $a + \theta(x - a) \to a$ であるから,

$$\frac{f(x)}{g(x)} = \frac{f'\left(a + \theta(x - a)\right)}{g'\left(a + \theta(x - a)\right)} \to \alpha \quad (x \to a + 0)$$

$\square$

**注 6** $\lim\limits_{x \to a+0} f(x) = \pm\infty$, $\quad \lim\limits_{x \to a+0} g(x) = \pm\infty$ ($\dfrac{\infty}{\infty}$ 型の**不定形**）のときも，この l'Hospital 定理の結果は成立する．また，$x \to a$, $x \to a-0$ のときでも，$a$ が $\pm\infty$ のときでも，l'Hospital の定理の結果は成立する．$\lim\limits_{x \to a} \dfrac{f'(x)}{g'(x)}$ が不定形の場合は，$\lim\limits_{x \to a} \dfrac{f'(x)}{g'(x)}$ に l'Hospital の定理を再び適用できる．結局，微分可能であれば，この l'Hospital の定理を不定形でなくなるまで続けることができるのである．

**例 18** l'Hospital の定理を適用すると，次のように計算できる．

$$\lim_{x \to 0} \frac{e^x - 1}{\log(1+x)} = \lim_{x \to 0} \frac{(e^x - 1)'}{(\log(1+x))'} = \lim_{x \to 0} \frac{e^x}{\dfrac{1}{1+x}} = \frac{1}{1} = 1.$$

**問題 92** 次の極限値を求めよ．

(1) $\lim\limits_{x \to 0} \dfrac{e^x - e^{-x}}{\sin x}$　　(2) $\lim\limits_{x \to 0} \dfrac{\cos 2x - 1}{x + \log(1-x)}$　　(3) $\lim\limits_{x \to 0} \dfrac{x - \tan x}{x^3}$

(4) $\lim\limits_{x \to +\infty} \dfrac{x^2}{e^x}$　　(5) $\lim\limits_{x \to +0} x \log x$

解　(1) 2　(2) 4　(3) $-\frac{1}{3}$　(4) 0　(5) 0

## 3.2 Taylor（テイラー），Maclaurin（マクローリン）の定理

---

**定理 70 (Taylor（テイラー）の定理)** 関数 $f(x)$ が閉区間 $[a,b]$ を含む開区間で $n+1$ 回微分可能のとき，$f(b)$ は $f(a)$, $f'(a)$, ... を用いて次のように表される．

$$f(b) = f(a) + \frac{f'(a)}{1!}(b-a) + \frac{f''(a)}{2!}(b-a)^2 + \cdots + \frac{f^{(n)}(a)}{n!}(b-a)^n + R_{n+1}$$

$$\left( f(b) = \sum_{k=0}^{n} \frac{f^{(k)}(a)}{k!}(b-a)^k + R_{n+1} \right)$$

ただし，$R_{n+1} = \dfrac{(b-a)^{n+1}}{(n+1)!} f^{(n+1)}(a + \theta(b-a))$　$(0 < \theta < 1)$

---

**注 7** 上の定理において，$n = 0$ のときが平均値の定理である．$R_{n+1}$ を**剰余項**（**Lagrange の剰余項**）と呼ぶ．

**証明**

$$k = \left\{ f(b) - f(a) - \frac{f'(a)}{1!}(b-a) - \frac{f''(a)}{2!}(b-a)^2 - \cdots \right.$$
$$\left. - \frac{f^{(n)}(a)}{n!}(b-a)^n \right\} \frac{(n+1)!}{(b-a)^{n+1}}$$

とおくとき $k = f^{(n+1)}(a + \theta(b-a))$　$(0 < \theta < 1)$ と表せることを示せばよい．

$$F(x) = f(b) - f(x) - \frac{f'(x)}{1!}(b-x) - \frac{f''(x)}{2!}(b-x)^2 - \cdots$$
$$- \frac{f^{(n)}(x)}{n!}(b-x)^n - \frac{k}{(n+1)!}(b-x)^{n+1}$$

とおくと，$F(x)$ は $[a,b]$ で連続で開区間 $(a,b)$ で微分可能である．また，$F(a) = F(b) = 0$ であるから，定理 66（Rolle の定理）より

$$F'(a + \theta(b-a)) = 0 \quad (0 < \theta < 1)$$

となる実数 $\theta$ が存在する．このとき

$$F'(x) = -\frac{f^{(n+1)}(x)}{n!}(b-x)^n + \frac{k}{n!}(b-x)^n$$

であるから，

$$k = f^{(n+1)}(a + \theta(b-a)) \quad (0 < \theta < 1)$$

である．　　　　　　　　　　　　　　　　　　　　　　　　　　　　□

**注 8** Taylor の定理で $b = x$ とおくと

$$f(x) = f(a) + \frac{f'(a)}{1!}(x-a) + \frac{f''(a)}{2!}(x-a)^2 + \cdots + \frac{f^{(n)}(a)}{n!}(x-a)^n + R_{n+1}$$

ただし，

$$R_{n+1} = \frac{f^{(n+1)}(a + \theta(x-a))}{(n+1)!}(x-a)^{n+1} \quad (0 < \theta < 1)$$

である. そこで

$$P_n(x) = f(a) + \frac{f'(a)}{1!}(x-a) + \frac{f''(a)}{2!}(x-a)^2 + \cdots + \frac{f^{(n)}(a)}{n!}(x-a)^n \quad (3.3)$$

とおくと,

$$f(x) = P_n(x) + R_{n+1}$$

と表せることがわかる. (3.3) の多項式 $P_n(x)$ を **Taylor の $n$ 次近似多項式**
と呼ぶ. $x$ が $a$ に近い値であるとき, $P_n(x)$ の値は $f(x)$ の近似値である.

　特に $a = 0$ のとき，**Maclaurin（マクローリン）の定理**と呼ばれている.

---

**定理 71 (Maclaurin の定理)** 関数 $f(x)$ が 0 を含む開区間で $n+1$ 回微
分可能のとき, 0 の近くの $x$ に対し,

$$f(x) = f(0) + \frac{f'(0)}{1!}x + \frac{f''(0)}{2!}x^2 + \cdots + \frac{f^{(n)}(0)}{n!}x^n + R_{n+1}, \quad (3.4)$$

$$R_{n+1} = \frac{f^{(n+1)}(\theta x)}{(n+1)!}x^{n+1} \quad (0 < \theta < 1)$$

が成立する.

---

**注 9**

$$P_n(x) = f(0) + \frac{f'(0)}{1!}x + \frac{f''(0)}{2!}x^2 + \cdots + \frac{f^{(n)}(0)}{n!}x^n \quad (3.5)$$

は **Maclaurin の $n$ 次近似多項式** と呼ばれている

**例題 25** 関数 $e^x$ に Maclaurin の定理を適用せよ.

**解答**　$f(x) = e^x$ とおくと, $f^{(n)}(x) = e^x$ であり, $f^{(n)}(0) = 1$ であるから,
Maclaurin の定理より

$$f(x) = f(0) + \frac{f'(0)}{1!}x + \frac{f''(0)}{2!}x^2 + \cdots + \frac{f^{(n)}(0)}{n!}x^n + R_{n+1},$$

$$R_{n+1} = \frac{f^{(n+1)}(\theta x)}{(n+1)!}x^{n+1} \quad (0 < \theta < 1)$$

であるから,

$$e^x = 1 + \frac{1}{1!}x + \frac{1}{2!}x^2 + \cdots + \frac{1}{n!}x^n + R_{n+1},$$

$$R_{n+1} = \frac{e^{\theta x}}{(n+1)!}x^{n+1} \quad (0 < \theta < 1)$$

□

**問題 93** 次の関数に Maclaurin の定理を適用せよ.

(1) $\log(1-x)$      (2) $(1+x)^\alpha$      (3) $\sin x$      (4) $\cos x$

解 (1) $\displaystyle\sum_{k=1}^{n} \frac{-1}{k}x^k + \frac{-1}{(n+1)(1-\theta x)^{n+1}}x^{n+1}$

(2) $\displaystyle 1 + \sum_{k=1}^{n} \frac{\alpha \cdots (\alpha-k+1)}{k!}x^k + \frac{\alpha \cdots (\alpha-n)}{(n+1)!(1+\theta x)^{n+1-\alpha}}x^{n+1}$

(3) $\displaystyle\sum_{k=0}^{m-1} \frac{(-1)^k}{(2k+1)!}x^{2k+1} + \frac{(-1)^m \sin(\theta x)}{(2m)!}x^{2m}$

(4) $\displaystyle\sum_{k=0}^{m} \frac{(-1)^k}{(2k)!}x^{2k} + \frac{(-1)^{m+1} \sin(\theta x)}{(2m+1)!}x^{2m+1}$

**問題 94** Maclaurin の定理を用いて, $e$ の値を小数第 3 位まで求めよ.

解  2.718

## 3.3 （無限）級数

数列 $\{a_n\}$ について, $n$ が限りなく大きくなるとき, $a_n$ が実数値 $a$ に限りなく近づくならば $\{a_n\}$ は $a$ に **収束する** といい, $a$ を $\{a_n\}$ の **極限値** という. $\{a_n\}$ が収束しないとき $\{a_n\}$ は **発散する** という. 数列 $\{a_n\}$ が $a$ に収束するとき

$$\lim_{n \to \infty} a_n = a$$

と表す. このとき, 次が成立する.

**定理 72** 数列 $\{a_n\}$, $\{b_n\}$ について, $\displaystyle\lim_{n\to\infty} a_n = a$, $\displaystyle\lim_{n\to\infty} b_n = b$ （$a, b$ は実

数）ならば

(1) $\displaystyle\lim_{n\to\infty}(a_n \pm b_n) = a \pm b$　（複号同順）

(2) $\displaystyle\lim_{n\to\infty}(a_n b_n) = ab$,　　$\displaystyle\lim_{n\to\infty}\frac{a_n}{b_n} = \frac{a}{b}$　$(b \neq 0)$

(3) $a_n \leqq b_n$　$(n \geqq 1)$ ならば, $a \leqq b$

(4) （はさみうちの原理）数列 $\{c_n\}$ が $a_n \leqq c_n \leqq b_n$ を満たし, $a = b$ ならば $\{c_n\}$ も収束して,

$$a = \lim_{n\to\infty} c_n = b$$

数列 $\{a_n\}$ に対して $\displaystyle\sum_{n=0}^{\infty} a_n = a_0 + a_1 + a_2 + \cdots + a_n + \cdots$ を**無限級数** または **級数** という. $a_n$ を無限級数 $\displaystyle\sum_{n=0}^{\infty} a_n = a_0 + a_1 + a_2 + \cdots + a_n + \cdots$ の **第 $n$ 項**という.

$$S_n = \sum_{k=0}^{n} a_k = a_0 + a_1 + a_2 + \cdots + a_n$$

を無限級数 $\displaystyle\sum_{n=0}^{\infty} a_n$ の**第 $n$ 部分和**という. 数列 $\{S_n\}$ が収束するとき, 無限級数 $\displaystyle\sum_{n=0}^{\infty} a_n$ は**収束する**という. そのとき, その極限値 $S$ を無限級数 $\displaystyle\sum_{n=0}^{\infty} a_n$ の**和**といい,

$$S = \lim_{n\to\infty} S_n = \lim_{n\to\infty}\sum_{k=0}^{n} a_k = a_0 + a_1 + a_2 + \cdots + a_n + \cdots$$

と表す. $\{S_n\}$ が収束しないとき無限級数 $\displaystyle\sum_{n=0}^{\infty} a_n$ は**発散する**という. 定理35 より, 次が成立する.

**定理 73** 無限級数 $\displaystyle\sum_{n=0}^{\infty} a_n$, $\displaystyle\sum_{n=0}^{\infty} b_n$ がともに収束するならば

$$(1) \sum_{n=0}^{\infty}(a_n \pm b_n) = \sum_{n=0}^{\infty} a_n \pm \sum_{n=0}^{\infty} b_n \quad \text{（複号同順）}$$

$$(2) \; c\sum_{n=0}^{\infty} a_n = \sum_{n=0}^{\infty} ca_n \quad \text{（ $c$ は定数）}$$

$\displaystyle\sum_{n=0}^{\infty} ar^n$ は **等比級数**と呼ばれ，重要な級数の 1 つである．ここでは $r^0 = 1$ とする．

---

**定理 74 (等比級数の和)**

$$\sum_{n=0}^{\infty} r^n = 1+r+r^2+r^3+\cdots = \begin{cases} |r| \geqq 1 \text{ のとき発散} \\[2mm] |r| < 1 \text{ のとき収束．このとき和は } \dfrac{1}{1-r} \end{cases}$$

---

**証明**　第 $n$ 部分和を $S_n$ とおく．

$r \neq 1$ のときは，等比数列の和により $S_n = \dfrac{1-r^{n+1}}{1-r}$ である．

したがって，$|r| < 1$ の場合は，$n \to \infty$ のとき $r^{n+1} \to 0$ だから $S_n \to \dfrac{1}{1-r}$ となり，この級数は収束し，その和は $\dfrac{1}{1-r}$ である．

$r \leqq -1,\, r > 1$ の場合は，$n \to \infty$ のとき $S_n$ が発散することがわかる．

$r = 1$ のときは $S_n = n$ であるから，$n \to \infty$ のとき $S_n \to \infty$ となり発散することがわかる．　　　　　　　　　　　　　　　　　　　　□

実数 $a$ と数列 $\{a_n\}$ に対して，$\displaystyle\sum_{n=0}^{\infty} a_n(x-a)^n$ によって定義される無限級数を $a$ を中心とする **べき級数**または **整級数**という．この場合，便宜上 $\underline{(x-a)^0 = 1}$ と定義する．

$a$ を中心とするべき級数 $\displaystyle\sum_{n=0}^{\infty} a_n(x-a)^n$ は，$x = a$ のとき収束することがわかる．それ以外の実数 $x$ に対して，$\displaystyle\sum_{n=0}^{\infty} a_n(x-a)^n$ がに収束するかどうかは $\{a_n\}$ によって決定される．べき級数については，第 8 章でもう少し詳し

く述べるが，一般に次が成立する．証明は第 8 章において与えられる．

---

**定理 75 (Abel（アーベル）の定理)** $\displaystyle\sum_{n=0}^{\infty} a_n(x-a)^n$ が $x_0$ $(x_0 \neq a)$ で収束するならば，$|x - a| < |x_0 - a|$ を満たすすべての $x$ に対して $\displaystyle\sum_{n=0}^{\infty} a_n(x-a)^n$ は収束する．

---

べき級数 $\displaystyle\sum_{n=0}^{\infty} a_n(x-a)^n$ に対して，Abel の定理より次の性質を満たす $R$ $(0 \leqq R \leqq \infty)$ が存在する：

---

$\displaystyle\sum_{n=0}^{\infty} a_n(x-a)^n$ は $|x-a| < R$ を満たすすべての $x$ に対して収束し，$|x-a| > R$ を満たすすべての $x$ に対して発散する．

ただし，

(1) $R = \infty$ ならば，$\displaystyle\sum_{n=0}^{\infty} a_n(x-a)^n$ はすべての実数 $x$ に対して収束

(2) $R = 0$ ならば，$\displaystyle\sum_{n=0}^{\infty} a_n(x-a)^n$ は $x = a$ 以外のすべての $x$ に対して発散

するものとする．

---

上の性質を満たす $R$ をべき級数 $\displaystyle\sum_{n=0}^{\infty} a_n(x-a)^n$ の**収束半径**という．収束半径について次の結果がある．証明は第 8 章において与えられる．

---

**定理 76 (Cauchy-Hadamard（コーシー・アダマール）のべき根判定法)** $\displaystyle\lim_{n\to\infty} \sqrt[n]{|a_n|}$ が有限な値に収束するかまたは無限大に発散するとき，べき級

数 $\displaystyle\sum_{n=0}^{\infty} a_n(x-a)^n$ の収束半径 $R$ は

$$R = \frac{1}{\displaystyle\lim_{n\to\infty} \sqrt[n]{|a_n|}}$$

で与えられる. ただし, $\displaystyle\lim_{n\to\infty} \sqrt[n]{|a_n|} = \infty$ ならば $R = 0$ とし, $\displaystyle\lim_{n\to\infty} \sqrt[n]{|a_n|} = 0$ ならば $R = \infty$ とする.

---

**定理 77 (比判定法)** $\displaystyle\lim_{n\to\infty} \left|\frac{a_n}{a_{n+1}}\right|$ が有限な値に収束するかまたは $\displaystyle\lim_{n\to\infty} \left|\frac{a_n}{a_{n+1}}\right| = \infty$ ならば, べき級数 $\displaystyle\sum_{n=0}^{\infty} a_n(x-a)^n$ の収束半径 $R$ は

$$R = \lim_{n\to\infty} \left|\frac{a_n}{a_{n+1}}\right|$$

である.

---

べき級数 $\displaystyle\sum_{n=0}^{\infty} a_n(x-a)^n$ が収束する点の集合を $I$ とする. そのとき,

$$f(x) = \sum_{n=0}^{\infty} a_n(x-a)^n \quad (x \in I)$$

によって, $I$ で定義された関数 $f(x)$ を定義することができる. このとき, 次が成立する.

---

**定理 78 (項別微分可能性)** $0 < R \leqq \infty$ とし, $\displaystyle\sum_{n=0}^{\infty} a_n(x-a)^n$ は $|x-a| < R$ で収束するとする. そのとき,

$$f(x) = \sum_{n=0}^{\infty} a_n(x-a)^n \qquad (|x-a| < R)$$

によって，定義された関数 $f(x)$ は微分可能で

$$f'(x) = \sum_{n=0}^{\infty} na_n(x-a)^{n-1} = \sum_{n=0}^{\infty} (n+1)a_{n+1}(x-a)^n \qquad (|x-a| < R)$$

が成立する．右辺のべき級数は $|x-a| < R$ で収束する．こうして，関数 $f(x)$ は $|x-a| < R$ で $C^{\infty}$-級である．

この定理の証明は第 8 章において与えられる．

**例題 26** 次のべき級数の収束半径 $R$ を求めよ．

(1) $\displaystyle\sum_{n=0}^{\infty} n^3 x^n$　　　　　　　　(2) $\displaystyle\sum_{n=0}^{\infty} (-3)^n x^n$

**解答** (1) $a_n = n^3$ とおくと，定理 77 より

$$R = \lim_{n\to\infty} \left| \frac{a_n}{a_{n+1}} \right| = \lim_{n\to\infty} \frac{n^3}{(n+1)^3} = 1.$$

(2) $a_n = (-3)^n$ とおくと，定理 76 より

$$R = \frac{1}{\displaystyle\lim_{n\to\infty} \sqrt[n]{|a_n|}} = \frac{1}{\displaystyle\lim_{n\to\infty} \sqrt[n]{3^n}} = \frac{1}{3}. \qquad\qquad \square$$

**問題 95** 次のべき級数の収束半径 $R$ を求めよ．

(1) $\displaystyle\sum_{n=0}^{\infty} \frac{1}{n!} x^n$　　　　　　　　(2) $\displaystyle\sum_{n=0}^{\infty} 2^{-n} x^n$

**解**　(1) $R = \infty$　　(2) $R = 2$

　関数 $f(x)$ が開区間 $I$ で定義され，各 $a \in I$ に対して開区間 $(a-\delta, a+\delta) \subset I$ を満たす $\delta > 0$ が存在し，$f(x)$ が

$$f(x) = \sum_{n=0}^{\infty} a_n(x-a)^n \qquad (|x-a| < \delta)$$

と収束するべき級数の和として表されるとき，関数 $f(x)$ は $I$ において，**解析的**であるという．上の項別微分可能性定理から $f(x)$ が解析的ならば $C^{\infty}$-

級であるが，逆は一般に成り立たないことが知られている．関数 $f(x)$ が $a$ を含む区間 $I$ で $C^\infty$-級 ならば，Taylor の定理より 各 $x \in I$ と各自然数 $n$ に対して

$$f(x) = \sum_{k=0}^{n} \frac{f^{(k)}(a)}{k!}(x-a)^k + R_{n+1}(x)$$

$$R_{n+1}(x) = \frac{f^{(n+1)}\left(a + \theta(x-a)\right)}{(n+1)!}(x-a)^{n+1} \quad (0 < \theta < 1)$$

を満たす $\theta$ が存在する．このとき，各 $x \in I$ に対して，実数列として

$$\lim_{n \to \infty} R_{n+1}(x) = 0$$

が成立するならば，各 $x \in I$ に対して $f(x)$ は

$$f(x) = \sum_{n=0}^{\infty} \frac{f^{(n)}(a)}{n!}(x-a)^n$$

とべき級数の和として表される．

---

**定理 79 (Taylor 級数)**　　Taylor の定理 70 において，無限回微分可能で $\lim_{n \to \infty} R_{n+1} = 0$ であれば

$$f(x) = \sum_{n=0}^{\infty} \frac{f^{(n)}(a)}{n!}(x-a)^n \tag{3.6}$$

が成立する．この右辺の整級数を関数 $f(x)$ の $x = a$ における **Taylor 級数**という．

---

特に，$a = 0$ である場合

---

**定理 80 (Maclaurin 級数)**

$$f(x) = \sum_{n=0}^{\infty} \frac{f^{(n)}(0)}{n!}x^n \tag{3.7}$$

が成立する．この右辺の整級数を **Maclaurin 級数**という．

---

関数の Taylor (Maclaurin) 級数を求めることを **Taylor (Maclaurin) 展開**するという.

**例 19** 関数 $e^x$ $(x \in (-\infty, \infty))$, $\cos x$ $(x \in (-\infty, \infty))$, $\sin x$ $(x \in (-\infty, \infty))$, $\log(1-x)$ $(x \in [-1, 1))$ に対しては, Lagrange の剰余項 $R_{n+1}(x)$ について $\lim_{n \to \infty} R_{n+1}(x) = 0$ が成立することが示される. したがって, Maclaurin 展開することができ, 次が成立する.

(1) $e^x = \displaystyle\sum_{n=0}^{\infty} \frac{1}{n!} x^n \qquad (x \in (-\infty, \infty))$

(2) $\cos x = \displaystyle\sum_{n=0}^{\infty} (-1)^n \frac{1}{(2n)!} x^{2n} \qquad (x \in (-\infty, \infty))$

(3) $\sin x = \displaystyle\sum_{n=0}^{\infty} (-1)^n \frac{1}{(2n+1)!} x^{2n+1} \qquad (x \in (-\infty, \infty))$

(4) $\log(1-x) = \displaystyle\sum_{n=1}^{\infty} \left( -\frac{1}{n} \right) x^n \qquad (x \in [-1, 1))$

(1)〜(4) より次の等式を導くことができる.

---

Euler の公式 : $e^{ix} = \cos x + i \sin x$

Napier 数の値 : $e = \displaystyle\sum_{n=0}^{\infty} \frac{1}{n!} = 1 + 1 + \frac{1}{2!} + \frac{1}{3!} + \frac{1}{4!} + \cdots$

$\log 2$ の値 : $\log 2 = \displaystyle\sum_{n=1}^{\infty} (-1)^{n-1} \frac{1}{n} = 1 - \frac{1}{2} + \frac{1}{3} - \frac{1}{4} + \cdots$

---

## 3.4 関数値の増減, 極値

---

**定理 81** 閉区間 $[a, b]$ で連続で開区間 $(a, b)$ で微分可能な関数 $f(x)$ について,

(1) すべての $x \in (a,b)$ に対して，$f'(x) > 0$ ならば，$f(x)$ は $[a,b]$ で（狭義）単調増加.

(2) すべての $x \in (a,b)$ に対して，$f'(x) < 0$ ならば，$f(x)$ は $[a,b]$ で（狭義）単調減少.

**証明**　(1) の場合も (2) の場合も証明は同じであるので，(1) のみ証明する．$a \leqq x_1 < x_2 \leqq b$ を満たす実数 $x_1, x_2$ を任意にとる．平均値の定理により，

$$f(x_2) = f(x_1) + f'(x_1 + \theta(x_2 - x_1))(x_2 - x_1) \quad (0 < \theta < 1)$$

を満たす実数 $\theta$ が存在する．仮定より，$f'(x_1 + \theta(x_2 - x_1)) > 0$ であるので，$f(x_2) > f(x_1)$ である．よって，$f(x)$ は単調増加である． □

　$x = a$ を含む開区間で連続な関数 $f(x)$ が $x = a$ で**極大**とは，$a$ の十分近くの $x\,(\neq a)$ に対し，つねに $f(x) < f(a)$ が成立することをいい，$f(a)$ を**極大値**という．

　同様に $f(x)$ が $x = a$ で**極小**とは，$a$ の十分近くの $x\,(\neq a)$ に対し，つねに $f(x) > f(a)$ が成立することをいい，$f(a)$ を**極小値**という．極大値と極小値をあわせて**極値**という．

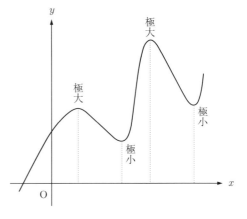

　$f(x)$ の微分可能な範囲内で，$f'(x)$ の符号を調べて関数の増減を知り，それによって極値を知ることができる．このとき極値を与える $x$ の値 $c$ では，$f'(c) = 0$ が成立する．

**例題 27** 次の関数について極大・極小を調べよ．

(1) $y = x^3 - 3x$　　　　　　　(2) $y = \dfrac{3x - 4}{x^2 + 1}$

**解答**　(1) $y = x^3 - 3x$ より

$$
\begin{aligned}
y' &= 3x^2 - 3 \\
&= 3(x-1)(x+1)
\end{aligned}
$$

である. よって, $y'$ の符号を調べて, $y = x^3 - 3x$ の増減を表にすると, 次のとおり.

| $x$ | $\cdots$ | $-1$ | $\cdots$ | $1$ | $\cdots$ |
|---|---|---|---|---|---|
| $y'$ | $+$ | $0$ | $-$ | $0$ | $+$ |
| $y$ | ↗ | 極大 | ↘ | 極小 | ↗ |

よって, $x = -1$ のとき極大値 2, $x = 1$ のとき, 極小値 $-2$ をとる.

(2) $y = \dfrac{3x-4}{x^2+1}$ に商の微分公式を適用すると,

$$
\begin{aligned}
y' &= \frac{3(x^2+1) - (3x-4)(2x)}{(x^2+1)^2} \\
&= -\frac{(3x+1)(x-3)}{(x^2+1)^2}
\end{aligned}
$$

である. よって, $y'$ の符号を調べて, $y = \dfrac{3x-4}{x^2+1}$ の増減を表にすると, 次のとおり.

| $x$ | $\cdots$ | $-\frac{1}{3}$ | $\cdots$ | $3$ | $\cdots$ |
|---|---|---|---|---|---|
| $y'$ | $-$ | $0$ | $+$ | $0$ | $-$ |
| $y$ | ↘ | 極小 | ↗ | 極大 | ↘ |

よって, $x = 3$ のとき極大値 $\dfrac{1}{2}$, $x = -\dfrac{1}{3}$ のとき, 極小値 $-\dfrac{9}{2}$ をとる.　　□

**問題 96** 次の関数の極値を調べよ.

(1) $y = x^4 - 4x^3 + 1$ 　　　(2) $y = xe^{-x}$

(3) $y = \dfrac{x^2+x+3}{x+3}$ 　　　(4) $y = 2\sin x - \sin 2x \quad (0 < x < 2\pi)$

解　(1) $x = 3$ のとき極小値 $-26$　　(2) $x = 1$ のとき極大値 $\frac{1}{e}$

(3) $x = 0$ のとき極小値 1,　$x = -6$ のとき極大値 $-11$

(4) $x = \frac{4}{3}\pi$ のとき極小値 $-\frac{3}{2}\sqrt{3}$,　$x = \frac{2}{3}\pi$ のとき極大値 $\frac{3}{2}\sqrt{3}$

　高次導関数を用いて, 次のように極値を判定することができる.

---

定理 82 (極値の判定)　$n \geqq 2$ とし, 関数 $f(x)$ は $a$ を含む開区間で $n$ 回微分可能で, $f^{(n)}(x)$ は連続とし,

$$f'(a) = \cdots = f^{(n-1)}(a) = 0, \quad f^{(n)}(a) \neq 0$$

が成立するとする. このとき

(1) $n$ が偶数で $f^{(n)}(a) > 0$ ならば, $f(x)$ は $x = a$ で極小

(2) $n$ が偶数で $f^{(n)}(a) < 0$ ならば, $f(x)$ は $x = a$ で極大

(3) $n$ が奇数ならば $f(x)$ は $x = a$ で極値をとらない

---

証明　(1) を示す.

$f^{(n)}(x)$ は連続でかつ $f^{(n)}(a) > 0$ であるから, 正数 $\delta > 0$ が存在して, 開区間 $(a - \delta, a + \delta)$ において, $f(x)$ は $n$ 回微分可能かつ $f^{(n)}(x)$ は連続で, さらに $f^{(n)}(x) > 0$ 　$(x \in (a - \delta, a + \delta))$ が成立する.

　$x = a$ での条件と定理 70 (Taylor の定理) より, $x \in (a - \delta, a + \delta)$ に対し,

$$f(x) - f(a) = \frac{f^{(n)}(a + \theta(x - a))}{n!}(x - a)^n \qquad (0 < \theta < 1) \qquad (3.8)$$

を満たす実数 $\theta$ が存在する.

　$n$ が偶数の場合は $(x - a)^n > 0$ であるから, すべての $x \in (a - \delta, a + \delta)$ $(x \neq a)$ に対して, (3.8) より $f(x) > f(a)$ が成立する. したがって極小であり, (1) がわかる.

　(2) は $f^{(n)}(a) < 0$ だから (1) と同様に, (3.8) が得られる.

$n$ が偶数の場合は $(x-a)^n > 0$ であるから, すべての $x \in (a-\delta, a+\delta)$ $(x \neq a)$ に対して, $f(x) < f(a)$ が成立する. したがって極大であることがわかる.

(3) (3.8) より, $n$ が奇数の場合, $(x-a)^n$ は $x = a$ のときを境に符号が変わるから極値をとらないことがわかる. ☐

**例題 28** 高次導関数を利用して次の関数の極値を求めよ.

(1) $f(x) = \sin x + \dfrac{1}{3}\sin 3x$ $(0 \leqq x \leqq \pi)$ (2) $f(x) = x^4 - 4x^3 - 5$

**解答**

(1) $f(x) = \sin x + \frac{1}{3}\sin 3x$ より

$$
\begin{aligned}
f'(x) &= \cos x + \cos 3x = \cos x + 4\cos^3 x - 3\cos x \\
&= \cos x(2\cos^2 x - 1) \\
f''(x) &= -\sin x - 3\sin 3x
\end{aligned}
$$

$f'(x) = 0$ とすると, $0 \leq x \leq \pi$ より $x = \dfrac{\pi}{2}, \dfrac{\pi}{4}, \dfrac{3\pi}{4}$.

(i) $x = \dfrac{\pi}{2}$ のとき $f''\left(\dfrac{\pi}{2}\right) = 2 > 0$ より極小.

(ii) $x = \dfrac{\pi}{4}$ のとき $f''\left(\dfrac{\pi}{4}\right) = -2\sqrt{2} < 0$ より極大

(iii) $x = \dfrac{3\pi}{4}$ のとき $f''\left(\dfrac{3\pi}{4}\right) = -2\sqrt{2} < 0$ より極大

以上より, $x = \dfrac{\pi}{4}, \dfrac{3\pi}{4}$ のとき極大値 $\dfrac{2\sqrt{2}}{3}$, $x = \dfrac{\pi}{2}$ のとき極小値 $\dfrac{2}{3}$.

(2) $f(x) = x^4 - 4x^3 - 5$ より

$$
\begin{aligned}
f'(x) &= 4x^3 - 12x^2 = 4x^2(x-3) \\
f''(x) &= 12x^2 - 24x = 12x(x-2) \\
f^{(3)}(x) &= 24x - 24
\end{aligned}
$$

$f'(x) = 0$ とすると, $x = 0, 3$.

(i) $x = 0$ のとき $f''(0) = 0$ かつ $f^{(3)}(0) = -24 \neq 0$ だから極値をとらない (変曲点である).

(ii) $x = 3$ のとき $f''(3) = 36 > 0$ より極小

以上より, $x = 3$ のとき極小値 $-32$. ☐

**問題 97** 高次導関数を利用して次の関数の極値を求めよ.

　(1) $y = x \log x$ 　　　　　(2) $y = \dfrac{1}{2}x - \sin x$ 　$(0 \leqq x \leqq 2\pi)$

**解**　(1) $x = \dfrac{1}{e}$ のとき極小値 $-\dfrac{1}{e}$

(2) $x = \dfrac{\pi}{3}$ のとき極小値 $-\dfrac{\sqrt{3}}{2} + \dfrac{\pi}{6}$, $x = \dfrac{5\pi}{3}$ のとき極大値 $\dfrac{\sqrt{3}}{2} + \dfrac{5\pi}{6}$

**例題 29** 関数 $y = (x-7)\sqrt{4 - x^2}$ の最大値, 最小値を求めよ.

**解答**　$y$ は実数だから, $4 - x^2 \geqq 0$. これより $-2 \leqq x \leqq 2$ である.

$$
\begin{aligned}
y &= (x-7)\sqrt{4 - x^2} \\
y' &= \sqrt{4 - x^2} + (x-7)\frac{-2x}{\sqrt{4 - x^2}} \\
&= -\frac{2x^2 - 7x - 4}{\sqrt{4 - x^2}} \\
&= -\frac{(2x+1)(x-4)}{\sqrt{4 - x^2}}
\end{aligned}
$$

よって, $y = (x-7)\sqrt{4 - x^2}$ の増減表は

| $x$ | $-2$ | $\cdots$ | $-\frac{1}{2}$ | $\cdots$ | $2$ |
|---|---|---|---|---|---|
| $y'$ | | $-$ | $0$ | $+$ | |
| $y$ | $0$ | $\searrow$ | 極小 | $\nearrow$ | $0$ |

となる. よって, $x = -\dfrac{1}{2}$ のとき, 最小値 $-\dfrac{15}{4}\sqrt{15}$

　　　　　　$x = \pm 2$ のとき, 最大値 $0$ をとる.　　　　　　□

**例題 30** $x > 0$ のとき, 次の不等式が成立することを証明せよ.

　(1) $x > \log(1 + x) > x - \dfrac{x^2}{2}$

　(2) $(1 + x)^\alpha > 1 + \alpha x$ 　（ただし $\alpha > 1$）

**解答**

　(1) $x \geqq 0$ のとき, $f(x) = x - \log(1 + x)$ とおくと, $f(x)$ は $x \geqq 0$ で連続
　　　で $x > 0$ で微分可能である. このとき

$$
f'(x) = 1 - \frac{1}{1 + x} = \frac{x}{1 + x} > 0 \quad (x > 0)
$$

よって, $x \geqq 0$ で $f(x)$ は単調増加である.

$f(0) = 0$ であるから, $x > 0$ のとき $f(x) > 0$ であることがわかる.

同様に, $x \geqq 0$ のとき, $g(x) = \log(1+x) - \left(x - \dfrac{x^2}{2}\right)$ とおくと, $g(x)$ は $x \geqq 0$ で連続で $x > 0$ で微分可能である.

$$g'(x) = \frac{1}{1+x} - 1 + x = \frac{x^2}{1+x} > 0 \quad (x > 0)$$

よって, $g(x)$ は $x \geqq 0$ で単調増加である.

$g(0) = 0$ であるから, $x > 0$ のとき $g(x) > 0$ であることがわかる.

(2) $x \geqq 0$ のとき, $f(x) = (1+x)^\alpha - (1+\alpha x)$ とおくと, $f(x)$ は $x \geqq 0$ で連続で $x > 0$ で微分可能である. このとき

$$f'(x) = \alpha(1+x)^{\alpha-1} - \alpha = \alpha\{(1+x)^{\alpha-1} - 1\} > 0 \quad (x > 0)$$

よって, $f(x)$ は $x \geqq 0$ で単調増加である.

$f(0) = 0$ であるから, $x > 0$ のとき $f(x) > 0$ であることがわかる. □

**問題 98** 閉区間 $[-2,3]$ における関数 $y = (x^2 + x - 1)e^{-x}$ の最大値・最小値を求めよ.

解 $x = -2$ のとき最大値 $e^2$, $x = -1$ のとき最小値 $-e$

**問題 99** 2 辺が 10 cm, 16 cm の長方形のブリキの四隅から同じ大きさの正方形を切り取り, その残りの部分を折り曲げて蓋なしの箱を作るとき, 容積を最大にするにはどうすればよいか.

解 切り取る正方形の一辺の長さを 2 cm とすればよい.

**問題 100** 次の不等式を証明せよ.

(1) $x > 0$ のとき, $e^x > 1 + x$

(2) $x > 0$, $p > q > 0$ のとき, $\dfrac{x^p - 1}{p} \geqq \dfrac{x^q - 1}{q}$

## 3.5　曲線の凹凸

区間 $I$ で定義された関数 $f(x)$ が凸または下に凸であるとは，任意の $a, b \in I$ と $t$　$(0 \leqq t \leqq 1)$　に対して，

$$(1 - t)f(a) + tf(b) \geqq f\left((1 - t)a + tb\right)$$

が成立するときをいう．また，区間 $I$ で定義された関数 $f(x)$ が凹または上に凸であるとは，任意の $a, b \in I$ と $t$　$(0 \leqq t \leqq 1)$　に対して，

$$f\left((1 - t)a + tb\right) \geqq (1 - t)f(a) + tf(b)$$

が成立するときをいう．

関数 $f(x)$ が凸であるとは，幾何学的には $f$ のグラフ上の任意の2点を結んだ線分は $f$ のグラフよりも上にあること，すなわち $f$ のグラフは下側にでっぱっていることを意味している．

これに対して，関数 $f(x)$ が凹であるとは，幾何学的には $f$ のグラフ上の任意の2点を結んだ線分は $f$ のグラフよりも下にあること，すなわち $f$ のグラフは上側にでっぱっていることを意味している．

$x_0$ を含む開区間で定義された関数 $f(x)$ が $x_0$ を境にして凹凸が変化するとき，$f$ のグラフ上の点 $(x_0, f(x_0))$ を曲線 $y = f(x)$ の**変曲点**という．

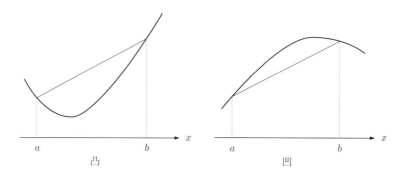

---

**定理 83** 関数 $f(x)$ は区間 $I$ を含む開区間で 2 回微分可能でかつ $f''(x)$ は連続とする．このとき,

(1) $f''(x) > 0$ $(x \in I)$ ならば, $f(x)$ は $I$ で下に凸

(2) $f''(x) < 0$ $(x \in I)$ ならば, $f(x)$ は $I$ で上に凸

---

**証明** (1) も (2) も証明は同じであるので, (1) のみ示す.

$a, b$ $(a < b)$ を $I$ の任意の 2 点とする．このとき

$$F(t) = (1 - t)f(a) + tf(b) - f\left((1 - t)a + tb\right)$$

とおくと, $F(t)$ は $[0, 1]$ を含む開区間で 2 回微分可能で $F''(t)$ は連続である．$F(0) = F(1) = 0$ であるから, 定理 66 (Rolle の定理) より $F'(\theta) = 0$ $(0 < \theta < 1)$ を満たす $\theta$ が存在する．一方,

$$F''(t) = -f''\left((1 - t)a + tb\right)(b - a)^2 < 0$$

であるから, $F'(t)$ は $[0, 1]$ で単調減少である．$F'(\theta) = 0$ $(0 < \theta < 1)$ であるから, $F'(t) > 0$ $(0 \le t < \theta)$, $F'(t) < 0$ $(\theta < t \le 1)$ である．よって, $F(t)$ は $0 \le t < \theta$ で単調増加, $\theta < t \le 1$ で単調減少である．さらに, $F(0) = F(1) = 0$ であるから, $F(t)$ の $[0, 1]$ における最小値は 0 である．したがって, $F(t) \ge 0$ $(0 \le t \le 1)$ である．ゆえに, この定理は証明された．□

**例題 31** 次の曲線の凹凸を調べよ.

(1) $y = x^3 - \dfrac{x^4}{4}$ (2) $y = e^{-\frac{x^2}{2}}$

**解答**

(1) $y = x^3 - \dfrac{x^4}{4}$ より

$$\begin{aligned} y' &= 3x^2 - x^3 \\ y'' &= 6x - 3x^2 = 3x(2 - x) \end{aligned}$$

よって，

$x < 0,\ x > 2$ のとき，$y'' < 0$ だから上に凸，

$0 < x < 2$ のとき，$y'' > 0$ だから下に凸.

(2) $y = e^{-\frac{x^2}{2}}$ より

$$
\begin{aligned}
y' &= e^{-\frac{x^2}{2}}\left(-\frac{x^2}{2}\right)' = -xe^{-\frac{x^2}{2}} \\
y'' &= -e^{-\frac{x^2}{2}} - xe^{-\frac{x^2}{2}}\left(-\frac{x^2}{2}\right)' \\
&= (x^2 - 1)e^{-\frac{x^2}{2}} \\
&= (x - 1)(x + 1)e^{-\frac{x^2}{2}}
\end{aligned}
$$

よって，　$-1 < x < 1$ のとき，$y'' < 0$ だから上に凸，

$x < -1,\ x > 1$ のとき，$y'' > 0$ だから下に凸.　　　□

**問題 101** 次の曲線の増減凹凸を調べ，グラフの概形を描け.

(1) $y = x^4 - x^3$ 　　　　　　　 (2) $y = xe^{-x}$

解　(1) 増減凹凸表とグラフは次のとおり.

$y' = 4x^3 - 3x^2$
$y'' = 12x^2 - 6x$

| $x$ | $-\infty$ | $\cdots$ | $0$ | $\cdots$ | $\frac{1}{2}$ | $\cdots$ | $\frac{3}{4}$ | $\cdots$ | $\infty$ |
|---|---|---|---|---|---|---|---|---|---|
| $y'$ | | $-$ | $0$ | $-$ | $-$ | $-$ | $0$ | $+$ | |
| $y''$ | | $+$ | $0$ | $-$ | $0$ | $+$ | $+$ | $+$ | |
| $y$ | $\infty$ | $\searrow$ | $0$<br>変曲 | $\searrow$ | $\frac{1}{16}$<br>変曲 | $\searrow$ | $\frac{27}{256}$<br>極小 | $\nearrow$ | $\infty$ |

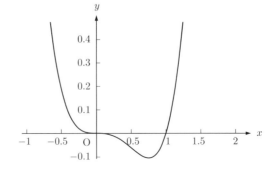

(2) 増減凹凸表とグラフは次のとおり.

$y' = e^{-x}(1-x)$

$y'' = e^{-x}(-2+x)$

| $x$ | $-\infty$ | $\cdots$ | $1$ | $\cdots$ | $2$ | $\cdots$ | $\infty$ |
|---|---|---|---|---|---|---|---|
| $y'$ | | $+$ | $0$ | $-$ | $-$ | $-$ | |
| $y''$ | | $-$ | $-$ | $-$ | $0$ | $+$ | |
| $y$ | $-\infty$ | $\nearrow$ | $e^{-1}$ 極大 | $\searrow$ | $2e^{-2}$ 変曲 | $\searrow$ | $0$ |

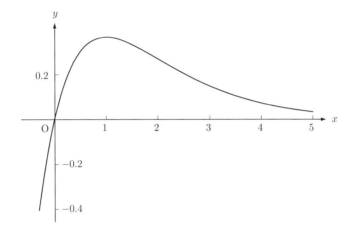

# 4 ——— 定積分と不定積分

## 4.1 原始関数

ある区間で定義された関数 $f(x)$ に対して

$$\frac{d}{dx}F(x) = f(x)$$

となる関数 $F(x)$ が存在するとき，関数 $F(x)$ を $f(x)$ の**原始関数**または**不定積分**といい，

$$\int f(x)\,dx$$

で表す．

**例 20** $(x^3)' = 3x^2,\ (x^3+1)' = 3x^2,\ (x^3-2)' = 3x^2,\ \dots$ であるから $x^3$, $x^3+1,\, x^3-2,\dots$ はすべて $3\,x^2$ の原始関数である．

この例 20 のように，$f(x)$ の原始関数は無数にあるが，$f(x)$ の原始関数のうちの 1 つを $F(x)$ とすると，112 ページの例題 24 により，$f(x)$ の他の原始関数は $F(x)+C$ （$C$ は任意定数）で表される．したがって，

$$\int f(x)\,dx = F(x) + C$$

と表され，$C$ は**積分定数**\*という．$f(x)$ の原始関数（不定積分）を求めることを $f(x)$ を $x$ について**積分する**と呼ばれる．

**問題 102** 次の不定積分を求めよ．

$\quad$ (1) $\displaystyle\int x^3\,dx$ $\qquad$ (2) $\displaystyle\int dx = \int 1\,dx$ $\qquad$ (3) $\displaystyle\int (x+x^2)\,dx$

---

\*不定積分には必ず積分定数 $C$ がつくから，計算の途中や公式などでは定数 $C$ を省略して書かないこともある．この本では，特に指示がない限り，$C$ は任意定数を表すことにする．

解 (1) $\frac{1}{4}x^4 + C$ (2) $x + C$ (3) $\frac{1}{3}x^3 + \frac{1}{2}x^2 + C$

---

**定理 84** 微分の公式から次の基本公式が成立する.

(1) $\displaystyle \int x^\alpha \, dx = \frac{x^{\alpha+1}}{\alpha+1} + C \quad (\alpha \neq -1)$

(2) $\displaystyle \int \frac{1}{x} \, dx = \log|x| + C, \qquad \int \frac{f'(x)}{f(x)} \, dx = \log|f(x)| + C$

(3) $\displaystyle \int e^x \, dx = e^x + C, \quad \int a^x \, dx = \frac{a^x}{\log a} + C \quad (a > 0, a \neq 1)$

(4) $\displaystyle \int \sin x \, dx = -\cos x + C, \quad \int \cos x \, dx = \sin x + C$

(5) $\displaystyle \int \frac{1}{\cos^2 x} \, dx = \tan x + C, \quad \int \frac{1}{\sin^2 x} \, dx = -\cot x + C$

(6) $\displaystyle \int \tan x \, dx = -\log|\cos x| + C, \quad \int \cot x \, dx = \log|\sin x| + C$

(7) $\displaystyle \int \cosh x \, dx = \sinh x + C, \quad \int \sinh x \, dx = \cosh x + C$

(8) $\displaystyle \int \frac{1}{x^2 + a^2} \, dx = \frac{1}{a} \arctan \frac{x}{a} + C \quad (a \neq 0)$

(9) $\displaystyle \int \frac{dx}{x^2 - a^2} = \frac{1}{2a} \log \left| \frac{x-a}{x+a} \right| + C \quad (a \neq 0)$

(10) $\displaystyle \int \frac{1}{\sqrt{a^2 - x^2}} \, dx = \arcsin \frac{x}{a} + C \quad (a > 0)$

(11) $\displaystyle \int \sqrt{a^2 - x^2} \, dx = \frac{1}{2} \left( x\sqrt{a^2 - x^2} + a^2 \arcsin \frac{x}{a} \right) + C \quad (a > 0)$

(12) $\displaystyle \int \frac{dx}{\sqrt{A + x^2}} = \log \left| x + \sqrt{A + x^2} \right| + C$

(13) $\displaystyle \int \sqrt{A + x^2} \, dx = \frac{1}{2} \left( x\sqrt{A + x^2} + A \log \left| x + \sqrt{A + x^2} \right| \right) + C$

---

**定理 85**　　不定積分について，次の性質が成立する.

(1) （線形性）

$$\int \{\alpha f(x) + \beta g(x)\}\, dx = \alpha \int f(x)\, dx + \beta \int g(x)\, dx \quad (\alpha, \beta \text{ は定数})$$

(2) $f(x)$ の原始関数を $F(x)$ とすると，

$$\int f(ax + b)\, dx = \frac{1}{a} F(ax + b) + C \quad (a \neq 0)$$

---

**問題 103** 次の不定積分を求めよ.

(1) $\displaystyle\int (2x^2 - 3x + 1)\, dx$      (2) $\displaystyle\int (2x^3 - 4x^2 + 3x - 2)\, dx$

(3) $\displaystyle\int \left(2\sqrt{x} - \frac{1}{x^2}\right) dx$      (4) $\displaystyle\int (3\sqrt{x} - 4\sqrt[3]{x})\, dx$

(5) $\displaystyle\int \frac{x^4 - 2x^3 - 4x + 5}{x^2}\, dx$      (6) $\displaystyle\int \frac{1}{\sqrt{4 - x^2}}\, dx$

(7) $\displaystyle\int \frac{1}{3 + x^2}\, dx$      (8) $\displaystyle\int (\sin x + \cos x)\, dx$

(9) $\displaystyle\int \sqrt{x^2 + 2}\, dx$      (10) $\displaystyle\int \sqrt{x^2 - 2}\, dx$

解　(1) $\frac{2}{3}x^3 - \frac{3}{2}x^2 + x + C$　(2) $\frac{1}{2}x^4 - \frac{4}{3}x^3 + \frac{3}{2}x^2 - 2x + C$　(3) $\frac{4}{3}x\sqrt{x} + \frac{1}{x} + C$
(4) $2x\sqrt{x} - 3x\sqrt[3]{x} + C$　(5) $\frac{1}{3}x^3 - x^2 - 4\log|x| - \frac{5}{x} + C$　(6) $\arcsin \frac{x}{2} + C$
(7) $\frac{1}{\sqrt{3}} \arctan \frac{x}{\sqrt{3}} + C$　(8) $-\cos x + \sin x + C$
(9) $\frac{1}{2}x\sqrt{x^2 + 2} + \log\left(x + \sqrt{x^2 + 2}\right) + C$　(10) $\frac{1}{2}x\sqrt{x^2 - 2} - \log\left(x + \sqrt{x^2 - 2}\right) + C$

## 4.2　定積分

### 4.2.1　区分求積法

　関数 $f(x)$ は区間 $[a, b]$ で連続で $f(x) \geqq 0$ とする. 曲線 $y = f(x)$ と $x$ 軸および 2 直線 $x = a$, $x = b$ で囲まれた図形の面積 $S$ を求めてみよう.

　区間 $[a, b]$ を

　　　分点 $a = x_0 < x_1 < \cdots < x_{k-1} < x_k < \cdots < x_{n-1} < x_n = b$

によって 小区間 $[x_0, x_1], [x_1, x_2], \ldots, [x_{k-1}, x_k], \ldots, [x_{n-1}, x_n]$ に分割する.

　区間 $[x_{k-1}, x_k]$ での $f(x)$ の最大値を
$M_k$, 最小値を $m_k$, 分点を

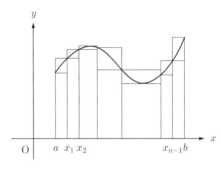

　　　$x_1, x_2, \ldots, x_{n-1}$

にとった $[a, b]$ の上の分割を $\mathcal{P}$ として

$$S_\mathcal{P} = \sum_{k=1}^{n} M_k(x_k - x_{k-1}),$$

$$s_\mathcal{P} = \sum_{k=1}^{n} m_k(x_k - x_{k-1})$$

とおくと

$$s_\mathcal{P} \leqq S \leqq S_\mathcal{P} \tag{4.1}$$

が成立する.

　いま分割 $\mathcal{P}$ での小区間の長さ $x_k - x_{k-1}$ $(k = 1, 2, \cdots, n)$ の最大値を
$|\mathcal{P}|$ で表す. そのとき分割 $\mathcal{P}$ を限りなく細かくしていくと, (4.1) より

$$S = \lim_{|\mathcal{P}| \to 0} S_\mathcal{P} = \lim_{|\mathcal{P}| \to 0} s_\mathcal{P}$$

が成立する (詳しくは, 第 8 章において述べる) ことがわかる.

　また $S_\mathcal{P}, s_\mathcal{P}$ に, おける $M_k, m_k$ の代
わりに各小区間 $[x_{k-1}, x_k]$ の任意の点 $\xi_k$
における関数値 $f(\xi_k)$ でおきかえると,
$m_k \leqq f(\xi_k) \leqq M_k$ より

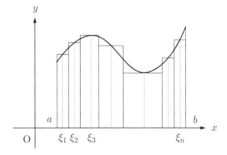

$$s_\mathcal{P} \leqq \sum_{k=1}^{n} f(\xi_k)(x_k - x_{k-1}) \leqq S_\mathcal{P}$$

が成立する. よって, $|\mathcal{P}| \to 0$ とすると

$$\boxed{S = \lim_{|\mathcal{P}| \to 0} \sum_{k=1}^{n} f(\xi_k)(x_k - x_{k-1})} \tag{4.2}$$

が成立することがわかる.

このように単純な近似図形の面積の極限値として, 求める面積を計算する. このような考え方は**区分求積法**と呼ばれている. 区分求積法の考え方は面積だけに限らず, その適用できる場合はいたるところに見られる.

### 4.2.2　定積分の定義

上のような図形的な問題を離れて, 閉区間 $[a,b]$ で定義された関数 $f(x)$ の定積分を定義する. $f(x)$ は $[a,b]$ で定義され, $m \leqq f(x) \leqq M$ であるような定数 $M, m$ が存在するものとする[†].

区間 $[a,b]$ を

分点 $a = x_0 < x_1 < \cdots\cdots < x_{k-1} < x_k < \cdots\cdots < x_{n-1} < x_n = b$

によって分割する. 各小区間 $[x_{k-1}, x_k]$ の任意の点 $\xi_k$ における関数値 $f(\xi_k)$ に対し, 和

$$\sum_{k=1}^{n} f(\xi_k)(x_k - x_{k-1}) \tag{4.3}$$

を考える. このような和を **Riemann** (リーマン) **和** という. 分割 $\mathcal{P}$ での小区間の長さ $x_k - x_{k-1}$ $(k = 1, 2, \cdots, n)$ の中で最大なものの値を $|\mathcal{P}|$ で表す. 分割 $\mathcal{P}$ を限りなく細かくしていくとき, 分割 $\mathcal{P}$ および $\xi_k \in [x_{k-1}, x_k]$ の選び方によらずに (4.3) が収束するならば $f(x)$ は $[a,b]$ で**積分可能**であるといい, そのときの極限値を

$$\int_a^b f(x)\,dx$$

で表し, $f(x)$ の $a$ から $b$ までの**定積分**という. すなわち,

$$\boxed{\int_a^b f(x)\,dx = \lim_{|\mathcal{P}| \to 0} \sum_{k=1}^{n} f(\zeta_k)(x_k - x_{k-1})} \tag{4.4}$$

である.

---

[†]このような性質をもつ関数を**有界関数**という

分点を $a = x_0, x_1, x_2, \cdots, x_{n-1}, x_n = b$ にとった $[a, b]$ の上の分割法を $\mathcal{P}$ とすると, $x_k - x_{k-1} = -(x_{k-1} - x_k)$ であるので (4.4) より,

$$\int_a^b f(x)\,dx = \lim_{|\mathcal{P}| \to 0} \sum_{k=1}^n f(\xi_k)\{-(x_{k-1} - x_k)\} = -\lim_{|\mathcal{P}| \to 0} \sum_{k=1}^n f(\xi_k)(x_{k-1} - x_k)$$

が成立する. このとき分点は $b = x_n, x_{n-1}, \cdots, x_1, x_0 = a$ となり, 逆向きだと考えて,

$$\int_b^a f(x)\,dx = \lim_{|\mathcal{P}| \to 0} \sum_{k=1}^n f(\xi_k)(x_{k-1} - x_k)$$

と定義する. そうすると,

$$\boxed{\int_a^b f(x)\,dx = -\int_b^a f(x)\,dx} \tag{4.5}$$

が成立することがわかる.

なお, $a = b$ の場合, 分割ができないので, $x_k - x_{k-1} = 0$ と考えて,

$$\boxed{\int_a^a f(x)\,dx = 0} \tag{4.6}$$

と定義する.

連続関数についての次の定理の証明は, 第 8 章において与えられる.

---

**定理 86 (連続関数の可積分性)** $[a, b]$ で連続な関数 $f(x)$ は $[a, b]$ で積分可能である.

---

$[a, b]$ で積分可能な関数 $f(x)$ については,

$$\int_a^b f(x)\,dx = \lim_{|\mathcal{P}| \to 0} \sum_{k=1}^n f(\xi_k)(x_k - x_{k-1})$$

が分割 $\mathcal{P}$ および $\xi_k \in [x_{k-1}, x_k]$ の選び方によらず成立するので, この極限値を求めるには区間 $[a, b]$ の分割法 $\mathcal{P}$ や $\xi_k \in [x_{k-1}, x_k]$ を特殊なものにとり, 分割を限りなく細かくしていけばよい. たとえば $\mathcal{P}$ を $[a, b]$ の $n$ 等分に

とって $n \to \infty$ にすればよい．したがって，

$$\int_a^b f(x)\,dx = \lim_{n\to\infty} \sum_{k=1}^{n} f\left(a + \frac{b-a}{n}k\right)\frac{b-a}{n} \tag{4.7}$$

が成立する．

**問題 104** 極限値 $\displaystyle\lim_{n\to\infty}\frac{1}{n^3}\left(1^2 + 2^2 + \cdots + n^2\right)$ を定積分で表せ．

解　$\displaystyle\int_0^1 x^2\,dx$

**例題 32** 定積分の定義にしたがって，次の定積分の値を求めよ．

(1) $\displaystyle\int_a^b dx \quad (a < b)$　　(2) $\displaystyle\int_0^1 x^3\,dx$　　(3) $\displaystyle\int_2^3 (x^2 - 2x + 3)\,dx$

**解答**

(1) 分割 $\mathcal{P} : a = x_0 < x_1 < \cdots < x_n = b$ を任意にとると，

$$\int_a^b dx = \int_a^b 1\,dx = \lim_{|\mathcal{P}|\to 0}\sum_{k=1}^{n} 1(x_k - x_{k-1}) = b - a.$$

(2) 閉区間 $[0,1]$ を $n$ 等分すると，$f(x) = x^3$ は $[0,1]$ で連続であるから，(4.7) より

$$\int_0^1 x^3\,dx = \lim_{n\to\infty}\sum_{k=1}^{n} f\left(0 + \frac{1-0}{n}k\right)\frac{1-0}{n} = \lim_{n\to\infty}\sum_{k=1}^{n}\left(\frac{k}{n}\right)^3\frac{1}{n}$$

$$= \lim_{n\to\infty}\frac{1}{n^4}\sum_{k=1}^{n} k^3 = \lim_{n\to\infty}\frac{1}{n^4}\left\{\frac{n(n+1)}{2}\right\}^2$$

$$= \lim_{n\to\infty}\frac{(1+\frac{1}{n})^2}{4} = \frac{1}{4}.$$

(3) 閉区間 $[2,3]$ を $n$ 等分すると, $f(x) = x^2 - 2x + 3$ は $[2,3]$ で連続であるから, (4.7) より

$$
\begin{aligned}
\int_2^3 (x^2 - 2x + 3)\,dx &= \lim_{n\to\infty} \sum_{k=1}^n f\left(2 + \frac{k}{n}\right)\frac{1}{n} \\
&= \lim_{n\to\infty} \sum_{k=1}^n \left\{\left(2 + \frac{k}{n}\right)^2 - 2\left(2 + \frac{k}{n}\right) + 3\right\}\frac{1}{n} \\
&= \lim_{n\to\infty} \sum_{k=1}^n \left\{\frac{2}{n}k + \frac{1}{n^2}k^2 + 3\right\}\frac{1}{n} \\
&= \lim_{n\to\infty} \left\{\frac{2}{n^2}\cdot\frac{n(n+1)}{2} + \frac{1}{n^3}\cdot\frac{n(n+1)(2n+1)}{6} + \frac{3n}{n}\right\} \\
&= \lim_{n\to\infty} \left\{1 + \frac{1}{n} + \frac{\left(1+\frac{1}{n}\right)\left(2+\frac{1}{n}\right)}{6} + 3\right\} \\
&= 1 + \frac{2}{6} + 3 = \frac{13}{3}.
\end{aligned}
$$

$\square$

### 4.2.3 定積分の性質

定積分の定義より次の基本定理が成立する.

定理 87 $f(x)$, $g(x)$ は $[a,b]$ で連続で, $\alpha, \beta$ は定数とする.

(1) $\alpha f(x) + \beta g(x)$ は $[a,b]$ で積分可能で,

$$
\int_a^b \{\alpha f(x) + \beta g(x)\}\,dx = \alpha \int_a^b f(x)\,dx + \beta \int_a^b g(x)\,dx
$$

(2) $f(x) \geqq g(x) \quad (x \in [a,b])$ のとき, $\displaystyle\int_a^b f(x)\,dx \geqq \int_a^b g(x)\,dx$

(3) $|f(x)|$ も $[a,b]$ で積分可能で, $\left|\displaystyle\int_a^b f(x)\,dx\right| \leqq \int_a^b |f(x)|\,dx$

(4) [積分の平均値の定理]　　$\alpha,\ \beta \in [a, b]$ に対して,

$$\int_{\alpha}^{\beta} f(x)\,dx = f\left(\alpha + \theta(\beta - \alpha)\right)\left(\beta - \alpha\right)$$

を満たす $\theta$　$(0 < \theta < 1)$ が存在する.

(5) $f(x)$ は $[a, b]$ に含まれる任意の閉区間において積分可能で, 任意の $\alpha,\ \beta,\ \gamma \in [a, b]$ に対して,

$$\int_{\alpha}^{\beta} f(x)\,dx = \int_{\alpha}^{\gamma} f(x)\,dx + \int_{\gamma}^{\beta} f(x)\,dx$$

が成立する.

**証明**　定理 86 より, (4.4) が成立することを示せばよい.

(1) $\alpha f(x) + \beta g(x)$ は $[a, b]$ で連続であるから積分可能である.

分割 $\mathcal{P}$ および $\xi_k \in [x_{k-1}, x_k]$ を任意に選ぶと

$$\sum_{i=1}^{n} \{\alpha f(\xi_k) + \beta g(\xi_k)\}(x_k - x_{k-1})$$

$$= \alpha \sum_{k=1}^{n} f(\xi_k)(x_k - x_{k-1}) + \beta \sum_{k=1}^{n} g(\xi_k)(x_k - x_{k-1})$$

が成立する. そこで, $|\mathcal{P}| \to 0$ とすると,

$$\int_{a}^{b} \{\alpha f(x) + \beta g(x)\}\,dx = \alpha \int_{a}^{b} f(x)\,dx + \beta \int_{a}^{b} g(x)\,dx$$

を得る.

(2) 分割 $\mathcal{P}$ および $\xi_k \in [x_{k-1}, x_k]$ を任意に選ぶ. $f(x) \geqq g(x)$　$(x \in [a, b])$ ならば,

$$\sum_{k=1}^{n} f(\xi_k)(x_k - x_{k-1}) \geqq \sum_{k=1}^{n} g(\xi_k)(x_k - x_{k-1})$$

であるから, $|\mathcal{P}| \to 0$ とすると,

$$\int_{a}^{b} f(x)\,dx \geqq \int_{a}^{b} g(x)\,dx$$

を得る.

(3) $|f(x)|$ は $[a,b]$ で連続であるから積分可能である. (2) より,

$$f(x) \leqq |f(x)|, \quad -f(x) \leqq |f(x)| \quad (x \in [a,b])$$

であるから,

$$\int_a^b f(x)\,dx \leqq \int_a^b |f(x)|\,dx, \quad -\int_a^b f(x)\,dx \leqq \int_a^b |f(x)|\,dx$$

が成立する. よって,

$$\left| \int_a^b f(x)\,dx \right| \leqq \int_a^b |f(x)|\,dx$$

が成立する.

(4) $\alpha = \beta$ のときは両辺とも 0 で等しいので, $\alpha \neq \beta$ の場合を考える.

$f(x)$ は閉区間 $[\alpha,\beta]$ ($\alpha < \beta$ のとき) または $[\beta,\alpha]$ ($\beta < \alpha$ のとき) で連続である. よって, その区間で積分可能である. $\alpha < \beta$ とする. $f(x)$ の $[\alpha,\beta]$ における最大値を $M$ とし, 最小値を $m$ とする. (2) より,

$$\int_\alpha^\beta m\,dx \leqq \int_\alpha^\beta f(x)\,dx \leqq \int_\alpha^\beta M\,dx$$

$$m(\beta - \alpha) \leqq \int_\alpha^\beta f(x)\,dx \leqq M(\beta - \alpha)$$

$$m \leqq \frac{1}{\beta - \alpha} \int_\alpha^\beta f(x)\,dx \leqq M \tag{4.8}$$

が成立する.

(i) $m = M$ のときは, $f(x)$ は定数関数となり, (4.8) より

$$f(x) = m = \frac{1}{\beta - \alpha} \int_\alpha^\beta f(x)\,dx = M$$

が成立する. よって, 任意の $\theta$ ($0 < \theta < 1$) に対して,

$$\int_\alpha^\beta f(x)\,dx = f(\alpha + \theta(\beta - \alpha))(\beta - \alpha)$$

が成立する.

(ii) $m \ne M$ のときは, $f(x)$ は決して定数関数にならない. $f(x)$ が連続であることに注意すると, (4.8) より

$$m < \frac{1}{\beta - \alpha} \int_\alpha^\beta f(x)\,dx < M$$

が成立する. 81 ページの定理 48 （中間値の定理）より,

$$f(c) = \frac{1}{\beta - \alpha} \int_\alpha^\beta f(x)\,dx$$

を満たす $c$ が $\alpha$ と $\beta$ の間に存在する. このとき, $\theta = \dfrac{c - \alpha}{\beta - \alpha}$ とおくと,

$$\int_\alpha^\beta f(x)\,dx = f\left(\alpha + \theta(\beta - \alpha)\right)(\beta - \alpha)$$

を満たす $\theta$　$(0 < \theta < 1)$ が存在することがわかる.

$\beta < \alpha$ の場合も同様に証明される.

(5) $f(x)$ は $[a, b]$ に含まれる任意の閉区間において連続であるから, そこで積分可能である.

まず, $\alpha < \gamma < \beta$ の場合を考える. $[\alpha, \beta]$ の分割 $\mathcal{P}$ を

$$\mathcal{P} : \alpha = x_0 < x_1 < \cdots < x_m = \gamma < x_{m+1} < \cdots < x_{n-1} < x_m = \beta$$

となるように選ぶ.

$$\sum_{k=1}^n f(\xi_k)(x_k - x_{k-1}) = \sum_{k=1}^m f(\xi_k)(x_k - x_{k-1}) + \sum_{k=m+1}^n f(\xi_k)(x_k - x_{k-1})$$

において, $|\mathcal{P}| \to 0$ とすると,

$$\int_\alpha^\beta f(x)\,dx = \int_\alpha^\gamma f(x)\,dx + \int_\gamma^\beta f(x)\,dx$$

を得ることができる.

$\alpha < \gamma < \beta$ の場合の結果を用いて, 他の場合を証明することができる. たとえば $\gamma < \beta < \alpha$ の場合は

$$\int_\gamma^\alpha f(x)\,dx = \int_\gamma^\beta f(x)\,dx + \int_\beta^\alpha f(x)\,dx$$

よって, $-\displaystyle\int_\alpha^\gamma f(x)\,dx = \int_\gamma^\beta f(x)\,dx - \int_\alpha^\beta f(x)\,dx$

したがって, $\displaystyle\int_\alpha^\beta f(x)\,dx = \int_\alpha^\gamma f(x)\,dx + \int_\gamma^\beta f(x)\,dx$ がわかる.

他の場合も同様に証明することができる.                                          □

上の定理 87 は積分の平均値の定理を除けば, 一般の積分可能な関数に対してもそのまま成立する. ここでは, 結果のみを証明なしで述べる.

---

**定理 88** $f(x),\, g(x)$ は $[a,b]$ で積分可能とする.

(1) $\alpha f(x) + \beta g(x)$ は $[a,b]$ で積分可能で,

$$\int_a^b \{\alpha f(x) + \beta g(x)\}\,dx = \alpha \int_a^b f(x)\,dx + \beta \int_a^b g(x)\,dx \quad (\alpha, \beta \text{ は定数})$$

(2) $f(x) \geqq g(x) \quad (x \in [a,b])$ のとき, $\displaystyle\int_a^b f(x)\,dx \geqq \int_a^b g(x)\,dx$

(3) $|f(x)|$ も $[a,b]$ で積分可能で, $\left|\displaystyle\int_a^b f(x)\,dx\right| \leqq \int_a^b |f(x)|\,dx$

(4) $f(x)$ は $[a,b]$ に含まれる任意の閉区間において積分可能で, 任意の $\alpha,\, \beta,\, \gamma \in [a,b]$ に対して,

$$\int_\alpha^\beta f(x)\,dx = \int_\alpha^\gamma f(x)\,dx + \int_\gamma^\beta f(x)\,dx$$

が成立する.

---

次の定理は, 微分積分学の基本定理と呼ばれ, 連続関数にはその原始関数が存在することを示している.

---

**定理 89 (微分積分学の基本定理)** $f(x)$ は $[a,b]$ において連続とする.

$c$ は $[a, b]$ の任意の点とし,

$$F(x) = \int_c^x f(t)\,dt \quad x \in [a, b]$$

とする. このとき,

(1) 関数 $F(x)$ は $[a, b]$ で微分可能で

$$\frac{d}{dx}F(x) = f(x)$$

が成立する. すなわち, $F(x)$ は $f(x)$ の原始関数である.

(2) $G(x)$ を $f(x)$ の原始関数の内の 1 つとすると,

$$\int_a^b f(x)\,dx = \Big[G(x)\Big]_a^b$$

ただし, $[a, b]$ 上の関数 $H(x)$ に対して, $\Big[H(x)\Big]_a^b = H(b) - H(a)$
と定義する.

**証明**

(1) 積分の平均値の定理より,

$$
\begin{aligned}
F(x + \Delta x) - F(x) &= \int_c^{x + \Delta x} f(t)\,dt - \int_c^x f(t)\,dt \\
&= \int_x^{x + \Delta x} f(t)\,dt \\
&= f(x + \theta \Delta x)\Delta x \quad (0 < \theta < 1)
\end{aligned}
$$

を満たす $\theta$ が存在する. $f(x)$ は連続であるから,

$$\lim_{\Delta x \to 0} \frac{F(x + \Delta x) - F(x)}{\Delta x} = \lim_{\Delta x \to 0} f(x + \theta \Delta x) = f(x)$$

が成立する. こうして, (1) が証明された.

(2) $G(x)$ と $F(x)$ はともに, $f(x)$ の原始関数であるから, $G(x) = F(x) + C$

となる定数 $C$ が存在する．そのとき，

$$
\begin{aligned}
[G(x)]_a^b &= G(b) - G(a) \\
&= \{F(b) + C\} - \{F(a) + C\} \\
&= F(b) - F(a) \\
&= \int_c^b f(x)\,dx - \int_c^a f(x)\,dx \\
&= \int_c^a f(x)\,dx + \int_a^b f(x)\,dx - \int_c^a f(x)\,dx = \int_a^b f(x)\,dx
\end{aligned}
$$

が成立する．こうして，(2) が証明された．　　　　　　　　　　□

定理 89 (2) より，定積分の値の計算は，原始関数のわずか 2 点の値の差で求められる，すなわち，不定積分の計算に帰着されることがわかった．しかしながら，原始関数が求められればという条件があることに注意しよう．

※ 定積分の計算では，任意の原始関数で計算できるので，積分定数 $C$ は $C = 0$ と考えれば（省略して）よい．

**例 21** $\displaystyle \int x^n\,dx = \frac{x^{n+1}}{n+1} + C$ $(n \neq -1)$ であるから，

$$
\int_1^2 x^n\,dx = \left[\frac{x^{n+1}}{n+1}\right]_1^2 = \frac{2^{n+1} - 1}{n+1}.
$$

**問題 105** 次の定積分の値を求めよ．

(1) $\displaystyle \int_{-1}^3 x\,dx$ 　(2) $\displaystyle \int_0^\pi \sin x\,dx$ 　(3) $\displaystyle \int_0^1 e^x\,dx$ 　(4) $\displaystyle \int_0^a \sqrt{a^2 - x^2}\,dx\ (a > 0)$

　解　(1) 4　(2) 2　(3) $e - 1$　(4) $\frac{\pi}{4}a^2$

## 4.3　不定積分と定積分の計算法

この節では不定積分と定積分のいろいろな計算法について学ぶ．

### 4.3.1　置換積分法

$F(x)$ を 連続関数 $f(x)$ の任意の原始関数とする. $x = \varphi(t)$ は微分可能で合成関数 $f(\varphi(t))$, $F(\varphi(t))$ が定義されるものとする. そのとき,

$$\frac{d}{dt}F(\varphi(t)) = F'(\varphi(t))\varphi'(t) = f(\varphi(t))\varphi'(t)$$

が成立する. これは $F(\varphi(t))$ は $t$ の関数 $f(\varphi(t))\varphi'(t)$ の原始関数であることを意味している. よって,

$$\int f(x)\,dx = \int f(\varphi(t))\varphi'(t)\,dt \qquad (x = \varphi(t))$$

が成立する.

さらに, $f(x)$ が $[a,b]$ で連続で, $\varphi(t)$ が $\alpha, \beta$ 端点とする閉区間で微分可能で, $a = \varphi(\alpha), b = \varphi(\beta)$, とする. そのとき,

$$\int_a^b f(x)\,dx = F(b) - F(a) = F(\varphi(\beta)) - F(\varphi(\alpha))$$

$$= [F(\varphi(t))]_\alpha^\beta = \int_\alpha^\beta f(\varphi(t))\varphi'(t)\,dt$$

が成立する. よって, 次の定理を得る.

---

**定理 90 (置換積分法)** $f(x)$ は閉区間 $I$ で連続で, $\varphi(t)$ は閉区間 $J$ で微分可能で, $\varphi(t)$ の値域は $I$ に含まれる. そのとき,

(1) $x = \varphi(t)$ とすると

$$\int f(x)\,dx = \int f(x)\frac{dx}{dt}\,dt = \int f(\varphi(t))\varphi'(t)\,dt$$

(2) $a = \varphi(\alpha), b = \varphi(\beta)$ とすると

$$\int_a^b f(x)\,dx = \int_\alpha^\beta f(x)\frac{dx}{dt}\,dt = \int_\alpha^\beta f(\varphi(t))\varphi'(t)\,dt$$

**注 10** 置換積分の計算においては，$x = \varphi(t)$ とおいて，$\dfrac{dx}{dt} = \varphi'(t)$ を利用して計算すると考えられる．または形式的に $dx = \varphi'(t)dt$ を利用して計算すると考えてよい．

**例題 33** 次の不定積分と定積分を求めよ．

(1) $\displaystyle\int (3x-5)^5 \, dx$　　　(2) $\displaystyle\int e^{2x-1} \, dx$　　　(3) $\displaystyle\int \frac{x}{x^2+1} \, dx$

(4) $\displaystyle\int \frac{15}{2} x\sqrt{4-x} \, dx$　　　　　(5) $\displaystyle\int_0^3 \frac{15}{2} x\sqrt{4-x} \, dx$

**解答**

(1) $t = 3x - 5$ とおくと，$x = \dfrac{1}{3}t + \dfrac{5}{3}$，$\dfrac{dx}{dt} = \dfrac{1}{3}$. よって

$$\int (3x-5)^5 \, dx = \int t^5 \frac{dx}{dt} dt = \int t^5 \frac{1}{3} dt = \frac{1}{18}t^6 + C = \frac{1}{18}(3x-5)^6 + C.$$

[別解（形式的記号を用いる）]

$t = 3x - 5$ とおくと，$\dfrac{dt}{dx} = 3$ より，形式的に $dt = 3dx$ と表せる．

これより，$dx = \dfrac{1}{3}dt$ が得られるので，

$$\int (3x-5)^5 \, dx = \int t^5 \frac{1}{3} dt = \frac{1}{18}t^6 + C = \frac{1}{18}(3x-5)^6 + C.$$

(2) $t = 2x - 1$ とおくと，$x = \dfrac{1}{2}t + \dfrac{1}{2}$，$\dfrac{dx}{dt} = \dfrac{1}{2}$. よって

$$\int e^{2x-1} \, dx = \int e^t \frac{dx}{dt} dt = \int e^t \frac{1}{2} dt = \frac{1}{2}e^t + C = \frac{1}{2}e^{2x-1} + C.$$

[別解（形式的記号を用いる）]

$t = 2x - 1$ とおくと，$\dfrac{dt}{dx} = 2$ より，形式的に $dt = 2dx$ と表せる．

これより，$dx = \dfrac{1}{2}dt$ が得られるので，

$$\int e^{2x-1} \, dx = \int e^t \frac{1}{2} dt = \frac{1}{2}e^t + C = \frac{1}{2}e^{2x-1} + C.$$

(3) [形式的記号を用いる] $t = x^2 + 1$ とおくと，$\dfrac{dt}{dx} = 2x$ より，形式的に
$dt = 2x\,dx$ と表せる．これより，$x\,dx = \dfrac{1}{2}dt$ が得られるので，

$$\int \frac{x}{x^2 + 1}\,dx = \int \frac{1}{x^2 + 1}x\,dx = \int \frac{1}{t}\frac{1}{2}dt = \frac{1}{2}\int \frac{1}{t}\,dt$$
$$= \frac{1}{2}\log|t| + C = \frac{1}{2}\log|x^2 + 1| + C.$$

(4) $t = \sqrt{4 - x}$ とおくと，$x = 4 - t^2$，$\dfrac{dx}{dt} = -2t$．よって

$$\int \frac{15}{2}x\sqrt{4 - x}\,dx = \int \frac{15}{2}(4 - t^2)t\frac{dx}{dt}dt = \int \frac{15}{2}(4 - t^2)t(-2t)\,dt$$
$$= \int (15t^4 - 60t^2)\,dt = 3t^5 - 20t^3 + C = t^3(3t^2 - 20) + C$$
$$= (3x + 8)(x - 4)\sqrt{4 - x} + C.$$

(5) (4) より

$$\int_0^3 x\sqrt{4 - x}\,dx = \left[(3x + 8)(x - 4)\sqrt{4 - x}\right]_0^3$$
$$= (3\cdot 3 + 8)(3 - 4)\sqrt{4 - 3} - (3\cdot 0 + 8)(0 - 4)\sqrt{4 - 0} = 47.$$

[別解] $t = 4 - x$ とおくと，$x = 4 - t$，$\dfrac{dx}{dt} = -1$，$dx = (-1)dt$．
$x = 3$ のとき $t = 1$，$x = 0$ のとき $t = 4$．よって

$$\int_0^3 \frac{15}{2}x\sqrt{4 - x}\,dx = \int_4^1 \frac{15}{2}(4 - t)\sqrt{t}\frac{dx}{dt}dt = \int_4^1 \frac{15}{2}(4 - t)t^{\frac{1}{2}}(-1)\,dt$$
$$= \int_1^4 \frac{15}{2}(4t^{\frac{1}{2}} - t^{\frac{3}{2}})\,dt = \left[20t^{\frac{3}{2}} - 3t^{\frac{5}{2}}\right]_1^4 = 47. \qquad \square$$

**問題 106** 次の不定積分を求めよ．

(1) $\displaystyle\int \frac{2x}{x^2 + 1}\,dx$　　　　(2) $\displaystyle\int \sqrt{4x + 1}\,dx$　　　　(3) $\displaystyle\int \frac{1}{2x - 1}\,dx$

(4) $\displaystyle\int \frac{1}{x^2 + 2x + 4}\,dx$　　(5) $\displaystyle\int \frac{dx}{\sqrt{9 - (2x + 1)^2}}$　　(6) $\displaystyle\int \sin^2 x\,dx$

(7) $\displaystyle\int (e^x + e^{-x})^2\,dx$　　(8) $\displaystyle\int \frac{\sqrt[3]{x} + 1}{\sqrt[3]{x} + 3}\,dx$　$(t = \sqrt[3]{x}$ とおく$)$

解 (1) $\log(x^2+1)+C$ (2) $\frac{1}{6}(4x+1)\sqrt{4x+1}+C$ (3) $\frac{1}{2}\log|2x-1|+C$
(4) $\frac{1}{\sqrt{3}}\arctan\frac{x+1}{\sqrt{3}}+C$ (5) $\frac{1}{2}\arcsin\frac{2x+1}{3}+C$ (6) $\frac{1}{2}x-\frac{1}{4}\sin 2x+C$
(7) $\frac{1}{2}e^{2x}+2x-\frac{1}{2}e^{-2x}+C$ (8) $x-3(\sqrt[3]{x})^2+18\sqrt[3]{x}-54\log|\sqrt[3]{x}+3|+C$

**問題 107** 次の定積分の値を求めよ.

$$(1)\ \int_{-2}^{4}|x|\,dx \qquad (2)\ \int_{0}^{1}\frac{2}{x+3}\,dx \qquad (3)\ \int_{1}^{4}\left(\sqrt{2x+1}+\frac{4}{x}\right)dx$$

解 (1) 10 (2) $2\log\frac{4}{3}$ (3) $9-\sqrt{3}+8\log 2$

　関数 $f(x)$ が $f(-x)=f(x)$ を満たすとき**偶関数**といい, $f(-x)=-f(x)$ を満たすとき**奇関数**という. 偶関数のグラフは $x$ 軸に関して対称であり, 奇関数のグラフは原点に関して対称である.

---

**定理 91 (偶関数・奇関数の定積分)** 定数 $a$ に対し,

(1) $f(x)$ が偶関数のとき $\displaystyle\int_{-a}^{a}f(x)\,dx=2\int_{0}^{a}f(x)\,dx$

(2) $f(x)$ が奇関数のとき $\displaystyle\int_{-a}^{a}f(x)\,dx=0$

が成立する.

---

**証明** $t=-x$ とおくと,

$dx=-dt,\ x=-a$ のとき $t=a,\ x=0$ のとき $t=0$ だから

$$\int_{-a}^{0}f(x)\,dx=\int_{a}^{0}f(-t)\,(-dt)=\int_{0}^{a}f(-t)\,dt$$

が成立する. これより,

$$\int_{-a}^{a}f(x)\,dx=\int_{-a}^{0}f(x)\,dx+\int_{0}^{a}f(x)\,dx=\int_{0}^{a}f(-t)\,dt+\int_{0}^{a}f(x)\,dx$$

である. よって,

(1) $f(x)$ が偶関数のとき $f(-t)=f(t)$ より $\displaystyle\int_{-a}^{a}f(x)\,dx=2\int_{0}^{a}f(x)\,dx$

(2) $f(x)$ が奇関数のとき $f(-t) = -f(t)$ より $\displaystyle\int_{-a}^{a} f(x)\,dx = 0$

が成立することがわかる.                                              □

## 4.3.2 部分積分法

$f(x)$ と $g(x)$ はともにある区間 $I$ で定義され,$I$ で $C^1$-級とすると,積の微分公式より,

$$\{f(x)g(x)\}' = f'(x)g(x) + f(x)g'(x)$$

が成立する.この両辺を積分すると,

$$f(x)g(x) = \int f'(x)g(x)\,dx + \int f(x)g'(x)\,dx$$

$$\Big[f(x)g(x)\Big]_a^b = \int_a^b f'(x)g(x)\,dx + \int_a^b f(x)g'(x)\,dx \quad (a,b \in I, \quad a < b)$$

が成立する.よって,次の定理を得る.

---

**定理 92 (部分積分法)** ある区間 $I$ で定義された関数 $f(x)$ と $g(x)$ が,$I$ で $C^1$-級とすると,

(1) $\displaystyle\int f(x)g'(x)\,dx = f(x)g(x) - \int f'(x)g(x)\,dx$

(2) $\displaystyle\int_a^b f(x)g'(x)\,dx = \Big[f(x)g(x)\Big]_a^b - \int_a^b f'(x)g(x)\,dx$

が成立する.

---

**例題 34** 次の積分を計算せよ.

(1) $\displaystyle\int x\sin x\,dx$    (2) $\displaystyle\int \log x\,dx$    (3) $\displaystyle\int \arctan x\,dx$    (4) $\displaystyle\int_0^{\frac{\pi}{2}} x\cos 2x\,dx$

解答

(1) $\displaystyle\int x\sin x\,dx = \int x(-\cos x)'\,dx = -x\cos x + \int \cos x\,dx$

$\qquad\qquad = -x\cos x + \sin x + C.$

(2) $\displaystyle\int \log x\,dx = \int (x)'\log x\,dx = x\log x - \int x(\log x)'\,dx$

$\qquad\qquad = x\log x - \int x\frac{1}{x}\,dx = x\log x - x + C.$

(3) $\displaystyle\int \arctan x\,dx = \int (x)'\arctan x\,dx = x\arctan x - \int x(\arctan x)'\,dx$

$\qquad = x\arctan x - \int x\frac{1}{x^2+1}\,dx = x\arctan x - \frac{1}{2}\log(x^2+1) + C.$

(4) $\displaystyle\int_0^{\frac{\pi}{2}} x\cos 2x\,dx = \int_0^{\frac{\pi}{2}} x\left(\frac{1}{2}\sin 2x\right)'\,dx$

$\qquad\qquad = \left[x\left(\frac{1}{2}\sin 2x\right)\right]_0^{\frac{\pi}{2}} - \int_0^{\frac{\pi}{2}} (x)'\frac{1}{2}\sin 2x\,dx$

$\qquad\qquad = (0-0) - \int_0^{\frac{\pi}{2}} \frac{1}{2}\sin 2x\,dx$

$\qquad\qquad = \left[\frac{1}{4}\cos 2x\right]_0^{\frac{\pi}{2}} = -\frac{1}{2}$ □

**問題 108** 次の積分を計算せよ.

(1) $\displaystyle\int xe^x\,dx$ (2) $\displaystyle\int x\log x\,dx$ (3) $\displaystyle\int x\cos 3x\,dx$ (4) $\displaystyle\int_1^e x^2\log x\,dx$

解 (1) $(x-1)e^x + C$ (2) $\frac{1}{2}x^2\log x - \frac{1}{4}x^2 + C$ (3) $\frac{1}{3}x\sin 3x + \frac{1}{9}\cos 3x + C$

(4) $\frac{2e^3+1}{9}$

**問題 109** $I = \displaystyle\int e^{ax}\cos bx\,dx$ $J = \displaystyle\int e^{ax}\sin bx\,dx$ $(a\neq 0,\, b\neq 0)$ を求めよ.

ヒント:$I = \displaystyle\int \left(\frac{1}{a}e^{ax}\right)'\cos bx\,dx,\quad J = \int \left(\frac{1}{a}e^{ax}\right)'\sin bx\,dx$ に部分積分法を使う.

解 $I = \frac{e^{ax}}{a^2+b^2}(a\cos bx + b\sin bx) + C,\, J = \frac{e^{ax}}{a^2+b^2}(a\sin bx - b\cos bx) + C$

### 4.3.3　有理関数の積分

整式の分数の形

$$f(x) = \frac{P_1(x)}{P_2(x)} \quad (P_1(x), P_2(x) \text{ は多項式})$$

で表される関数は，有理関数と呼ばれている．ここでは，有理関数の積分について考察しよう．

**例題 35** 次の積分を計算せよ．

(1) $\displaystyle\int \frac{5}{x}\,dx$
(2) $\displaystyle\int \frac{5}{2-x}\,dx$
(3) $\displaystyle\int \frac{5x-3}{2-x}\,dx$

(4) $\displaystyle\int \frac{6}{x^2-4}\,dx$
(5) $\displaystyle\int \frac{6}{x^2+4}\,dx$
(6) $\displaystyle\int \frac{6x}{x^2+4}\,dx$

(7) $\displaystyle\int \frac{6}{x^2+4x+4}\,dx$
(8) $\displaystyle\int \frac{6}{x^2+2x+4}\,dx$

**解答**

(1) $\displaystyle\int \frac{5}{x}\,dx = 5\log|x| + C.$

(2) $\displaystyle\int \frac{5}{2-x}\,dx = -5\log|2-x| + C.$

(3) $\displaystyle\int \frac{5x-3}{2-x}\,dx = \int\left(-5 + \frac{7}{2-x}\right)dx = -5x - 7\log|2-x| + C.$

(4) $\displaystyle\int \frac{6}{x^2-4}\,dx = \frac{3}{2}\log\left|\frac{x-2}{x+2}\right| + C.$

(5) $\displaystyle\int \frac{6}{x^2+4}\,dx = 3\arctan\frac{x}{2} + C.$

(6) $\displaystyle\int \frac{6x}{x^2+4}\,dx = 3\log(x^2+4) + C.$

(7) $\displaystyle\int \frac{6}{x^2+4x+4}\,dx = \int \frac{6}{(x+2)^2}\,dx = -\frac{6}{x+2} + C.$

(8) $\displaystyle\int \frac{6}{x^2+2x+4}\,dx = \int \frac{6}{(x+1)^2+3}\,dx = 2\sqrt{3}\arctan\frac{x+1}{\sqrt{3}} + C.$ □

**例題 36** $I_n = \displaystyle\int \frac{1}{(x^2+a^2)^n}\,dx \quad (a \neq 0, n \geqq 2)$ のとき，$I_n$ を $I_{n-1}$ で表せ．

**解答**　部分積分法を適用すると

$$
\begin{aligned}
I_{n-1} &= \int 1 \times \frac{1}{(x^2+a^2)^{n-1}} \, dx \\
&= x \times \frac{1}{(x^2+a^2)^{n-1}} - \int x \times \frac{(-n+1)(2x)}{(x^2+a^2)^n} \, dx \\
&= \frac{x}{(x^2+a^2)^{n-1}} + 2(n-1) \int \frac{x^2+a^2-a^2}{(x^2+a^2)^n} \, dx \\
&= \frac{x}{(x^2+a^2)^{n-1}} + 2(n-1)I_{n-1} - 2(n-1)a^2 I_n
\end{aligned}
$$

が成立する．よって，これを $I_n$ について解くと，

$$
I_n = \frac{1}{2(n-1)a^2}\left( \frac{x}{(x^2+a^2)^{n-1}} + (2n-3)I_{n-1} \right)
$$

と表せる．　　　　　　　　　　　　　　　　　　　　　　　　　□

　一般に有理関数は，整式と $\dfrac{p}{(x+a)^n}, \dfrac{qx+r}{(x^2+bx+c)^m}$　$(b^2-4c<0)$ の形の有理関数の和で表される（部分分数展開と呼ばれている）．有理関数の不定積分または定積分を求めるには，部分分数展開し，それぞれを積分すればよい．

　$\displaystyle\int \frac{p}{(x+a)^n} \, dx$ については，$x+a=t$ とおくことにより積分できる．

　$\displaystyle\int \frac{qx+r}{(x^2+bx+c)^m} \, dx$ については，$x^2+bx+c = \left(x+\dfrac{b}{2}\right)^2 + \dfrac{4c-b^2}{4}$ だから，$t = x+\dfrac{b}{2}$, $\dfrac{4c-b^2}{4} = A^2$　$(b^2-4c<0$ に注意$)$ とおくと，

$$
\begin{aligned}
\int \frac{qx+r}{(x^2+bx+c)^m} \, dx &= \int \frac{qt+\left(r-\frac{bq}{2}\right)}{(t^2+A^2)^m} \, dt \\
&= \frac{q}{2}\int \frac{2t}{(t^2+A^2)^m} \, dt + \left(r-\frac{bq}{2}\right)\int \frac{1}{(t^2+A^2)^m} \, dt
\end{aligned}
$$

と置換できる．このとき，右辺の第 1 項の積分は $t^2+A^2=u$ とおくことにより計算できる．第 2 項の積分は例題 36 の漸化式を利用して計算できる．こうして，**有理関数の原始関数は，初等関数で表される** ことがわかる．

例題 **37**　(1) 次の式が恒等的に成立するように定数 $a, b, c$ を定めよ.

$$\frac{2x}{(x+1)(x^2+1)} = \frac{a}{x+1} + \frac{bx+c}{x^2+1} \cdots ①$$

(2) 不定積分 $\displaystyle\int \frac{2x}{(x+1)(x^2+1)}\, dx$ を求めよ.

**解答**

(1) ①の右辺を通分して

$$\frac{2x}{(x+1)(x^2+1)} = \frac{(a+b)x^2 + (b+c)x + a+c}{(x+1)(x^2+1)}$$

両辺の分子の係数を比較すると, $a+b=0, b+c=2, a+c=0$ が得られる
これを解いて, $a=-1, b=c=1$

(2) (1) の結果を利用すると,

$$
\begin{aligned}
\int \frac{2x}{(x+1)(x^2+1)}\, dx &= \int \frac{-1}{x+1}\, dx + \int \frac{x+1}{x^2+1}\, dx \\
&= -\int \frac{1}{x+1}\, dx + \frac{1}{2}\int \frac{(x^2+1)'}{x^2+1}\, dx + \int \frac{1}{x^2+1}\, dx \\
&= -\log|x+1| + \frac{1}{2}\log(x^2+1) + \arctan x + C \\
&= \frac{1}{2}\log \frac{x^2+1}{(x+1)^2} + \arctan x + C \quad (C \text{ は積分定数})
\end{aligned}
$$

が得られる.　　　　　　　　　　　　　　　　　　　　　　　　　　　□

**問題 110** 次の不定積分を求めよ.

(1) $\displaystyle\int \frac{1}{x^2-4}\, dx$　　　　　　　　　　(2) $\displaystyle\int \frac{x+2}{x(x^2-1)}\, dx$

(3) $\displaystyle\int \frac{x^2-x+4}{x^2-3x+2}\, dx$　　　　　(4) $\displaystyle\int \frac{x^2}{x^4+x^2-2}\, dx$

解　(1) $\frac{1}{4}\log\left|\frac{x-2}{x+2}\right| + C$　(2) $\frac{1}{2}\log\frac{|x-1|^3|x+1|}{x^4} + C$　(3) $x + 2\log\frac{|x-2|^3}{(x-1)^2} + C$

(4) $\frac{\sqrt{2}}{3}\arctan\frac{x}{\sqrt{2}} + \frac{1}{6}\log\left|\frac{x-1}{x+1}\right| + C$

**問題 111** 次の定積分の値を求めよ.

(1) $\displaystyle\int_0^1 \frac{2}{x+3}\,dx$ (2) $\displaystyle\int_0^a \frac{1}{a^2+x^2}\,dx \quad (a>0)$

解 (1) $2\log\frac{4}{3}$ (2) $\frac{\pi}{4a}$

## 4.3.4 三角関数の積分

三角関数の積分には，三角関数の性質や基本公式を用いることができる.

**例題 38** 次の積分を計算せよ.

(1) $\displaystyle\int \sin(3x+1)\,dx$ (2) $\displaystyle\int \sin^2 x\,dx$ (3) $\displaystyle\int \sin^3 x\,dx$

(4) $\displaystyle\int \frac{6}{\cos^2 x}\,dx$ (5) $\displaystyle\int \frac{6\sin x}{\cos^2 x}\,dx$ (6) $\displaystyle\int \frac{6}{\sin^2(3x+1)}\,dx$

(7) $\displaystyle\int \sin 3x\,\cos 2x\,dx$ (8) $\displaystyle\int \frac{\sin x}{2+\cos x}\,dx$

**解答**

(1) $\displaystyle\int \sin(3x+1)\,dx = -\frac{1}{3}\cos(3x+1)+C$

(2) $\displaystyle\int \sin^2 x\,dx = \int \frac{1}{2}(1-\cos 2x)\,dx = \frac{1}{2}\left(x-\frac{1}{2}\sin 2x\right)+C$

(3) $\displaystyle\int \sin^3 x\,dx = \int \frac{1}{4}(3\sin x - \sin 3x)\,dx = \frac{1}{4}\left(-3\cos x + \frac{1}{3}\cos 3x\right)+C.$

[別解] $\displaystyle\int \sin^3 x\,dx = \int (1-\cos^2 x)\sin x\,dx = -\cos x + \frac{1}{3}\cos^3 x + C$

(4) $\displaystyle\int \frac{6}{\cos^2 x}\,dx = 6\tan x + C$

(5) $\displaystyle\int \frac{6\sin x}{\cos^2 x}\,dx = \frac{6}{\cos x} + C$

(6) $\displaystyle\int \frac{6}{\sin^2(3x+1)}\,dx = -2\cot(3x+1)+C$

(7) $\displaystyle\int \sin 3x\,\cos 2x\,dx = \frac{1}{2}(\sin 5x + \sin x)\,dx = -\frac{1}{2}\left(\frac{1}{5}\cos 5x + \cos x\right)+C$

(8) $\displaystyle\int \frac{\sin x}{2+\cos x}\,dx = -\log(2+\cos x)+C$

□

$R\,(X,Y)$ を $X,\,Y$ の有理関数とするとき, 三角関数の有理式の積分 $\displaystyle\int R\,(\cos x, \sin x)\,dx$ は, $\tan\dfrac{x}{2}=t$ とおくことにより $t$ に関する有理関数の積分となることが次のようにしてわかる.

$$\cos x = \cos^2\frac{x}{2} - \sin^2\frac{x}{2} = \frac{\cos^2\frac{x}{2} - \sin^2\frac{x}{2}}{\cos^2\frac{x}{2} + \sin^2\frac{x}{2}} = \frac{1-\tan^2\frac{x}{2}}{1+\tan^2\frac{x}{2}} = \frac{1-t^2}{1+t^2}$$

$$\sin x = 2\sin\frac{x}{2}\cos\frac{x}{2} = \frac{2\sin\frac{x}{2}\cos\frac{x}{2}}{\cos^2\frac{x}{2} + \sin^2\frac{x}{2}} = \frac{2\tan\frac{x}{2}}{1+\tan^2\frac{x}{2}} = \frac{2t}{1+t^2}$$

$$\frac{dt}{dx} = \frac{1}{2}\frac{1}{\cos^2\frac{x}{2}} = \frac{1}{2}\left(1+\tan^2\frac{x}{2}\right) = \frac{1+t^2}{2}\ \ \text{より}\ \ \frac{dx}{dt} = \frac{2}{1+t^2}$$

が得られる. よって,

$$\int R\,(\cos x, \sin x)\,dx = \int R\left(\frac{1-t^2}{1+t^2}, \frac{2}{1+t^2}\right)\frac{2}{1+t^2}\,dt$$

がわかる. この右辺は $t$ に関する有理関数の不定積分である.

---

**定理 93 (三角関数の不定積分)** $t = \tan\dfrac{x}{2}$ とおくと,

$$\sin x = \frac{2t}{1+t^2}, \quad \cos x = \frac{1-t^2}{1+t^2}, \quad dx = \frac{2}{1+t^2}dt \tag{4.9}$$

であるから

$$\int R(\cos x, \sin x)\,dx = \int R\left(\frac{1-t^2}{1+t^2}, \frac{2t}{1+t^2}\right)\frac{2}{1+t^2}dt$$

が成立する. つまり, **三角関数の有理式の不定積分は初等関数で表される.**

---

**例題 39** 不定積分 $\displaystyle\int\frac{dx}{2+\cos x}$ を求めよ.

**解答** $t = \tan\dfrac{x}{2}$ とおくと,

$$\sin x = \frac{2t}{1+t^2}, \quad dx = \frac{2\,dt}{1+t^2}$$

だから

$$\int \frac{dx}{2+\cos x} = \int \frac{\frac{2\,dt}{1+t^2}}{2+\frac{1-t^2}{1+t^2}} = \int \frac{2dt}{3+t^2} = 2\int \frac{dt}{\sqrt{3}^2+t^2}$$

$$= 2\times\frac{1}{\sqrt{3}}\tan^{-1}\left(\frac{t}{\sqrt{3}}\right)+C = \frac{2}{\sqrt{3}}\tan^{-1}\left(\frac{\tan\frac{x}{2}}{\sqrt{3}}\right)+C$$

である. □

**問題 112** 次の不定積分を求めよ.

(1) $\int \sin^3 x \cos x \, dx$ (2) $\int \sin^2 x \cos x \, dx$ (3) $\int \cos^2 x \, dx$

(4) $\int \sin^3 x \cos^2 x \, dx$ (5) $\int \sin 3x \cos x \, dx$ (6) $\int \frac{\sin x}{1+\sin x+\cos x} \, dx$

解 (1) $\frac{1}{4}\sin^4 x + C$ (2) $\frac{1}{3}\sin^3 x + C$ (3) $\frac{1}{2}x + \frac{1}{4}\sin 2x + C$
(4) $\frac{1}{5}\cos^5 x - \frac{1}{3}\cos^3 x + C$ (5) $-\frac{1}{8}\cos 4x - \frac{1}{4}\cos 2x + C$
(6) $\frac{1}{2}x - \frac{1}{2}\log(1+\sin x) + C$

**問題 113** 次の定積分の値を求めよ.

(1) $\int_0^2 \cos\left(\frac{\pi}{2}x + \frac{\pi}{4}\right) dx$ (2) $\int_0^{2\pi} \sin mx \cos nx \, dx$ ($m,n$ は自然数)

(3) $\int_0^{2\pi} \sin mx \sin nx \, dx$ ($m,n$ は自然数)

解 (1) $-\frac{2\sqrt{2}}{\pi}$ (2) 0 (3) $m=n$ のとき $\pi$, $m\neq n$ のとき 0

**問題 114** $\int \sin^n x \, dx = -\frac{1}{n}\sin^{n-1} x \cos x + \frac{n-1}{n}\int \sin^{n-2} x \, dx$ を証明せよ.

ヒント: $\int \sin^n x \, dx = \int \sin^{n-1} x \sin x \, dx = \int \sin^{n-1} x \,(-\cos x)' \, dx$ に部分積分法を使う.

**問題 115** 問題 114 を利用して,

$$\int \cos^n x \, dx = \frac{1}{n}\cos^{n-1} x \sin x + \frac{n-1}{n}\int \cos^{n-2} x \, dx$$

を証明せよ.

ヒント: $\int \cos^n x \, dx$ において, $x = \frac{\pi}{2}-t$ とおいて置換積分する.

**問題 116** $n \geqq 2$ のとき，問題 114，問題 115 を利用して，次を示せ.

$$\int_0^{\frac{\pi}{2}} \sin^n x \, dx = \int_0^{\frac{\pi}{2}} \cos^n x \, dx = \begin{cases} \dfrac{n-1}{n} \cdot \dfrac{n-3}{n-2} \cdots \dfrac{1}{2} \cdot \dfrac{\pi}{2} & (n \text{ が偶数のとき}) \\[3mm] \dfrac{n-1}{n} \cdot \dfrac{n-3}{n-2} \cdots \dfrac{4}{5} \cdot \dfrac{2}{3} & (n \text{ が奇数のとき}) \end{cases}$$

**問題 117** 次の定積分の値を求めよ.

(1) $\displaystyle\int_0^{\frac{\pi}{2}} \sin\theta \cos^2\theta \, d\theta$ (2) $\displaystyle\int_0^{\frac{\pi}{2}} \sin^2\theta \cos^2\theta \, d\theta$

解　(1) $\frac{1}{3}$　(2) $\frac{\pi}{16}$

## 4.4　広義積分

これまでに述べた定積分 $\displaystyle\int_a^b f(x) \, dx$ は端点 $a, b$ がともに有限で $f(x)$ は閉区間 $[a, b]$ で有界であった．この定義を拡張して無限区間の上の積分や有限個の点で無限大になる関数の積分を考えよう.

たとえば

$$\int_a^\infty f(x) \, dx = \lim_{b \to \infty} \int_a^b f(x) \, dx, \quad \int_{-\infty}^b f(x) \, dx = \lim_{a \to -\infty} \int_a^b f(x) \, dx$$

$$\int_{-\infty}^\infty f(x) \, dx = \int_{-\infty}^c f(x) \, dx + \int_c^\infty f(x) \, dx$$

$$(-\infty < c < \infty \text{ で積分値は } c \text{ の取り方によらない})$$

で無限区間の上の積分は定義される．これらの定義はすべて右辺の極限値が存在する場合のみ考えることにする.

**例題 40** 次の積分の値を求めよ.

(1) $\displaystyle\int_1^\infty \frac{1}{x\sqrt{x}} \, dx$ (2) $\displaystyle\int_{-\infty}^\infty \frac{1}{x^2 + a^2} \, dx$ $(a > 0)$

解答

(1) 極限を用いて計算すると

$$\int_1^\infty \frac{1}{x\sqrt{x}}\,dx = \lim_{t\to\infty}\int_1^t \frac{1}{x\sqrt{x}}\,dx = \lim_{t\to\infty}\left[-\frac{2}{\sqrt{x}}\right]_1^t = \lim_{t\to\infty}\left(2-\frac{2}{\sqrt{t}}\right) = 2.$$

(2) 極限を用いて計算すると

$$
\begin{aligned}
\int_{-\infty}^\infty \frac{1}{x^2+a^2}\,dx &= \int_{-\infty}^0 \frac{1}{x^2+a^2}\,dx + \int_0^\infty \frac{1}{x^2+a^2}\,dx \\
&= \lim_{s\to-\infty}\int_s^0 \frac{1}{x^2+a^2}\,dx + \lim_{t\to\infty}\int_0^t \frac{1}{x^2+a^2}\,dx \\
&= \lim_{s\to-\infty}\left[\frac{1}{a}\arctan\frac{x}{a}\right]_s^0 + \lim_{t\to\infty}\left[\frac{1}{a}\arctan\frac{x}{a}\right]_0^t \\
&= \frac{\pi}{a}. \qquad\qquad \square
\end{aligned}
$$

**問題 118** $\displaystyle\int_1^\infty \frac{1}{x^\alpha}\,dx$ $(\alpha>0)$ を求めよ.

解 $0<\alpha\leqq 1$ のとき $\infty$, $\alpha>1$ のとき $\frac{1}{\alpha-1}$

**問題 119** 積分 $\Gamma(p) = \displaystyle\int_0^\infty e^{-x}x^{p-1}\,dx$ $(p>0)$ が有限な値に収束することは知られている. この積分の値は $p$ の関数である. この関数を**ガンマ関数**という. $\Gamma(p+1) = p\Gamma(p)$ が成立することを示せ. また $p$ が正の整数なら $\Gamma(p) = (p-1)!$ であることを示せ.

次に $f(x)$ が端点 $a$ または $b$ で有限でない場合, たとえば $f(x)$ が $a$ で無限大になる場合は, $\displaystyle\lim_{t\to a+0}\int_t^b f(x)\,dx$ が存在するとき, この値を $\displaystyle\int_a^b f(x)\,dx$ の定義とする. 同様に, $f(x)$ が $b$ で無限大となる場合は $\displaystyle\int_a^b f(x)\,dx = \lim_{t\to b-0}\int_a^t f(x)\,dx$ と定義し, $a$ と $b$ の両方で無限大となる場合

は $\displaystyle\int_a^b f(x)\,dx = \int_a^c f(x)\,dx + \int_c^b f(x)\,dx$ $(a < c < b)$ と定義すればよい.
これらの積分も右辺の極限値が存在する場合のみ考える.

**例題 41** $\displaystyle\int_0^1 \frac{1}{x^\alpha}\,dx$ を求めよ. $(0 < \alpha < 1)$

**解答** $\dfrac{1}{x^\alpha}$ は $x = 0$ で不連続だから, $1 - \alpha > 0$ に注意して極限を用いると

$$\int_0^1 \frac{1}{x^\alpha}\,dx = \lim_{t \to +0}\int_t^1 x^{-\alpha}\,dx = \lim_{t \to +0}\left[\frac{1}{-\alpha+1}x^{-\alpha+1}\right]_t^1$$

$$= \lim_{t \to +0}\frac{1}{1-\alpha}(1 - t^{1-\alpha}) = \frac{1}{1-\alpha}. \qquad \square$$

また, $[a,b]$ の内部にも $f(x)$ が無限大となるところがあれば, このような点を小さい方から順に $c_1, c_2, \ldots, c_m$ とするとき, 区間 $[a, c_1], [c_1, c_2], \ldots, [c_m, b]$ で, 上の意味での積分が存在すれば

$$\int_a^b f(x)\,dx = \int_a^{c_1} f(x)\,dx + \int_{c_1}^{c_2} f(x)\,dx + \cdots + \int_{c_m}^b f(x)\,dx$$

と定義すればよい.

**問題 120** 次の値を求めよ.

$(1)$ $\displaystyle\int_0^1 \log x\,dx$ $\qquad$ $(2)$ $\displaystyle\int_{-1}^1 \frac{1}{\sqrt[3]{x^2}}\,dx$ $\qquad$ $(3)$ $\displaystyle\int_0^\infty e^{-x}\,dx$

解 $\quad$ $(1)$ $-1$ $\quad$ $(2)$ $6$ $\quad$ $(3)$ $1$

# 5 ——————— 積分の応用

この章では考える関数はすべて連続とする.

## 5.1 面積

区間 $[a,b]$ で $f(x) \geqq 0$ の場合に, 定積分 $\int_a^b f(x)\,dx$ が曲線 $y = f(x)$, $x$ 軸, 直線 $x = a$, $x = b$ で囲まれた部分の面積を表すことは第 4 章で学んだ.

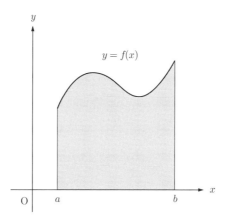

区間 $[a,b]$ で $f(x) \geqq g(x) \geqq 0$ の場合に, 曲線 $y = f(x)$, $y = g(x)$, 直線 $x = a$, $x = b$ で囲まれた部分の面積を $S$, 曲線 $y = f(x)$, $x$ 軸, 直線 $x = a$, $x = b$ で囲まれた部分の面積を $S_1$, 曲線 $y = g(x)$, $x$ 軸, 直線 $x = a$, $x = b$ で囲まれた部分の面積を $S_2$ とすると

$$S = S_1 - S_2 = \int_a^b f(x)\,dx - \int_a^b g(x)\,dx = \int_a^b \{f(x) - g(x)\}\,dx \quad (5.1)$$

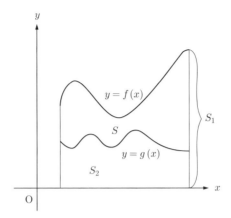

　区間 $[a, b]$ で $f(x) \geqq g(x)$ の場合に，曲線 $y = f(x)$, $y = g(x)$, 直線 $x = a$, $x = b$ で囲まれた部分の面積を $S$ とすると，$S$ は任意の定数 $k$ に対して曲線 $y = f(x) + k$, $y = g(x) + k$, 直線 $x = a$, $x = b$ で囲まれた部分の面積と一致する．よって，定数 $k$ を

$$f(x) + k \geqq g(x) + k \geqq 0$$

となるように選ぶと (5.1) より，

$$S = \int_a^b \left\{ (f(x) + k) - (g(x) + k) \right\} dx = \int_a^b \left\{ f(x) - g(x) \right\} dx \qquad (5.2)$$

が成立する．

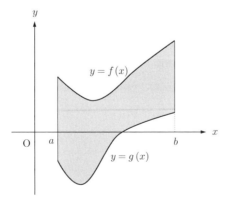

一般の場合，区間 $[a, b]$ で $f(x)$, $g(x)$ が定義されている場合に，曲線 $y = f(x)$, $y = g(x)$，直線 $x = a$, $x = b$ で囲まれた部分の面積を $S$ とすると，(5.2) より

$$S = \int_a^b |f(x) - g(x)|\, dx$$

で与えられる．

**例題 42** 曲線 $y = x(x+1)(x-2)$ と $x$ 軸で囲まれた 2 つの部分の面積の和を求めよ．

**解答** 求める面積を $S$ とすると，

$$
\begin{aligned}
S &= \int_{-1}^0 x(x+1)(x-2)\, dx + \int_0^2 \{-x(x+1)(x-2)\}\, dx \\
&= \int_{-1}^0 (x^3 - x^2 - 2x)\, dx - \int_0^2 (x^3 - x^2 - 2x)\, dx \\
&= \left[\frac{1}{4}x^4 - \frac{1}{3}x^3 - x^2\right]_{-1}^0 - \left[\frac{1}{4}x^4 - \frac{1}{3}x^3 - x^2\right]_0^2 \\
&= \frac{37}{12}.
\end{aligned}
$$

□

**問題 121** 放物線 $x = y^2$ と $y$ 軸および 2 直線 $y = 1$, $y = 2$ で囲まれた図形の面積を求めよ．

解 $\frac{7}{3}$

**問題 122** 放物線 $y = x^2 - 3x$ と直線 $y = 2x - 4$ で囲まれた図形の面積を求めよ．

解 $\frac{9}{2}$

**問題 123** 放物線 $y = x^2$ と点 $(1, -3)$ からこの放物線に引いた 2 本の接線で囲まれた図形の面積を求めよ．

解 $\frac{16}{3}$

**問題 124** 2 つの曲線 $y = \sin 2x$, $y = \sin x$ の区間 $[0, \pi]$ にある弧によって，囲まれた図形の面積を求めよ．

解　$\frac{5}{2}$

**問題 125** 放物線 $y = -x^2 + 2x + 3$ と直線 $y = x + 1$ で囲まれた図形の面積を求めよ．

解　$\frac{9}{2}$

**問題 126** 2 つの放物線 $y = 2x^2 - 8$ と $y = -x^2 - 3x - 2$ で囲まれた図形の面積を求めよ．

解　$\frac{27}{2}$

**問題 127** 曲線 $y = \log x$ とその上の点 $(e, 1)$ における接線および $x$ 軸によって囲まれた図形の面積を求めよ．

解　$\frac{e}{2} - 1$

**問題 128** $x = t^2$, $y = (1 - t)^2$ において変数 $t$ が $t \geqq 0$ なる範囲を変化するとき，点 $(x, y)$ の描く曲線と $x$ 軸および $y$ 軸で囲まれた部分の面積を求めよ．

解　$\frac{1}{6}$

## 5.2　曲線の長さ

　$f(x)$ は $[a, b]$ で定義されている関数で，この区間で $f'(x)$ は連続とする．曲線 $y = f(x)$ の $[a, b]$ の部分の弧の長さ $L$ を求める．

　まず区間 $[a, b]$ を分点 $x_1, x_2, \cdots, x_{n-1}$ によって分割し，$a = x_0$, $b = x_n$ とする．

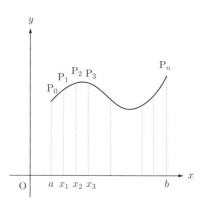

この曲線上の 2 点 $P_{k-1}(x_{k-1}, f(x_{k-1}))$, $P_k(x_k, f(x_k))$ の距離を $\ell_k$ とすれば

$$\ell_k = \sqrt{(x_k - x_{k-1})^2 + (f(x_k) - f(x_{k-1}))^2}$$

である. ここで 111 ページの Lagrange の平均値の定理 67 により,

$$f(x_k) - f(x_{k-1}) = f'(\xi_k)(x_k - x_{k-1}) \quad (x_{k-1} < \xi_k < x_k)$$

を満たす $\xi_k$ が存在するので,

$$\ell_k = \sqrt{1 + f'(\xi_k)^2}(x_k - x_{k-1}) = \sqrt{1 + f'(\xi_k)^2}\Delta x_k$$

である. よって, 折れ線 $P_0 P_1 P_2 \cdots P_n$ の長さ $L_n$ は

$$L_n = \sum_{k=1}^n \ell_k = \sum_{k=1}^n \sqrt{1 + f'(\xi_k)^2}\Delta x_k$$

である. したがって, $n \to \infty$ のとき $\Delta x \to 0$ となり, $L_n \to L$ と考えられるから

$$\boxed{L = \int_a^b \sqrt{1 + (f'(x))^2}\, dx = \int_a^b \sqrt{1 + \left(\frac{dy}{dx}\right)^2}\, dx} \tag{5.3}$$

が成立する.

曲線の方程式が媒介変数を使って

$$\begin{cases} x = \varphi(t) \\ y = \psi(t) \end{cases} \quad (\alpha \leqq t \leqq \beta)$$

で与えられているときは, 区間 $[\alpha, \beta]$ を分点 $t_1, t_2, \cdots, t_{n-1}$ によって分割し, $\alpha = t_0$, $\beta = t_n$ とすると, 2 点 $P_{k-1}(\varphi(t_{k-1}), \psi(t_{k-1}))$, $P_k(\varphi(t_k), \psi(t_k))$ の距離 $\ell_k$ は

$$\ell_k = \sqrt{(\varphi(t_k) - \varphi(t_{k-1}))^2 + (\psi(t_k) - \psi(t_{k-1}))^2}$$

である.

したがって, 式 (5.3) を求めたときと同様に, 111 ページの Lagrange の平均値の定理 67 を用いることにより, 2 点 $(\varphi(\alpha), \psi(\alpha))$, $(\varphi(\beta), \psi(\beta))$ の間の

長さは

$$L = \int_\alpha^\beta \sqrt{\left(\frac{dx}{dt}\right)^2 + \left(\frac{dy}{dt}\right)^2}\,dt = \int_\alpha^\beta \sqrt{(\varphi'(t))^2 + (\psi'(t))^2}\,dt \qquad (5.4)$$

であることがわかる.

**例題 43** 曲線 $y = a\cosh\dfrac{x}{a}$ の区間 $[-b, b]$ に対応する部分の長さを求めよ. ただし, $a > 0,\, b > 0$ とする.

**解答**　求める弧の長さを $L$ とすると, 101ページの双曲線関数の性質と (5.3) より

$$
\begin{aligned}
L &= \int_{-b}^{b} \sqrt{1 + (y')^2}\,dx \\
&= \int_{-b}^{b} \sqrt{1 + \left(\sinh\frac{x}{a}\right)^2}\,dx \\
&= \int_{-b}^{b} \sqrt{\left(\cosh\frac{x}{a}\right)^2}\,dx \\
&= 2\int_{0}^{b} \cosh\frac{x}{a}\,dx \\
&= 2\left[a\sinh\frac{x}{a}\right]_0^b \\
&= 2a\sinh\frac{b}{a}. \qquad\qquad\qquad \square
\end{aligned}
$$

**例題 44** 座標平面上を運動する点 P が出発してから, $t$ 秒後の座標 $(x, y)$ が

$$x = t^2 + 2, \quad y = 6t^2$$

であるとき, 出発後3秒間に通過する道のりを求めよ.

**解答**　求める道のりの長さを $L$ とする.

$$\frac{dx}{dt} = 2t, \quad \frac{dy}{dt} = 12t$$

$$\left(\frac{dx}{dt}\right)^2 + \left(\frac{dy}{dt}\right)^2 = 4t^2 + 144t^2 = 148t^2$$

であるから，(5.4) より

$$
\begin{aligned}
L &= \int_0^3 \sqrt{\left(\frac{dx}{dt}\right)^2 + \left(\frac{dy}{dt}\right)^2}\, dt \\
&= \int_0^3 \sqrt{148t^2}\, dt \\
&= \int_0^3 2\sqrt{37}t\, dt \\
&= \left[\sqrt{37}t^2\right]_0^3 = 9\sqrt{37} \qquad\qquad \square
\end{aligned}
$$

**例題 45** $a$ を正の定数とする．

$$
\begin{cases}
x = a(t - \sin t) \\
y = a(1 - \cos t)
\end{cases}
$$

によってパラメータ表示される曲線 $C$ を **cycloid**（サイクロイド）という．
$0 \leqq t \leqq 2\pi$ のときの曲線の長さ $L$ を求めよ．

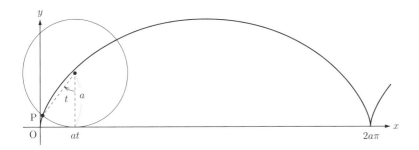

**解答** $\dfrac{dx}{dt} = a(1 - \cos t)$, $\dfrac{dy}{dt} = a\sin t$ より，半角の公式を用いて

$$
\begin{aligned}
\left(\frac{dx}{dt}\right)^2 + \left(\frac{dy}{dt}\right)^2 &= a^2(1 - \cos t)^2 + a^2 \sin^2 t \\
&= 2a^2(1 - \cos t) = 4a^2 \sin^2 \frac{t}{2}
\end{aligned}
$$

である．よって，(5.4) より

$$L = \int_0^{2\pi} \sqrt{\left(\frac{dx}{dt}\right)^2 + \left(\frac{dy}{dt}\right)^2}\, dt$$

$$= \int_0^{2\pi} \sqrt{4a^2 \sin^2 \frac{t}{2}}\, dt = 2a \int_0^{2\pi} \sin \frac{t}{2}\, dt$$

$$= 2a \left[ -2\cos \frac{t}{2} \right]_0^{2\pi} = 8a$$

□

**問題 129** 曲線 $y = x\sqrt{x}$ の区間 $[0,4]$ に対応する部分の長さを求めよ．

解　$\frac{8}{27}(10\sqrt{10} - 1)$

**問題 130** 座標平面上を運動する点 P が出発してから，$t$ 秒後の座標 $(x, y)$ が

$$x = -t + 1, \quad y = 2t\sqrt{t} + 16$$

で与えられるとき，P が出発後 1 秒から 4 秒間の間に通過する道のりを求めよ．

解　$\frac{2}{27}(37\sqrt{37} - 10\sqrt{10})$

## 5.3　体積

　1つの立体が与えられているとする．1つの直線を $x$ 軸と定め，$x$ 軸に垂直な2つの平面 $x = a, x = b$ $(a < b)$ にはさまれた立体の部分の体積 $V$ を求める．

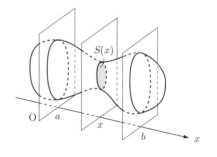

　$x$ 軸上の $x$ 座標が $x$ の点 P を通り，$x$ 軸に垂直な平面で立体を切るとき，切り口の面積は $x$ の関数である．これを $S(x)$ とする．区間 $[a, b]$ を $n$ 等分して $n$ 個の小区間を作り，これらの分点を小さい方から順に $x_1, x_2, \cdots, x_{n-1}$ とし，$x_0 = a, x_n = b$ とする．また，分点 $x = x_k$ を通り $x$ 軸に垂直な平面に

よる立体の切り口が底面で高さが $x_k - x_{n-1}$ である柱体の体積は,

$$S(x_k)(x_k - x_{k-1}) = S(x_k)\Delta x \quad \left(\text{ここで } \Delta x = x_k - x_{n-1} = \frac{b-a}{n}\right)$$

である. $V_n = \displaystyle\sum_{k=1}^{n} S(x_k)\Delta x$ とすると, これは求める立体の体積の近似値で, $n \to \infty$, すなわち $\Delta x \to 0$ のとき, 区分求積法によって $V_n \to V$ となる. よって,

$$\boxed{V = \int_a^b S(x)\,dx}$$

が成立する.

次に回転体の体積を考えよう.

曲線 $y = f(x)$ と $x$ 軸および 2 直線 $x = a, x = b$ $(a < b)$ で囲まれた部分を $x$ 軸のまわりに 1 回転させてできる立体の体積 $V$ は, 切り口が円で, 面積が $S(x) = \pi\{f(x)\}^2$ であるから

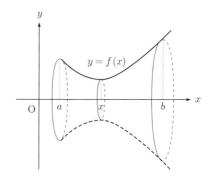

$$\boxed{V = \pi \int_a^b y^2\,dx = \pi \int_a^b \{f(x)\}^2\,dx}$$

が成立する.

**例題 46** 楕円 $\dfrac{x^2}{a^2} + \dfrac{y^2}{b^2} = 1$ $(a > 0, b > 0)$ を $x$ 軸のまわりに回転させてできる立体の体積を求めよ.

**解答** 求める体積を $V$ とすると,

$$
\begin{aligned}
V &= \pi \int_{-a}^{a} y^2\,dx \\
&= \pi \int_{-a}^{a} b^2\left(1 - \frac{x^2}{a^2}\right)\,dx \\
&= 2\pi \int_{0}^{a}\left(b^2 - \frac{b^2}{a^2}x^2\right)\,dx \\
&= 2\pi \left[b^2 x - \frac{b^2}{3a^2}x^3\right]_0^a = \frac{4}{3}\pi ab^2
\end{aligned}
$$

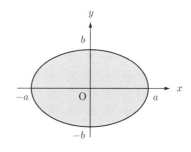

が得られる．よって，$V = \dfrac{4}{3}\pi ab^2$.　　　　　　　　　　　　□

**問題 131** 曲線 $y = |x^2 - 1|$ と直線 $y = 2$ とで囲まれた図形を $y$ 軸のまわりに回転してできる立体の体積を求めよ．

解　$\frac{7}{2}\pi$

**問題 132** 曲線 $y = \sin x$ $(0 \leqq x \leqq \pi)$ と $x$ 軸とで囲まれた図形を $x$ 軸のまわりに回転してできる立体の体積を求めよ．

解　$\frac{\pi^2}{2}$

**問題 133** 曲線 $y = 1 - \sqrt{x}$ と $x$ 軸，$y$ 軸とで囲まれた図形を $x$ 軸のまわりに回転してできる立体の体積を求めよ．

解　$\frac{\pi}{6}$

**問題 134** 円 $x^2 + (y - b)^2 = a^2$ $(0 < a < b)$ を $x$ 軸のまわりに回転してできる立体の体積を求めよ．

解　$2\pi^2 a^2 b$

## 5.4　回転体の表面積

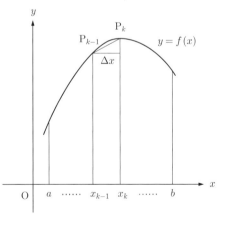

　$f(x)$ は $[a, b]$ で定義されている関数で，この区間で $f'(x)$ は連続とする．

　曲線 $y = f(x)$ の $[a, b]$ の部分を $x$ 軸のまわりに 1 回転してできる回転体の表面積 $S$ を求める．

　区間 $[a, b]$ を $n$ 等分した分点を順に $x_1, x_2, \ldots, x_{n-1}$ とし，$a = x_0$，$b = x_n$ とする．また $\dfrac{b - a}{n} = \Delta x$ とし，$P_k(x_k, f(x_k))$ とする．

　このとき，線分 $P_{k-1}P_k$ の描く回転面の面積 $\Delta S_k$ は

$$(\text{直円錐台の側面積}) = \frac{\text{両底面の周の和}}{2} \times (\text{斜高})　\text{より}$$

$$\begin{aligned}
\Delta S_k &= \frac{2\pi\left(f(x_{k-1}) + f(x_k)\right)}{2} \times \sqrt{(x_k - x_{k-1})^2 + (f(x_k) - f(x_{k-1}))^2} \\
&= \frac{2\pi\left(f(x_{k-1}) + f(x_k)\right)}{2} \times \sqrt{(x_k - x_{k-1})^2 + (f'(\xi_k))^2\,(x_k - x_{k-1})^2} \\
&= \frac{2\pi\left(f(x_{k-1}) + f(x_k)\right)}{2} \times \sqrt{1 + (f'(\xi_k))^2}\,|x_k - x_{k-1}| \\
&= \frac{2\pi\left(f(x_{k-1}) + f(x_k)\right)}{2} \times \sqrt{1 + (f'(\xi_k))^2}\,\Delta x \quad (x_{k-1} < \xi_k < x_k)
\end{aligned}$$

したがって,

$$S = \lim_{\Delta x \to 0} \sum_{k=1}^{n} \Delta S_k = 2\pi \int_a^b f(x)\sqrt{1 + f'(x)^2}\,dx$$

を得る.

**例題 47** 円 $x^2 + y^2 = r^2$ $(r > 0)$ を $x$ 軸のまわりに回転させてできる立体 (球) の表面積を求めよ.

**解答** 円は $x$ 軸に関して対称だから, 上半円 $y = \sqrt{r^2 - x^2}$ $(-r \leqq x \leqq r)$ を $x$ 軸のまわりに回転させると考えてよい.

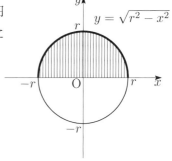

このとき, $y' = -\dfrac{x}{\sqrt{r^2 - x^2}}$ だから

$$1 + (y')^2 = 1 + \left(-\frac{x}{\sqrt{r^2 - x^2}}\right)^2 = \frac{r^2}{r^2 - x^2}$$

よって, 求める面積を $S$ とすると,

$$\begin{aligned}
S &= 2\pi \int_{-r}^{r} y\sqrt{1 + (y')^2}\,dx = 2\pi \int_{-r}^{r} \sqrt{r^2 - x^2}\sqrt{\frac{r^2}{r^2 - x^2}}\,dx \\
&= 2\pi \int_{-r}^{r} r\,dx = 2\pi \Big[rx\Big]_{-r}^{r} = 4\pi r^2
\end{aligned}$$

$\square$

**問題 135** 曲線 $y = \sin x$ $(0 \leqq x \leqq \pi)$ が $x$ 軸のまわりに回転してできる曲面の面積を求めよ.

解 $2\pi\left(\sqrt{2} + \log(\sqrt{2} + 1)\right)$

## 5.5　極座標と極方程式

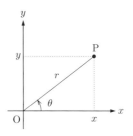

　P を平面上の点とする．原点 O との距離 $r =$ OP，$x$ 軸の正の部分と OP のなす角を反時計まわりを正として測った角 $\theta$ とするとき，実数の組 $(r, \theta)$ を点 P の **極座標** という．

　同一の点 P の直交座標 $(x, y)$ と極座標 $(r, \theta)$ の間には，次の関係がある．

$$
\begin{cases}
x = r\cos\theta \\
y = r\sin\theta
\end{cases}
\tag{5.5}
$$

　この極座標 $(r, \theta)$ に関する関係式 $r = f(\theta)$ または $F(r, \theta) = 0$ を **極方程式** という．極方程式によって 点 P $(r, \theta)$ の描く曲線を表すことができる．実際，式 (5.5) に $r = f(\theta)$ を代入すると

$$
\begin{cases}
x = f(\theta)\cos\theta \\
y = f(\theta)\sin\theta
\end{cases}
$$

であるから，$\theta$ でパラメータ表示された関数として曲線を表すことができることがわかる．

**例 22** 極方程式が表す図形の例

(1) $r = 1$　　　　　　　(2) $\theta = \dfrac{\pi}{3}$　　　　　　(3) $r = \theta\ (\theta > 0)$

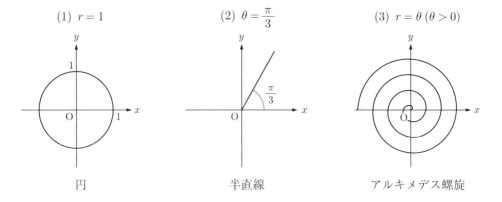

円　　　　　　　　　　　半直線　　　　　　　　　　アルキメデス螺旋

**注意** (2) のように，$\theta = $ (定数) のときは，半直線を表すこととする．

**例 23** 極方程式 $r = 2\sin\theta \cdots$ ①で表される曲線を考えよう.

$0 \leqq \theta \leqq \pi$ のとき, $(r, \theta)$ の表す点は右図のような円になる.

実際, ①を直交座標で表してみる.

①より $\sin\theta = \dfrac{r}{2}$ だから, 座標の関係式 (5.5) より $y = r \cdot \dfrac{r}{2}$, つまり $r^2 = 2y$. さらに, $x^2 + y^2 = r^2$ であるので代入すると

$$x^2 + y^2 = 2y \quad \text{つまり} \quad x^2 + (y-1)^2 = 1$$

が得られ, 中心が $(0,1)$ で半径が $1$ の円であることがわかる.

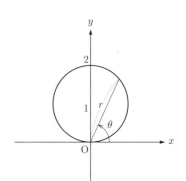

では, $\pi \leqq \theta \leqq 2\pi$ のときはどうなるであろうか?このとき, $\sin\theta \leqq 0$ だから $r \leqq 0$ になってしまうことに注意しよう. そこで, $r < 0$ のとき, $(r, \theta)$ は $(-r, \theta + \pi)$ と考えることにすると, ①は $\pi \leqq \theta \leqq 2\pi$ のときも右図の円を表す.

このように, 極方程式において $r < 0$ のときの極座標も考えることにする.

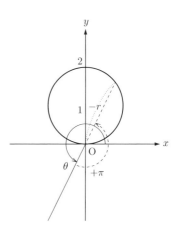

**例 24** 次の極方程式 $r = \sin n\theta$ が表す図形は正葉曲線と呼ばれている. $n$ が偶数のときは葉が $2n$ 枚, $n$ が奇数のときは葉が $n$ 枚描かれる.

(1) $r = \sin\theta$          (2) $r = \sin 2\theta$          (3) $r = \sin 3\theta$

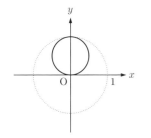 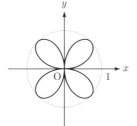 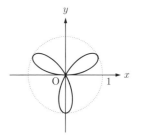

**例題 48** 直交座標 $(x, y)$ で描かれている図形の式が $(x-1)^2 + y^2 = 1 \cdots ①$ である.

(1) ①を図示せよ.

(2) ①を極方程式で表せ.

**解答** (1) ①は, 中心が $(1, 0)$ で半径が $1$ の円である. グラフは図のとおり.

(2) 極座標変換は (5.5) より $\begin{cases} x = r\cos\theta \\ y = r\sin\theta \end{cases}$

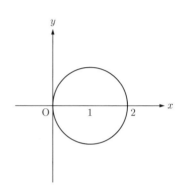

だから, ①に代入すると

$$(r\cos\theta - 1)^2 + (r\sin\theta)^2 = 1.$$

これを計算して整理すると,

$$r^2\cos^2\theta - 2r\cos\theta + 1 + r^2\sin^2\theta - 1 = 0,$$

$$r^2(\cos^2\theta + \sin^2\theta) - 2r\cos\theta = 0,$$

$$r(r - 2\cos\theta) = 0.$$

$r = 0$ は図形を表さないので, $r - 2\cos\theta = 0$. ゆえに①を極方程式で表すと $r = 2\cos\theta$ であり, このとき $\theta$ の範囲は $-\dfrac{\pi}{2} \leqq \theta \leqq \dfrac{\pi}{2}$ である.　　　　□

　　曲線が極座標 $(r, \theta)$ に関して, 極方程式 $r = f(\theta)$ で表されているとき, この曲線の囲む領域の面積について次の定理が成立する.

---

**定理 94 (極方程式と面積)**　$f(\theta)$ を $\theta$ の連続関数とするとき, 極方程式 $r = f(\theta)$ の表す曲線と 2 つの半直線 $\theta = \alpha, \theta = \beta$ (ただし, $\alpha < \beta$) で囲まれる領域 $D$ の面積 $S$ は

$$S = \frac{1}{2}\int_\alpha^\beta r^2 d\theta = \frac{1}{2}\int_\alpha^\beta \{f(\theta)\}^2 d\theta \qquad (5.6)$$

---

**証明** $\theta$ の閉区間 $[\alpha,\beta]$ に対して, 図の
ように $\alpha = \theta_0 < \theta_1 < \theta_2 < \cdots < \theta_n = \beta$
であるような区間 $[\alpha,\beta]$ の分割 $\mathcal{P}$ を考える.
このとき小さい扇形の面積を $S_k$ とすると,
極限 $\displaystyle\lim_{|\mathcal{P}|\to 0}\sum_{k=1}^{n} S_k$ が $D$ の面積となる.

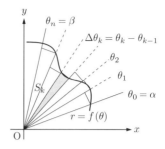

扇形の面積 $S_k$ は, 36 ページの (1.4) より

$$S_k = \frac{1}{2}r_k{}^2\theta_k = \frac{1}{2}\{f(\theta_k)\}^2\Delta\theta_k$$

であり, $f(\theta)$ は $\theta$ の連続だから, 分割 $\mathcal{P}$ の選び方によらずに極限
$\displaystyle\lim_{|\mathcal{P}|\to 0}\sum_{k=1}^{n}\frac{1}{2}\{f(\theta_k)\}^2\Delta\theta_k$ が存在し, 定積分の定義式 (4.7) より,

$$S = \lim_{|\mathcal{P}|\to 0}\sum_{k=1}^{n}\frac{1}{2}\{f(\theta_k)\}^2\Delta\theta_k = \frac{1}{2}\int_{\alpha}^{\beta}\{f(\theta)\}^2 d\theta.$$

が得られる. □

**例題 49** $a$ を正の定数とする. 極方程式 $r = a\sin 2\theta$ が表す曲線によって囲まれる領域の面積 $S$ を求めよ.

**解答** 定理 5.5 より, 半角の公式を用いて計算
すると

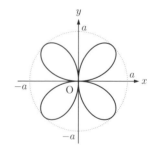

$$\begin{aligned}
S &= \frac{1}{2}\int_0^{2\pi} a^2\sin^2 2\theta\, d\theta\\
&= \frac{1}{2}a^2\int_0^{2\pi}\frac{1}{2}(1-\cos 4\theta)\, d\theta\\
&= \frac{1}{4}a^2\Big[\theta - \frac{1}{4}\sin 4\theta\Big]_0^{2\pi} = \frac{\pi a^2}{2}
\end{aligned}$$

である. □

---

**定理 95 極方程式の曲線の長さ** $f(\theta)$ を $\theta$ の連続関数とするとき, 極方程
式 $r = f(\theta)$ $(\alpha \leqq \theta \leqq \beta)$ 表す曲線の長さ $L$ は

$$L = \int_{\alpha}^{\beta}\sqrt{(f(\theta))^2 + (f'(\theta))^2}\, d\theta \tag{5.7}$$

証明　極方程式の描く曲線は

$$\begin{cases} x = f(\theta)\cos\theta \\ y = f(\theta)\sin\theta \end{cases}$$

であるから，$\theta$ でパラメータ表示された関数と考えることができることがわかる．このとき，

$$\begin{cases} \dfrac{dx}{d\theta} = f'(\theta)\cos\theta - f(\theta)\sin\theta \\ \dfrac{dy}{d\theta} = f'(\theta)\sin\theta + f(\theta)\cos\theta \end{cases}$$

これより

$$\left(\frac{dx}{d\theta}\right)^2 + \left(\frac{dy}{d\theta}\right)^2 = \{f'(\theta)\cos\theta - f(\theta)\sin\theta\}^2 + \{f'(\theta)\sin\theta + f(\theta)\cos\theta\}^2$$
$$= (f(\theta))^2 + (f'(\theta))^2$$

であるので，(5.4) より (5.7) がわかる．　　　　　　　　　　　　□

**例題 50**　$a$ を正の定数とする．極方程式 $r = a(1+\cos\theta)\cdots$①について，次の問いに答えよ．

(1) ①を図示せよ．

(2) ①が表す曲線によって囲まれる図形の面積 $S$ を求めよ．

(3) ①が表す曲線の長さ $L$ を求めよ．

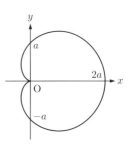

**解答**　(1) 図のとおり．（この図形はカージオイド（cardioid：心臓形）と呼ばれている）

(2) 定理 5.5 より，半角の公式を用いて計算すると

$$S = \frac{1}{2}\int_0^{2\pi} a^2(1+\cos\theta)^2 \, d\theta = \frac{1}{2}a^2 \int_0^{2\pi} (1 + 2\cos\theta + \cos^2\theta) \, d\theta$$
$$= \frac{1}{2}a^2 \int_0^{2\pi} \left(1 + 2\cos\theta + \frac{1+\cos 2\theta}{2}\right) d\theta$$
$$= \frac{1}{2}a^2 \left[\theta + 2\sin\theta + \frac{\theta}{2} + \frac{1}{4}\sin 2\theta\right]_0^{2\pi}$$
$$= \frac{3\pi a^2}{2}$$

(3) 定理 5.7 より，半角の公式を用いて計算すると

$$
\begin{aligned}
L &= \int_{\alpha}^{\beta} \sqrt{\{a(1+\cos\theta)\}^2 + (-a\sin\theta)^2}\, d\theta \\
&= a\int_{-\pi}^{\pi} \sqrt{(1+2\cos\theta+\cos^2\theta)+\sin^2\theta}\, d\theta \\
&= a\int_{-\pi}^{\pi} \sqrt{2(1+\cos\theta)}\, d\theta \\
&= a\int_{-\pi}^{\pi} \sqrt{4\cos^2\frac{\theta}{2}}\, d\theta \\
&= a\int_{-\pi}^{\pi} 2\cos\frac{\theta}{2}\, d\theta \\
&= a\left[4\sin\frac{\theta}{2}\right]_{-\pi}^{\pi} \\
&= 8a
\end{aligned}
$$

$\square$

※ カージオイド (cardioid) は，円が，同じ半径の定円に接しながら，滑ることなく回転するとき，その円上の定点が描く曲線である．

　例えば，固定歯車の外周を動く歯車の 1 点が動く軌跡などが挙げられる．

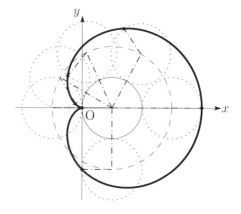

# 6 ——————————— 偏微分法

## 6.1 多変数関数, 特に 2 変数関数

$xy$ 平面上のある領域 $D$ を動く点 $(x, y)$ に 1 つの実数 $z$ を対応させるとき, $z$ は $D$ を定義域とする 2 変数関数であるといい,

$$z = f(x, y)$$

で表す. このとき, 変数 $x, y$ を **独立変数**, 変数 $z$ を **従属変数** と呼ぶ. 一般に, $n$ 個の独立変数 $x_1, \cdots, x_n$ の $f$ による値であることを

$$z = f(x_1, \cdots, x_n)$$

で表し, **$n$ 変数関数** と呼ぶ. $f(x_1, \cdots, x_n)$ が定義される $(x_1, \cdots, x_n)$ の集合を $f$ の **定義域**, 値 $z$ の作る集合を $f$ の **値域** と呼ぶ. 独立変数が 2 個以上の関数は, 多変数関数と呼ばれている.

**例 25** (1) 1 m あたりの値段が 20 円の鉄線と 50 円銅線をそれぞれ $x$ [m], $y$ [m] 買うときの総額 $z$ は $z = 20x + 50y$ である. これは 2 変数関数の例である. このとき, 定義域 $D$ は

$$D = \{ (x, y) \in \mathbb{R}^2 \mid x > 0, \ y > 0 \},$$

値域は 区間 $(0, +\infty)$ である.

(2) 縦横高さの長さがそれぞれ $x, y, z$ である直方体の体積 $V$ は $V = xyz$ である. これは 3 変数関数の例である. このとき, 定義域 $D$ は

$$D = \{ (x, y, z) \in \mathbb{R}^3 \mid x > 0, \ y > 0, \ z > 0 \},$$

値域は 区間 $(0, +\infty)$ である.

　この章では $n$ 変数関数の微分法を述べるが, $n = 2$ のときの理論が一般の場合にもそのまま通用することが多いので, 主に 2 変数関数について述べることにしよう.

　2 変数関数 $z = f(x, y)$ が与えられたとき, 空間における直交軸 $O - xyz$ をとり, $x, y$ およびこれに対応する $z$ を座標とする $(x, y, z)$ の軌跡を考えれば, $z = f(x, y)$ のグラフが得られる. 領域 $D$ を定義域とする 2 変数関数 $z = f(x, y)$ に対し, 空間の点の集合

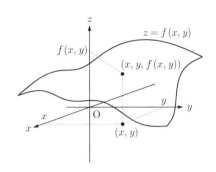

$$\{(x, y, z) \mid z = f(x, y),\ \ (x, y) \in D\}$$

を **関数 $f$ のグラフ** という. 一般に, 連続な 2 変数関数のグラフは, 曲面である.

**例 26** $z = \sqrt{x^2 + y^2}$ のグラフは, 右図のような円錐面である.

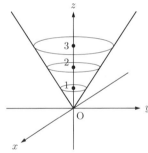

**問題 136** 次の関数はどんな面を表すか.

　(1) $z = x + 2y + 1$ 　　　(2) $z = \sqrt{a^2 - x^2 - y^2}\ (a > 0)$ 　　　(3) $z = 2x^2 + 3y^2$

解　(1) 平面　(2) 上半球面　(3) 楕円放物面

　関数 $z = f(x, y)$ において, 点 $\mathrm{P}(x, y)$ が点 $\mathrm{A}(a, b)$ に限りなく近づくとき, その近づき方によらずに, 関数 $f(x, y)$ が一定の値 $\alpha$ に限りなく近づくならば, $(x, y) \to (a, b)$ のとき $f(x, y)$ の**極限値**は $\alpha$ であるといい, 記号

$$\lim_{(x,y)\to(a,b)} f(x, y) = \alpha, \qquad \lim_{x\to a, y\to b} f(x, y) = \alpha$$

などで表す.

**注意：** $\displaystyle\lim_{(x,y)\to(a,b)} f(x,y) = \alpha$ とは，$(x,y)\to(a,b)$ のとき，$(x,y)$ が $(a,b)$ にどんな近づき方をしても，$f(x,y)$ は同じ値 $\alpha$ に近づくことを意味する．したがって，$(x,y)\to(a,b)$ の近づき方が異なったとき $f(x,y)$ が異なる値に近づくならば，極限は存在しないことになる.

**例題 51** 極限 $\displaystyle\lim_{(x,y)\to(0,0)} \frac{2x^2+3y^2}{x^2+y^2}$ は存在しないことを示せ.

**解答**　点 P $(x,y)$ が $x$ 軸の正の方向との角度が $\theta$ である方向から原点 O $(0,0)$ に近づくとする．$r =$ OP とすると，$x = r\cos\theta, y = r\sin\theta$ であり，$(x,y)\to(0,0)$ のとき $r\to 0$ だから

$$\begin{aligned}\lim_{(x,y)\to(0,0)} \frac{2x^2+3y^2}{x^2+y^2} &= \lim_{r\to 0} \frac{2(r\cos\theta)^2+3(r\sin\theta)^2}{(r\cos\theta)^2+(r\sin\theta)^2}\\ &= \lim_{r\to 0} \frac{r^2(2\cos^2\theta+3\sin^2\theta)}{r^2}\\ &= 2\cos^2\theta+3\sin^2\theta.\end{aligned}$$

これは $\theta$ により値が変わることを示しており，近づき方によって，関数値の近づく値が一定でないことを意味している.

したがって，$\displaystyle\lim_{(x,y)\to(0,0)} \frac{2x^2+3y^2}{x^2+y^2}$ は存在しない.　　　　□

**別解**　点 $(x,y)$ が $x$ 軸に沿って点 $(0,0)$ に近づくとすると，$y$ 座標は 0 だから

$$\begin{aligned}\lim_{(x,y)\to(0,0)} \frac{2x^2+3y^2}{x^2+y^2} &= \lim_{x\to 0} \frac{2x^2+3\times 0^2}{x^2+0^2} = \lim_{x\to 0}\frac{2x^2}{x^2}\\ &= \lim_{x\to 0} 2 = 2.\end{aligned}$$

一方，点 $(x,y)$ が $y$ 軸に沿って点 $(0,0)$ に近づくとすると，$x$ 座標は 0 だから

$$\begin{aligned}\lim_{(x,y)\to(0,0)} \frac{2x^2+3y^2}{x^2+y^2} &= \lim_{y\to 0} \frac{2\times 0^2+3y^2}{0^2+y^2} = \lim_{y\to 0}\frac{3y^2}{y^2}\\ &= \lim_{y\to 0} 3 = 3.\end{aligned}$$

これは近づき方によって，関数値の近づく値が一定でないことを意味している．

したがって，$\displaystyle\lim_{(x,y)\to(0,0)}\frac{2x^2+3y^2}{x^2+y^2}$ は存在しない．　　　　　　　□

**例題 52** 極限 $\displaystyle\lim_{(x,y)\to(0,0)}\frac{x^2y}{x^4+y^2}$ は存在しないことを示せ．

**解答**　点 P $(x,y)$ が $x$ 軸に沿って点 $(0,0)$ に近づくと，$y$ 座標は 0 だから

$$\lim_{(x,y)\to(0,0)}\frac{x^2y}{x^4+y^2}=\lim_{(x,y)\to(0,0)}\frac{0}{x^4}=0.$$

点 P $(x,y)$ が $y$ 軸に沿って点 $(0,0)$ に近づくと，$x$ 座標は 0 だから

$$\lim_{(x,y)\to(0,0)}\frac{x^2y}{x^4+y^2}=\lim_{(x,y)\to(0,0)}\frac{0}{y^2}=0.$$

点 P $(x,y)$ が $x$ 軸，$y$ 軸以外の方向で，$x$ 軸の正の方向との角度が $\theta$ である向きから原点 O $(0,0)$ に近づくとする．$r=$OP とすると，$x=r\cos\theta, y=r\sin\theta$ であり，$(x,y)\to(0,0)$ のとき $r\to 0$ だから

$$\begin{aligned}\lim_{(x,y)\to(0,0)}\frac{x^2y}{x^4+y^2}&=\lim_{r\to0}\frac{(r\cos\theta)^2\cdot r\sin\theta}{(r\cos\theta)^4+(r\sin\theta)^2}\\&=\lim_{r\to0}\frac{r\cos^2\theta\,\sin\theta}{r^2\cos^4\theta+\sin^2\theta}\\&=0.\end{aligned}$$

これは，$(x,y)\to(0,0)$ を直線的に近づけるときの極限値がすべて 0 であることを示している．

一方，曲線 $y=x^2$ に沿って近づけると，$(x,y)\to(0,0)$ のとき $x\to0$ であるので

$$\lim_{(x,y)\to(0,0)}\frac{x^2y}{x^4+y^2}=\lim_{x\to0}\frac{x^2x^2}{x^4+(x^2)^2}=\lim_{x\to0}\frac{x^4}{x^4+x^4}=\frac{1}{2}.$$

つまり，0 でない極限値を得られた．

これは，近づき方によって，関数値の近づく値が異なることを意味しており，$\displaystyle\lim_{(x,y)\to(0,0)}\frac{x^2y}{x^4+y^2}$ は存在しない．　　　　　　　□

　上記の例題 52 でわかるように，2 変数の場合の極限は，$(x, y) \to (a, b)$ の近づき方が無限通りであり，もちろん直線的でない場合も含まれている．1 変数の場合は右極限と左極限の 2 通りだったことを考えると，多変数の場合の難しさがここにある．

　関数 $f(x, y)$ に対して，$\displaystyle\lim_{(x,y)\to(a,b)} f(x, y) = f(a, b)$ であるとき関数 $f(x, y)$ は **点 $\mathbf{A}(a, b)$ で連続である**という．また，領域 $D$ のすべての点で連続であるとき，関数 $f(x, y)$ は **$D$ で連続である** という．

　3 個以上の変数の関数も 2 変数関数と同様に定義される．そして，この章で扱うことがらの多くは，3 変数以上の関数にも拡張することができる．

## 6.2　偏微分係数と偏導関数

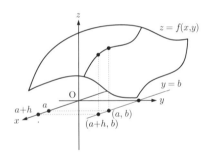

　関数 $z = f(x, y)$ について，$y$ の値を一定値 $b$ に保つと，関数 $z = f(x, b)$ は $x$ だけの関数になる．この関数 $z = f(x, b)$ が $x = a$ で微分係数をもつとき，その微分係数を $\dfrac{\partial f}{\partial x}(a, b)$, $f_x(a, b)$ または $\left(\dfrac{\partial z}{\partial x}\right)_{(x,y)=(a,b)}$ で表し，$z = f(x, y)$ の**点 $\mathbf{A}(a, b)$ における $x$ に関する偏微分係数**という．すなわち，

$$\frac{\partial f}{\partial x}(a, b) = f_x(a, b) = \lim_{\Delta x \to 0} \frac{f(a + \Delta x, b) - f(a, b)}{\Delta x} = \lim_{h \to 0} \frac{f(a + h, b) - f(a, b)}{h}$$

　同様に，$y$ の関数 $z = f(a, y)$ が $y = b$ で微分係数をもつとき，その微分係数を $\dfrac{\partial f}{\partial y}(a, b)$, $f_y(a, b)$ または $\left(\dfrac{\partial z}{\partial y}\right)_{(x,y)=(a,b)}$ で表し，$z = f(x, y)$ の**点 $\mathbf{A}(a, b)$ における $y$ に関する偏微分係数**という．すなわち，

$$\frac{\partial f}{\partial y}(a,b) = f_y(a,b) = \lim_{\Delta y \to 0} \frac{f(a, b+\Delta y) - f(a,b)}{\Delta y} = \lim_{k \to 0} \frac{f(a, b+k) - f(a,b)}{k}$$

関数 $z = f(x, y)$ に対して，領域 $D$ の各点 $(x, y)$ で 点 $(x, y)$ における $x$ についての偏微分係数 $f_x(x, y)$ が存在すれば，対応 $(x, y) \mapsto f_x(x, y)$ は $D$ 上で定義される．これを $z = f(x, y)$ の **$x$ に関する偏導関数** と呼び，$f_x(x, y)$, $\big(f(x, y)\big)_x$, $f_x$, $\dfrac{\partial f}{\partial x}(x, y)$, $\dfrac{\partial f}{\partial x}$, $z_x$, $\dfrac{\partial z}{\partial x}$ などの記号で表す．これは，**$y$ を固定しておいて $f(x, y)$ を $x$ だけの関数として導関数**である．$x$ に関する偏導関数を求めることを **$x$ で偏微分する**という．同様に対応 $(x, y) \mapsto f_y(x, y)$ が定義され，これを $z = f(x, y)$ の **$y$ に関する偏導関数**といい $f_y(x, y)$, $\big(f(x, y)\big)_y$, $f_y$, $\dfrac{\partial f}{\partial y}(x, y)$, $\dfrac{\partial f}{\partial y}$, $z_y$, $\dfrac{\partial z}{\partial y}$ などの記号で表す．

$$\frac{\partial f}{\partial x}(x,y) = f_x(x,y) = \lim_{\Delta x \to 0} \frac{f(x+\Delta x, y) - f(x,y)}{\Delta x} = \lim_{h \to 0} \frac{f(x+h, y) - f(x,y)}{h}$$

$$\frac{\partial f}{\partial y}(x,y) = f_y(x,y) = \lim_{\Delta y \to 0} \frac{f(x, y+\Delta y) - f(x,y)}{\Delta y} = \lim_{k \to 0} \frac{f(x, y+k) - f(x,y)}{k}$$

**例題 53** 次の関数の偏導関数 $z_x$, $z_y$ を求めよ．

　　(1) $z = x^3 - 3xy^2 + y^4$ 　　　　　(2) $z = e^{2x} \sin 3y$

**解答**　$x$ で偏微分するときは，$y$ は変化しないので定数と考えることができる．同様に，$y$ で偏微分するときは，$x$ は定数と考えることができる．

(1)
$$z_x = (x^3 - 3xy^2 + y^4)_x$$
$$= (x^3)_x - (3xy^2)_x + (y^4)_x$$
$$= 3x^2 - 3 \times 1 \times y^2 + 0 = 3x^2 - 3y^2.$$
$$z_y = (x^3 - 3xy^2 + y^4)_y$$
$$= (x^3)_y - (3xy^2)_y + (y^4)_y$$
$$= 0 - 3x \times 2y + 4y^3 = -6xy + 4y^3.$$

(2) $\qquad z_x = (e^{2x}\sin 3y)_x = (e^{2x})_x \sin 3y = 2e^{2x}\sin 3y.$

$\qquad\qquad z_y = (e^{2x}\sin 3y)_y = e^{2x}(\sin 3y)_y = 3e^{2x}\cos 3y.$ □

**問題 137** 次の関数の偏導関数 $z_x,\ z_y$ を求めよ.

(1) $z = x^2 - x^2 y + y^2$　　(2) $z = \sin(3x + 2y)$　　(3) $z = \frac{x}{x+y}$

(4) $z = \log(x^2 + y^2)$　　(5) $z = \arctan\frac{y}{x}$　　(6) $z = \sqrt{x^2 + y^2}$

解　(1) $z_x = 2x - 2xy, z_y = -x^2 + 2y$　(2) $z_x = 3\cos(3x+2y), z_y = 2\cos(3x+2y)$
(3) $z_x = \frac{y}{(x+y)^2}, z_y = \frac{-x}{(x+y)^2}$　(4) $z_x = \frac{2x}{x^2+y^2}, z_y = \frac{2y}{x^2+y^2}$
(5) $z_x = \frac{-y}{x^2+y^2}, z_y = \frac{x}{x^2+y^2}$　(6) $z_x = \frac{x}{\sqrt{x^2+y^2}}, z_y = \frac{y}{\sqrt{x^2+y^2}}$

## 6.3　全微分

関数 $z = f(x,y)$ において，$f_x(x,y), f_y(x,y)$ がどちらも連続とする．いま $x,y$ がそれぞれ $a \to a + \Delta x, b \to b + \Delta y$ と変化したとする．これに対応する $z$ の増分を $\Delta z$ とすれば，

$$\Delta z = f(a + \Delta x, b + \Delta y) - f(a,b).$$

これを変形して

$$\Delta z = \{f(a + \Delta x, b + \Delta y) - f(a, b + \Delta y)\} + \{f(a, b + \Delta y) - f(a,b)\}.$$

平均値の定理を用いて

$$\Delta z = f_x(a+\theta_1\Delta x, b+\Delta y)\Delta x + f_y(a, b+\theta_2\Delta y)\Delta y \quad (0 < \theta_1 < 1,\ 0 < \theta_2 < 1).$$

ここで，$\varepsilon_1 = f_x(a+\theta_1\Delta x, b+\Delta y) - f_x(a,b),\ \varepsilon_2 = f_y(a, b+\theta_2\Delta y) - f_y(a,b)$ とすれば

$$\Delta z = f_x(a,b)\Delta x + f_y(a,b)\Delta y + \varepsilon_1\Delta x + \varepsilon_2\Delta y.$$

$f_x(x,y), f_y(x,y)$ は連続であるから $\Delta x \to 0,\ \Delta y \to 0$ のとき $\varepsilon_1 \to 0,\ \varepsilon_2 \to 0$ となる．したがって，$\dfrac{\varepsilon_1\Delta x + \varepsilon_2\Delta y}{\sqrt{(\Delta x)^2 + (\Delta y)^2}} \to 0$ であるから

$$\boxed{|\Delta x|,\ |\Delta y|\ \text{が微小のとき，近似式}\ \Delta z \fallingdotseq f_x(a,b)\Delta x + f_y(a,b)\Delta y}$$

が成立する.

多変数関数の場合は，1 変数の場合と違って，偏微分可能でも連続になるとは限らない. 一般に，関数 $f(x,y)$ が集合 $D$ の点 $\mathrm{A}(a,b)$ で**全微分可能**であるとは，定数 $\alpha, \beta$ と関数 $\sigma(x,y)$ が存在して

$$f(x,y) = f(a,b) + \alpha(x-a) + \beta(y-b) + \sigma(x,y) \tag{6.1}$$

$$\lim_{(x,y)\to(a,b)} \frac{\sigma(x,y)}{\sqrt{(x-a)^2+(y-b)^2}} = 0 \tag{6.2}$$

が成立することである. 関数 $f(x,y)$ が $D$ の各点で全微分可能であるとき，$f(x,y)$ は $D$ で全微分可能であるという. このとき，$dx = \Delta x$, $dy = \Delta y$ の大小にかかわらず，$f_x(x,y)dx + f_y(x,y)dy$ を関数 $z = f(x,y)$ の **全微分** といい，$df$ または $dz$ で表す. すなわち，$z = f(x,y)$ の **全微分** は

$$\boxed{dz = z_x\, dx + z_y\, dy} \tag{6.3}$$

である.

**例題 54** (1) 関数 $z = x^2 y$ の全微分 $dz$ を求めよ.
(2) (1) で求めた全微分を用いて，$(5.04)^2(2.98)$ の近似値を求めよ.

**解答** (1) $z_x = 2xy$, $z_y = x^2$ だから $dz = 2xydx + x^2dy$.
(2) $f(x,y) = x^2y$, $x = 5, y = 3$, $dx = \Delta x = 0.04, dy = \Delta y = -0.02$ として全微分を用いると，

$$(5.04)^2(2.98) = f(x+\Delta x, y+\Delta y) = f(x+\Delta x, x+\Delta y) - f(x,y) + f(x,y)$$
$$= \Delta z + f(x,y) \fallingdotseq dz + 5^2 \times 3 = 2xydx + x^2dy + 75$$
$$= 2 \times 5 \times 3 \times 0.04 + 5^2 \times (-0.02) + 75$$
$$= 75.7$$

が得られる.（参考：$(5.04)^2(2.98) = 75.696768$）                          □

**問題 138** 関数 $z = x^2 y^3$ の全微分を用いて，$(5.06)^2(2.98)^3$ の近似値を求めよ．

**解**　677.7

## 6.4　合成関数の微分法

関数 $z = f(x,y)$ において，$f_x(x,y), f_y(x,y)$ がどちらも連続とする．いま $x, y$ が $t$ の関数 $x = \phi(t)$, $y = \psi(t)$ とするとき，これらを $z = f(x,y)$ に代入すると，$z$ は $t$ の関数になる．この関数を $t$ で微分することを考える．$t$ が $\Delta t$ だけ変化するとき，$x, y$ の増分をそれぞれ $\Delta x, \Delta y$，これに対応する $z$ の増分を $\Delta z$ とすれば，

$$\Delta z = f(x + \Delta x, y + \Delta y) - f(x,y)$$

である．これを変形して

$$\Delta z = \{f(x + \Delta x, y + \Delta y) - f(x, y + \Delta y)\} + \{f(x, y + \Delta y) - f(x,y)\}$$

が得られるので，111 ページの Lagrange の平均値の定理（定理 67）より

$$\Delta z = f_x(x+\theta_1\Delta x, y+\Delta y)\Delta x + f_y(x, y+\theta_2\Delta y)\Delta y \quad (0 < \theta_1 < 1, \, 0 < \theta_2 < 1)$$

を満たす $\theta_1, \theta_2$ が存在する．したがって

$$\frac{\Delta z}{\Delta t} = f_x(x + \theta_1\Delta x, y + \Delta y)\frac{\Delta x}{\Delta t} + f_y(x, y + \theta_2\Delta y)\frac{\Delta y}{\Delta t}$$

が成立する．ここで，$x = \phi(t)$, $y = \psi(t)$ がどちらも微分可能とすると，$\Delta t \to 0$ のとき

$$\frac{\Delta x}{\Delta t} \to \frac{dx}{dt}, \quad \frac{\Delta y}{\Delta t} \to \frac{dy}{dt}$$
$$\Delta x = \phi(t + \Delta t) - \phi(t) \to 0, \quad \Delta y = \psi(t + \Delta t) - \psi(t) \to 0$$

であるので

$$\frac{dz}{dt} = f_x(x,y)\frac{dx}{dt} + f_y(x,y)\frac{dy}{dt}$$

が得られる．

---

**定理 96** $z = f(x, y)$ において, $f_x(x, y), f_y(x, y)$ がどちらも連続で
$x = \phi(t)$, $y = \psi(t)$ が微分可能ならば

$$\frac{dz}{dt} = \frac{\partial z}{\partial x}\frac{dx}{dt} + \frac{\partial z}{\partial y}\frac{dy}{dt} = f_x(x, y)\frac{dx}{dt} + f_y(x, y)\frac{dy}{dt} \tag{6.4}$$

が成立する. これは行列を用いると, 積で表せる.

$$\frac{dz}{dt} = \begin{pmatrix} \dfrac{\partial z}{\partial x} & \dfrac{\partial z}{\partial y} \end{pmatrix} \begin{pmatrix} \dfrac{dx}{dt} \\ \dfrac{dy}{dt} \end{pmatrix} = \begin{pmatrix} z_x & z_y \end{pmatrix} \begin{pmatrix} \dfrac{dx}{dt} \\ \dfrac{dy}{dt} \end{pmatrix} \tag{6.5}$$

---

同様に関数 $w = F(x, y, z)$ の $x, y, z$ が $t$ の関数のとき, 適当な条件のもとで

$$\frac{dw}{dt} = \frac{\partial w}{\partial x}\frac{dx}{dt} + \frac{\partial w}{\partial y}\frac{dy}{dt} + \frac{\partial w}{\partial z}\frac{dz}{dt} = F_x\frac{dx}{dt} + F_y\frac{dy}{dt} + F_z\frac{dz}{dt} \tag{6.6}$$

が成立する.

次に関数 $z = f(x, y)$ において, $x = \phi(u, v)$, $y = \psi(u, v)$ であれば, これらを $z = f(x, y)$ に代入すると, $z$ は $u, v$ の関数になる. いま $v$ を固定すれば, $x, y$ は $u$ だけの関数であるから, 定理 96 を利用して

---

**定理 97** $z = f(x, y)$ において, $f_x(x, y), f_y(x, y)$ がどちらも連続で
$x = \phi(u, v)$, $y = \psi(u, v)$ がどちらも偏微分可能ならば

$$\begin{cases} \dfrac{\partial z}{\partial u} = \dfrac{\partial z}{\partial x}\dfrac{\partial x}{\partial u} + \dfrac{\partial z}{\partial y}\dfrac{\partial y}{\partial u} = z_x x_u + z_y y_u \\ \dfrac{\partial z}{\partial v} = \dfrac{\partial z}{\partial x}\dfrac{\partial x}{\partial v} + \dfrac{\partial z}{\partial y}\dfrac{\partial y}{\partial v} = z_x x_v + z_y y_v \end{cases}$$

が成立する. これは行列を用いると, 積で表せる.

$$\begin{pmatrix} \dfrac{\partial z}{\partial u} & \dfrac{\partial z}{\partial v} \end{pmatrix} = \begin{pmatrix} \dfrac{\partial z}{\partial x} & \dfrac{\partial z}{\partial y} \end{pmatrix} \begin{pmatrix} \dfrac{\partial x}{\partial u} & \dfrac{\partial x}{\partial v} \\ \dfrac{\partial y}{\partial u} & \dfrac{\partial y}{\partial v} \end{pmatrix} = \begin{pmatrix} z_x & z_y \end{pmatrix} \begin{pmatrix} x_u & x_v \\ y_u & y_v \end{pmatrix} \tag{6.7}$$

式 (6.7) の行列 $\begin{pmatrix} \dfrac{\partial x}{\partial u} & \dfrac{\partial x}{\partial v} \\[2mm] \dfrac{\partial y}{\partial u} & \dfrac{\partial y}{\partial v} \end{pmatrix}$ は,**関数行列**と呼ばれており,その行列式

$$\frac{\partial(x,y)}{\partial(u,v)} = \begin{vmatrix} \dfrac{\partial x}{\partial u} & \dfrac{\partial x}{\partial v} \\[2mm] \dfrac{\partial y}{\partial u} & \dfrac{\partial y}{\partial v} \end{vmatrix} = \frac{\partial x}{\partial u} \times \frac{\partial y}{\partial v} - \frac{\partial x}{\partial v} \times \frac{\partial y}{\partial u} \tag{6.8}$$

は,**関数行列式**または **Jacobian**(ヤコビアン)と呼ばれている.

**例題 55** 関数 $w = yz + zx + xy$, $x = \cos t$, $y = \sin t$, $rz = t$ について $\dfrac{dw}{dt}$ を求めよ.

**解答** 公式 (6.6) より

$$\begin{aligned} \frac{dw}{dt} &= \frac{\partial w}{\partial x}\frac{dx}{dt} + \frac{\partial w}{\partial y}\frac{dy}{dt} + \frac{\partial w}{\partial z}\frac{dz}{dt} \\ &= (z+y) \times (-\sin t) + (z+x) \times \cos t + (y+x) \times 1 \\ &= (1+\cos t)x + (1-\sin t)y + (\cos t - \sin t)z. \end{aligned}$$ □

**問題 139** $z = f(x,y)$ において $x = r\cos\theta$, $y = r\sin\theta$ のとき $\left(\dfrac{\partial z}{\partial x}\right)^2 + \left(\dfrac{\partial z}{\partial y}\right)^2 = \left(\dfrac{\partial z}{\partial r}\right)^2 + \left(\dfrac{1}{r}\dfrac{\partial z}{\partial \theta}\right)^2$ を証明せよ.

**問題 140** $z = f(x,y)$ において $x = u\cos\alpha - v\sin\alpha$, $y = u\sin\alpha + v\cos\alpha$ のとき $\left(\dfrac{\partial z}{\partial x}\right)^2 + \left(\dfrac{\partial z}{\partial y}\right)^2 = \left(\dfrac{\partial z}{\partial u}\right)^2 + \left(\dfrac{\partial z}{\partial v}\right)^2$ を証明せよ.ただし,$\alpha,\beta$ は定数である.

**問題 141** $z = f(x,y)$ において $x = e^u\cos v$, $y = e^u\sin v$ のとき $\dfrac{\partial z}{\partial u}, \dfrac{\partial z}{\partial v}$ を $\dfrac{\partial z}{\partial x}, \dfrac{\partial z}{\partial y}$ および $x, y$ で表せ.

解   $\dfrac{\partial z}{\partial u} = xz_x + yz_y, \dfrac{\partial z}{\partial v} = -yz_x + xz_y$

**問題 142** 次の場合のヤコビアン $\dfrac{\partial(x,y)}{\partial(u,v)}$ を計算せよ.

(1) $x = au + bv$, $y = cu + dv$ ($a,b,c,d$ は定数)      (2) $x = \dfrac{u^2}{v}, y = \dfrac{v^2}{u}$

解 (1) $ad - bc$ (2) 3

**問題 143** $x = r\cos\theta, y = r\sin\theta$ のときヤコビアン $\dfrac{\partial(x,y)}{\partial(r,\theta)}$ を計算せよ.

解 $r$

**問題 144** $x, y$ が $u, v$ の関数, $u, v$ が $p, q$ の関数のとき, $x, y$ は $p, q$ の関数と考えられる. このときヤコビアンに関する次の等式が成立することを示せ.

$$\frac{\partial(x,y)}{\partial(p,q)} = \frac{\partial(x,y)}{\partial(u,v)}\frac{\partial(u,v)}{\partial(p,q)}$$

## 6.5 陰関数の微分法

2つの変数 $x, y$ の間に関係式 $f(x,y) = 0$ が与えられたときは, $x$ と $y$ とがそれぞれ別々に任意の値をとることはできない. もし $x$ の関数 $y = g(x)$ がある区間で恒等的に $f(x, g(x)) = 0$ を満たすならば, この $g(x)$ を $f(x,y) = 0$ から定まる**陰関数**という.

たとえば, $f(x,y) = x^2 + y^2 - 1 = 0$ のとき $y = \sqrt{1-x^2}$ と $y = -\sqrt{1-x^2}$ は区間 $[-1,1]$ で定義された $f(x,y) = 0$ から定まる陰関数である. このように, 陰関数 $g(x)$ は2つ以上定まることもあれば, また存在しないこともあろう. また上の例で, もし $g(x)$ の連続性を要求しないな

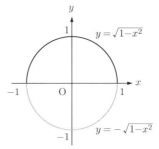

らば, 区間 $[-1,1]$ の各 $x$ に対して $\pm\sqrt{1-x^2}$ のうち1つをどちらでも勝手に対応させることにより, $f(x, g(x)) = 0$ を満たす $g(x)$ が作れる. しかし, $f(x,y) = 0$ から定まる $y = g(x)$ が役に立つのは, $g(x)$ が連続であったり, さらに微分可能であったりする場合である.

関数 $f(x,y)$ において $f_x(x,y), f_y(x,y)$ が存在するとし, また $f(x,y) = 0$ から定まる微分可能な $y = g(x)$ が存在するとする. (※ $f(x_0, y_0) = 0$, $f_y(x_0, y_0) \neq 0$ とすれば, $x = x_0$ の十分近くで $f(x,y) = 0$ から定まる微分

可能な陰関数 $y = g(x)$ で $y_0 = g(x_0)$ を満たすものがただ 1 つ 存在することが知られている.) $f(x, g(x)) = 0$ の両辺を $x$ で微分すると定理 96 により

$$f_x(x,y) + f_y(x,y)g'(x) = 0$$

となる. したがって, $f_y(x,y) \neq 0$ ならば

$$\frac{dy}{dx} = -\frac{f_x(x,y)}{f_y(x,y)} \quad (ただし\ y = g(x)) \tag{6.9}$$

**例題 56**　$x^2 - 4xy + y^2 - 3 = 0$ から定まる陰関数 $y$ の導関数 $\dfrac{dy}{dx}$ を求めよ.

**解答**　$f(x,y) = x^2 - xy + y^2 - 3$ とおくと, (6.9) より

$$\frac{dy}{dx} = -\frac{f_x}{f_y} = -\frac{2x - 4y}{-4x + 2y} = -\frac{x - 2y}{-2x + y}. \qquad \square$$

**問題 145**　$x^3 - 3xy + y^3 = 0$ から定まる陰関数 $y$ の導関数 $\dfrac{dy}{dx}$ を求めよ.

解　$\dfrac{dy}{dx} = -\dfrac{x^2 - y}{-x + y^2}$

## 6.6　高次偏導関数

2 変数関数 $z = f(x,y)$ の偏導関数 $\dfrac{\partial z}{\partial x}, \dfrac{\partial z}{\partial y}$ がさらに偏微分可能ならば, $x, y$ で偏微分した関数

$$\frac{\partial}{\partial x}\left(\frac{\partial z}{\partial x}\right),\ \frac{\partial}{\partial y}\left(\frac{\partial z}{\partial x}\right),\ \frac{\partial}{\partial x}\left(\frac{\partial z}{\partial y}\right),\ \frac{\partial}{\partial y}\left(\frac{\partial z}{\partial y}\right)$$

を考え, これら 4 つを **第 2 次偏導関数**といい, 記号

$$\frac{\partial^2 z}{\partial x^2},\ \frac{\partial^2 z}{\partial y \partial x},\ \frac{\partial^2 z}{\partial x \partial y},\ \frac{\partial^2 z}{\partial y^2}\ または\ z_{xx},\ z_{xy},\ z_{yx},\ z_{yy}$$

で表す. 第 3 次以上の偏導関数も同様に定義される.

一般には, $f_{xy}$ と $f_{yx}$ は偏微分する順序が違うので $f_{xy} \neq f_{yx}$ であるが, 次の定理は成立する.

> **定理 98** 偏導関数 $f_{xy}$, $f_{yx}$ がどちらも連続ならば. $f_{xy} = f_{yx}$ が成立する.

**例題 57** 関数 $f(x,y) = 3x^2y^4 - 5xy^3 + 7x - 2y + 4$ の第 2 次偏導関数を求めよ.

**解答** 与式より $f_x(x,y) = 6xy^4 - 5y^3 + 7$, $f_y(x,y) = 12x^2y^3 - 15xy^2 - 2$, これより第 2 次偏導関数は

$$f_{xx}(x,y) = 6y^4, \qquad f_{xy}(x,y) = 24xy^3 - 15y^2.$$
$$f_{yx}(x,y) = 24xy^3 - 15y^2, \quad f_{yy}(x,y) = 36x^2y^2 - 30xy. \qquad \square$$

**問題 146** 関数 $f(x,y) = x^4 + 2x^3y^2 - 3xy + y^2$ の $f_{xx}$, $f_{xy}$, $f_{yx}$, $f_{yy}$ を求めよ.

**解** $f_{xx} = 12x^2 + 12xy^2$, $f_{xy} = 12x^2y - 3$, $f_{yx} = 12x^2y - 3$, $f_{yy} = 4x^3 + 2$

## 6.7 偏微分法の応用

### 6.7.1 偏微分作用素

2 変数関数 $f(x,y)$ において, 記号 $\dfrac{\partial}{\partial x}$ は $x$ で偏微分するという記号である. すなわち, $\dfrac{\partial}{\partial x}f(x,y) = \dfrac{\partial f}{\partial x}(x,y) = f_x(x,y)$. この記号 $\dfrac{\partial}{\partial x}$ は $x$ についての偏微分作用素と呼ばれている. $\dfrac{\partial}{\partial y}$ も同様に $y$ についての偏微分作用素と呼ばれている. これらの偏微分作用素をあたかも数であるがごとくみなして, 加えたり実数倍したり, 繰り返し作用させることを積で表すことにする.

**例 27** $5\dfrac{\partial}{\partial x}f = 5\dfrac{\partial f}{\partial x} = 5f_x$, $\quad 2\left(\dfrac{\partial}{\partial x} + 3\dfrac{\partial}{\partial y}\right)f = 2f_x + 6f_y$,

$\dfrac{\partial}{\partial x}\dfrac{\partial}{\partial x}f = \left(\dfrac{\partial}{\partial x}\right)^2 f = \dfrac{\partial^2 f}{\partial x^2} = f_{xx}$, $\quad \dfrac{\partial}{\partial x}\dfrac{\partial}{\partial y}f = \dfrac{\partial^2 f}{\partial x \partial y} = f_{yx}$.

$f_{xy} = f_{yx}$ が成立するならば

$$
\left(3\frac{\partial}{\partial x} + 2\frac{\partial}{\partial y}\right)\left(4\frac{\partial}{\partial x} - 5\frac{\partial}{\partial y}\right) f
$$

$$
= \left\{12\left(\frac{\partial}{\partial x}\right)^2 - 7\left(\frac{\partial}{\partial x}\right)\left(\frac{\partial}{\partial y}\right) - 10\left(\frac{\partial}{\partial y}\right)^2\right\} f
$$

$$
= 12\left(\frac{\partial}{\partial x}\right)^2 f - 7\left(\frac{\partial}{\partial x}\right)\left(\frac{\partial}{\partial y}\right) f - 10\left(\frac{\partial}{\partial y}\right)^2 f
$$

$$
= 12 f_{xx} - 7 f_{xy} - 10 f_{yy}.
$$

このように，偏微分する順序が交換可能であれば，定数係数の偏微分作用素の計算は，多項式の計算法と同じ方法で計算することができる．

**例 28** $h, k$ を定数とする．このとき

$$
\left(h\frac{\partial}{\partial x} + k\frac{\partial}{\partial y}\right)^2 f(x,y)
$$

$$
= h^2\left(\frac{\partial}{\partial x}\right)^2 f(x,y) + 2hk\left(\frac{\partial}{\partial x}\right)\left(\frac{\partial}{\partial y}\right) f(x,y) + k^2\left(\frac{\partial}{\partial y}\right)^2 f(x,y)
$$

$$
= h^2 f_{xx}(x,y) + 2hk f_{xy}(x,y) + k^2 f_{yy}(x,y)
$$

同様に，

$$
\left(h\frac{\partial}{\partial x} + k\frac{\partial}{\partial y}\right)^n f(x,y) = \sum_{m=0}^{n} {}_n\mathrm{C}_m h^m k^{n-m}\frac{\partial^n}{\partial x^m \partial y^{n-m}} f(x,y)
$$

が成立する．

### 6.7.2　Taylor（テイラー）の定理の拡張

関数 $z = f(x,y)$ は点 $\mathrm{A}(a,b)$ の近くで $n+1$ 回偏微分可能であるとし，第 $n+1$ 次偏導関数はすべて連続とする．$h, k$ を定数とし，$F(t) = f(a+ht, b+kt)$ とすると，191 ページの定理 96（合成関数の微分法）より

$$
F'(t) = f_x(a+ht, b+kt)h + f_y(a+ht, b+kt)k = \left(h\frac{\partial}{\partial x} + k\frac{\partial}{\partial y}\right) f(a+ht, b+kt).
$$

さらに $t$ で微分すると,

$$
\begin{aligned}
F''(t) &= \{f_{xx}(a+ht,b+kt)h + f_{yx}(a+ht,b+kt)k\}h \\
&\quad + \{f_{xy}(a+ht,b+kt)h + f_{yy}(a+ht,b+kt)k\}k \\
&= f_{xx}(a+ht,b+kt)h^2 + 2f_{xy}(a+ht,b+kt)hk + f_{yy}(a+ht,b+kt)k^2 \\
&= \left(h\frac{\partial}{\partial x} + k\frac{\partial}{\partial y}\right)^2 f(a+ht,b+kt).
\end{aligned}
$$

以下同様にして（厳密にいえば数学的帰納法による）

$$
F^{(m)}(t) = \left(h\frac{\partial}{\partial x} + k\frac{\partial}{\partial y}\right)^m f(a+ht,b+kt)
$$

が得られる.

さて，関数 $F(t)$ に 117 ページの Maclaurin の定理を適用すると

$$
F(t) = F(0) + \sum_{m=1}^{n} \frac{F^{(m)}(0)}{m!}t^m + \frac{F^{(n+1)}(\theta t)}{(n+1)!}t^{n+1} \quad (0 < \theta < 1)
$$

を満たす $\theta$ が存在する. ここで $t = 1$ とすると,

$$
f(a+h,b+k) = f(a,b) + \sum_{m=1}^{n} \frac{1}{m!}\left(h\frac{\partial}{\partial x} + k\frac{\partial}{\partial y}\right)^m f(a,b) + R_{n+1} \quad (6.10)
$$

ただし,

$$
R_{n+1} = \frac{1}{(n+1)!}\left(h\frac{\partial}{\partial x} + k\frac{\partial}{\partial y}\right)^{n+1} f(a+\theta h,b+\theta k) \quad (0 < \theta < 1).
$$

これより $h, k$ をそれぞれ $x-a, y-b$ で置き換えれば，次の 2 変数関数における Taylor の定理が得られる.

**定理 99 (2 変数関数における Taylor の定理)** 関数 $f(x,y)$ は領域 $D$ で $n+1$ 回偏微分可能であるとし，第 $n+1$ 次偏導関数はすべて連続とす

る．点 $(a,b)$ と点 $(x,y)$ を結ぶ線分が $D$ に含まれるならば，

$$f(x,y) = f(a,b) + \sum_{m=1}^{n} \frac{1}{m!} \left( (x-a)\frac{\partial}{\partial x} + (y-b)\frac{\partial}{\partial y} \right)^m f(a,b) + R_{n+1}$$
(6.11)

$$R_{n+1} = \frac{1}{(n+1)!} \left( h\frac{\partial}{\partial x} + k\frac{\partial}{\partial y} \right)^{n+1} f(a+\theta(x-a), b+\theta(y-b))$$

を満たす $\theta$ $(0 < \theta < 1)$ が存在する．

ここで，$f(x,y)$ の $(a,b)$ における **Taylor** の **$n$** 次近似多項式 $P_n(x,y)$ は

$$P_n(x,y) = f(a,b) + \sum_{m=1}^{n} \frac{1}{m!} \left( (x-a)\frac{\partial}{\partial x} + (y-b)\frac{\partial}{\partial y} \right)^m f(a,b)$$

であり，$(x,y) \fallingdotseq (a,b)$ のとき $f(x,y) \fallingdotseq P_n(x,y)$ である．

特に，$a = b = 0$ の場合は **2 変数関数の Maclaurin の定理**という．

---

**定理 100 (2 変数関数における Maclaurin の定理)** 関数 $f(x,y)$ は領域 $D$ で $n+1$ 回偏微分可能であるとし，第 $n+1$ 次偏導関数はすべて連続とする．原点 $(0,0)$ と点 $(x,y)$ を結ぶ線分が $D$ に含まれるならば，

$$f(x,y) = f(0,0) + \sum_{m=1}^{n} \frac{1}{m!} \left( x\frac{\partial}{\partial x} + y\frac{\partial}{\partial y} \right)^m f(0,0) + R_{n+1}$$
(6.12)

$$R_{n+1} = \frac{1}{(n+1)!} \left( x\frac{\partial}{\partial x} + y\frac{\partial}{\partial y} \right)^{n+1} f(\theta x, \theta y)$$

を満たす $\theta$ $(0 < \theta < 1)$ が存在する．

---

**Maclaurin** の **$n$** 次近似多項式 $P_n(x,y)$ は

$$P_n(x,y) = f(0,0) + \sum_{m=1}^{n} \frac{1}{m!} \left( x\frac{\partial}{\partial x} + y\frac{\partial}{\partial y} \right)^m f(0,0)$$
(6.13)

である．

**例題 58** $f(x,y) = \log|1 + 2x - 3y|$ について，$(x,y) \fallingdotseq (0,0)$ のとき $f(x,y)$

の Maclaurin 2 次近似多項式 $P_2(x, y)$ を求めよ.

解答 $f_x = \dfrac{2}{1 + 2x - 3y}$, $f_y = \dfrac{-3}{1 + 2x - 3y}$, $f_{xx} = \dfrac{-4}{(1 + 2x - 3y)^2}$,

$f_{xy} = \dfrac{6}{(1 + 2x - 3y)^2}$, $f_{yy} = \dfrac{-9}{(1 + 2x - 3y)^2}$ であるから

$$f(0,0) = 0, \ f_x(0,0) = 2, \ f_y(0,0) = -3,$$

$$f_{xx}(0,0) = -4, \ f_{xy}(0,0) = 6, \ f_{yy}(0,0) = -9$$

である. これを $n = 2$ のときの (6.13) に代入して

$$P_2(x, y) = 2x - 3y - 2x^2 + 6xy - \frac{9}{2}y^2$$

が得られる. □

**問題 147** $(x, y) \fallingdotseq (0, 0)$ のとき, 次の関数 $f(x, y)$ の Maclaurin 2 次近似多項式 $P_2(x, y)$ を求めよ.

(1) $f(x, y) = \dfrac{1}{1 + x^2 + y^2}$ \qquad (2) $f(x, y) = e^{x+y} (2x - 3y)$

解 (1) $P_2(x, y) = 1 - x^2 - y^2$ \qquad (2) $P_2(x, y) = 2x - 3y + 2x^2 - xy - 3y^2$

### 6.7.3 2 変数関数の極値

関数 $z = f(x, y)$ において, 点 A$(a, b)$ の十分近くの任意の点 P$(x, y)$ に対して, $f(x, y) < f(a, b)$ が成立するとき, $z = f(x, y)$ は点 A$(a, b)$ で **極大** であるといい, $f(a, b)$ を **極大値** という. 同様に, 点 A$(a, b)$ の十分近くの任意の点 P$(x, y)$ に対して, $f(x, y) > f(a, b)$ が成立するとき, $z = f(x, y)$ は点 A$(a, b)$ で **極小** であるといい, $f(a, b)$ を **極小値** という. また, 極大値と極小値を合わせて **極値** と呼ぶ.

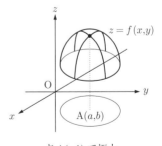

点 A$(a,b)$ で極大

　$z = f(x, y)$ が点 A$(a, b)$ で極値をとるとすると，$f(x, b)$ は，$x = a$ で極値をとるから，$f_x(a, b) = 0$ でなければならない．同様に，$f(a, y)$ は，$y = b$ で極値をとるから，$f_y(a, b) = 0$ でなければならない．したがって

---

**定理 101 (極値をとるための必要条件)** 関数 $z = f(x, y)$ が偏微分可能で，点 A$(a, b)$ で極値をとるならば

$$f_x(a, b) = 0 \text{ かつ } f_y(a, b) = 0 \tag{6.14}$$

が成立する．

---

　条件 (6.14) を満たす点 $(a, b)$ を $z = f(x, y)$ の**臨界点**という．

　この命題は，$f(a, b)$ が $f(x, y)$ の極値であるための必要条件を与えているが十分条件ではない．$f(a, b)$ が $f(x, y)$ の極値であるための判定は，次の定理で与えられる．

---

**定理 102** 連続な第 2 次偏導関数をもつ関数 $z = f(x, y)$ において，

$$
\begin{aligned}
H_f(x, y) &= \begin{vmatrix} f_{xx}(x, y) & f_{xy}(x, y) \\ f_{yx}(x, y) & f_{yy}(x, y) \end{vmatrix} \\
&= f_{xx}(x, y) f_{yy}(x, y) - f_{xy}(x, y) f_{yx}(x, y)
\end{aligned}
\tag{6.15}
$$

とおく．このとき，$f$ の臨界点 $(a, b)$ において，すなわち

$$f_x(a, b) = f_y(a, b) = 0 \tag{6.16}$$

を満たす点 $(a, b)$ において，

(1) $H_f(a, b) > 0$ のとき $f(x, y)$ は $(a, b)$ で極値をとる．さらに

　　(i) $f_{xx}(a, b) > 0$ ならば $f(a, b)$ は極小値，

　　(ii) $f_{xx}(a, b) < 0$ ならば $f(a, b)$ は極大値である．

(2) $H_f(a,b) < 0$ のとき $f(x,y)$ は $(a,b)$ で極値をとらない.
（この点は **鞍点** と呼ばれている）

※ 行列 $\begin{pmatrix} f_{xx}(x,y) & f_{xy}(x,y) \\ f_{yx}(x,y) & f_{yy}(x,y) \end{pmatrix}$ は $f$ の Hesse（ヘッセ）行列と呼ばれ,
その行列式 (6.15) $H_f(x,y)$ は $f$ の Hessian（ヘッシアン）と呼ばれている.

**証明** 2 変数の Taylor の定理の式 (6.10) において $n = 2$ の場合より

$$f(a+h,b+k) - f(a,b)$$
$$= h f_x(a,b) + k f_y(a,b) + \frac{1}{2} h^2 f_{xx}(a+\alpha h, b+\alpha k)$$
$$+ hk f_{xy}(a+\alpha h, b+\alpha k) + \frac{1}{2} k^2 f_{yy}(a+\alpha h, b+\alpha k) \quad (0 < \alpha < 1)$$

が成立する. $f$ の条件 (6.16) より, $f_x(a,b) = f_y(a,b) = 0$ であるから,

$$\varepsilon_1 = f_{xx}(a+\alpha h, b+\alpha k) - f_{xx}(a,b),$$
$$\varepsilon_2 = f_{xy}(a+\alpha h, b+\alpha k) - f_{xy}(a,b),$$
$$\varepsilon_3 = f_{yy}(a+\alpha h, b+\alpha k) - f_{yy}(a,b),$$
$$A = f_{xx}(a,b), \quad B = f_{xy}(a,b) = f_{yx}(a,b), \quad C = f_{yy}(a,b)$$

とすると,

$$f(a+h,b+k) - f(a,b) = \frac{1}{2}\left(Ah^2 + 2Bhk + Ck^2\right) + \frac{1}{2}\left(\varepsilon_1 h^2 + 2\varepsilon_2 hk + \varepsilon_3 k^2\right).$$

ここで, $(h,k)$ を極座標 $(r,\theta)$ で表すと $h = r\cos\theta, k = r\sin\theta$ だから,

$$f(a+h,b+k) - f(a,b) = \frac{1}{2} r^2 \big(A\cos^2\theta + 2B\sin\theta\cos\theta + C\sin^2\theta$$
$$+ \varepsilon_1 \cos^2\theta + 2\varepsilon_2 \cos\theta\sin\theta + \varepsilon_3 \sin^2\theta\big). \quad (6.17)$$

$(h,k) \to (0,0)$ のとき, $\varepsilon_1 \to 0, \varepsilon_2 \to 0, \varepsilon_3 \to 0$ であるから, $\theta$ を固定して $r \to 0$ とすると

$$\varepsilon_1 \cos^2\theta + 2\varepsilon_2 \cos\theta\sin\theta + \varepsilon_3 \sin^2\theta \to 0$$

となり，$Q = A\cos^2\theta + 2B\sin\theta\cos\theta + C\sin^2\theta$ が 0 でない限り (6.17) の右辺の符号は，十分小さな $r$ に対し，$Q$ の符号と一致する．

(1) いま，$A \neq 0$ であれば，

$$Q = \frac{1}{A}\left\{(A\cos\theta + B\sin\theta)^2 + (AC - B^2)\sin^2\theta\right\} \tag{6.18}$$

であるので，$AC - B^2 > 0$ ならば (6.18) の右辺は 0 でなくその符号は $A$ の符号と一致する．

　ゆえに，すべての $\theta$，すなわち十分小さな $|h|, |k|$ に対し，常に $A = f_{xx}(a,b) > 0$ のとき $f(a+h, b+k) - f(a,b) > 0$ だから $(a,b)$ で極小値をとる．

　また，$A = f_{xx}(a,b) < 0$ のとき $f(a+h, b+k) - f(a,b) < 0$ だから $(a,b)$ で極大値をとる．

$AC - B^2 < 0$ ならば　$\theta$ の値により $f(a+h, b+k) - f(a,b)$ は正のときも負のときもあり，極値をとらない．　　　　　　　　　　　　　　　　□

**例題 59** 関数 $f(x,y) = x^3 - 3xy + y^3$ の極値を求めよ．

**解答**　$f(x,y) = x^3 - 3xy + y^3$ を偏微分すると，$f_x(x,y) = 3x^2 - 3y$, $f_y(x,y) = 3y^2 - 3x$. さらに偏微分して，$f_{xx}(x,y) = 6x$, $f_{xy}(x,y) = f_{yx}(x,y) = -3$, $f_{yy}(x,y) = 6y$. このとき，Hessian $H_f(x,y)$ を計算すると，

$$H_f(x,y) = \begin{vmatrix} f_{xx} & f_{xy} \\ f_{yx} & f_{yy} \end{vmatrix} = \begin{vmatrix} 6x & -3 \\ -3 & 6y \end{vmatrix} = 36xy - 9 \tag{6.19}$$

である．$f$ の臨界点を求める．

$$\begin{cases} f_x(x,y) = 0 \\ f_y(x,y) = 0 \end{cases} \quad \text{より} \quad \begin{cases} 3x^2 - 3y = 0 \\ -3x + 3y^2 = 0 \end{cases}$$

これらを満たす実数の組 $(x,y)$ は $(0,0)$ と $(1,1)$ である．

(i) $(x,y) = (0,0)$ のとき，(6.19) より $H_f(0,0) = -9 < 0$ だから鞍点．

(ii) $(x,y) = (1,1)$ のとき，(6.19) より $H_f(1,1) = 27 > 0$ だから極値である．さらに，$f_{xx}(1,1) = 6 > 0$ だから極小値をとる．このとき極小値は $f(1,1) = -1$.　　　　　　　　　　　　　　　　　　　　　　　□

**問題 148** 次の関数の極値を求めよ.

  (1) $f(x,y) = xy(3-x-y)$    (2) $f(x,y) = x^2 + xy + y^2 - 4x - 2y + 4$

解  (1) $(x,y) = (1,1)$ のとき極大値 1    (2) $(x,y) = (2,0)$ のとき極小値 0

## 6.7.4 最小 2 乗回帰直線

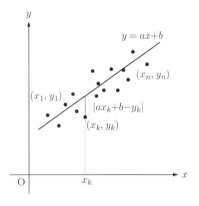

  $n$ 組のデータ $(x_1, y_1), \ldots, (x_n, y_n)$ から得られる線形的数学的モデル,すなわち**最小 2 乗推定量**

$$E(a,b) = \sum_{k=1}^{n} (ax_k + b - y_k)^2$$

を最小にするような $a$ と $b$ を選ぶことによって得られる直線 $y = ax + b$ は,統計でよく使われていて,この直線を**最小 2 乗回帰直線**という.

  この直線を求めるためには,$a, b$ を決定すればよい.そこで,先ほどの方法を適用する.まず,臨界点を求めよう.

$$\frac{\partial E}{\partial a} = \sum_{k=1}^{n} 2x_k(ax_k + b - y_k) = 2a\sum_{k=1}^{n} x_k^2 + 2b\sum_{k=1}^{n} x_k - 2\sum_{k=1}^{n} x_k y_k$$

$$\frac{\partial E}{\partial b} = \sum_{k=1}^{n} 2(ax_k + b - y_k) = 2a\sum_{k=1}^{n} x_k + 2bn - 2\sum_{k=1}^{n} y_k.$$

$$\frac{\partial E}{\partial a} = \frac{\partial E}{\partial b} = 0 \text{ より}$$

$$\begin{cases} a\displaystyle\sum_{k=1}^{n} x_k^2 + b\sum_{k=1}^{n} x_k - \sum_{k=1}^{n} x_k y_k = 0 & \cdots \text{①} \\ a\displaystyle\sum_{k=1}^{n} x_k + bn - \sum_{k=1}^{n} y_k = 0 & \cdots \text{②} \end{cases}$$

よって $\left(① \times n - ② \times \sum_{k=1}^{n} x_k\right) \div \left(n \sum_{k=1}^{n} x_k^2 - \left(\sum_{k=1}^{n} x_k\right)^2\right)$ より

$$a = \frac{n \sum_{k=1}^{n} x_k y_k - \sum_{k=1}^{n} x_k \cdot \sum_{k=1}^{n} y_k}{n \sum_{k=1}^{n} x_k^2 - \left(\sum_{k=1}^{n} x_k\right)^2} \tag{6.20}$$

② より

$$b = \frac{1}{n}\left(\sum_{k=1}^{n} y_k - a \sum_{k=1}^{n} x_k\right) \tag{6.21}$$

である.

ここで, $\frac{\partial^2 E}{\partial a^2} = 2\sum_{k=1}^{n} x_k{}^2, \frac{\partial^2 E}{\partial a \partial b} = \frac{\partial^2 E}{\partial b \partial a} = 2\sum_{k=1}^{n} x_k, \frac{\partial^2 E}{\partial b^2} = 2n$ であるか
ら, Hessian $H_E(a,b)$ を計算すると,

$$H_E(a,b) = \begin{vmatrix} 2\sum_{k=1}^{n} x_k{}^2 & 2\sum_{k=1}^{n} x_k \\ 2\sum_{k=1}^{n} x_k & 2n \end{vmatrix} \tag{6.22}$$

$$= 4n \sum_{k=1}^{n} x_k{}^2 - 4\left(\sum_{k=1}^{n} x_k\right)^2 \tag{6.23}$$

$$= 2 \sum_{j,k=1}^{n} (x_j - x_k)^2 > 0 \tag{6.24}$$

さらに, $\frac{\partial^2 E}{\partial a^2}(a,b) = 2\sum_{k=1}^{n} x_k{}^2 > 0$.

以上より, すべての $(a,b)$ に対し, $\frac{\partial^2 E}{\partial a^2}(a,b) > 0$ かつ $H_E(a,b) > 0$ である.

したがって, $E$ は臨界点で極小値をとることがわかる.

さらに, $|(a,b)| = \sqrt{a^2 + b^2} \longrightarrow \infty$ のとき $E(a,b) \longrightarrow \infty$ であるので, 最小値は極小値である. したがって, さきほど求めた (6.20), (6.21) の $(a,b)$ が, $E(a,b)$ の極小かつ最小となる点である.

n 組のデータ $(x_1, y_1), \ldots, (x_n, y_n)$ から得られる最小 2 乗回帰直線 $y = ax + b$ の $a, b$ は,

$$
\begin{cases}
a = \dfrac{n \displaystyle\sum_{k=1}^{n} x_k y_k - \displaystyle\sum_{k=1}^{n} x_k \cdot \displaystyle\sum_{k=1}^{n} y_k}{n \displaystyle\sum_{k=1}^{n} x_k^2 - \left( \displaystyle\sum_{k=1}^{n} x_k \right)^2} \\[2em]
b = \dfrac{1}{n} \left( \displaystyle\sum_{k=1}^{n} y_k - a \displaystyle\sum_{k=1}^{n} x_k \right)
\end{cases}
$$

で与えられる.

**問題 149** 下表のデータについて, 最小 2 乗回帰直線を求めよ.

| $x$ | 1.0 | 2.0 | 3.0 | 4.0 | 5.0 |
|---|---|---|---|---|---|
| $y$ | 14 | 17 | 23 | 27 | 34 |

解　$y = 5x + 8$

## 6.7.5　条件付極値問題・Lagrange（ラグランジュ）の未定乗数法

$(x, y)$ が $g(x, y) = 0$ という制限のもとで $f(x, y)$ の極値を求める. $f, g$ のすべての偏導関数は連続であるとし, $(x, y) = (a, b)$ で $f(x, y)$ が極値をとるとする. もし $g_y(a, b) \neq 0$ ならば $g(x, y) = 0$ より定まる微分可能な陰関数 $y = \phi(x)$ （ただし $b = \phi(a)$ ）が求まるから, これを $f(x, y)$ の $y$ に代入した $F(x) = f(x, \phi(x))$ が $x = a$ で極値をもつことになり, $F'(a) = 0$ がわかる. このとき, 合成関数の微分法 (6.4) より $F'(a) = f_x(a, b) + \phi'(a) f_y(a, b)$ だから $f_x(a, b) + \phi'(a) f_y(a, b) = 0$ …① が成立する.

また, $\phi'(a)$ は陰関数の微分法での公式 (6.9) により $\phi'(a) = -\dfrac{g_x(a, b)}{g_y(a, b)}$. よって, $g_x(a, b) + \phi'(a) g_y(a, b) = 0$ …② が成立する. ①, ②より $\lambda = -\dfrac{f_y(a, b)}{g_y(a, b)}$

とおくと

$$\begin{cases} f_x(a,b) + \lambda g_x(a,b) &= 0 \\ f_y(a,b) + \lambda g_y(a,b) &= 0 \\ g(a,b) = 0 \end{cases}$$

となる.

したがって，$\Phi(x,y,\lambda) = f(x,y) + \lambda g(x,y)$ とおくと，$a,b,\lambda$ は

$$\frac{\partial \Phi}{\partial x} = 0,\ \frac{\partial \Phi}{\partial y} = 0,\ \frac{\partial \Phi}{\partial \lambda} = 0$$

を満たす．この新しい変数 $\lambda$ を **Lagrange**（ラグランジュ）**の乗数**という.

---

**定理 103** 条件 $g(x,y) = 0$ のもとで，$f(x,y)$ は点 $(a,b)$ において極値をとるとすれば，$\Phi(x,y,\lambda) = f(x,y) + \lambda g(x,y)$ とおき，$\dfrac{\partial \Phi}{\partial x} = 0,\ \dfrac{\partial \Phi}{\partial y} = 0,\ \dfrac{\partial \Phi}{\partial \lambda} = 0$ より $x = a, y = b$ および $\lambda$ の値（$\Phi$ の臨界点）が得られる.

---

現実の問題では，極値よりも最大・最小の方がより有用な場合が多い．最大値・最小値の存在については，有限次元の連続な関数は有界閉集合上で最大値・最小値をもつという定理が有用である.

**例題 60** 条件 $g(x,y) = x^2 + y^2 - 1 = 0$ のもとで $f(x,y) = xy$ の最大値とそのときの $(x,y)$ を求めよ.

**解答** $\Phi(x,y,\lambda) = f(x,y) + \lambda g(x,y)$ とおき，$\dfrac{\partial \Phi}{\partial x} = 0,\ \dfrac{\partial \Phi}{\partial y} = 0,\ \dfrac{\partial \Phi}{\partial \lambda} = 0$ より

$$y + 2\lambda x = 0,\ x + 2\lambda y = 0,\ x^2 + y^2 = 1.$$

これらを解いて，極値をとる可能性の高い点は

$$(x,y) = \left(\frac{1}{\sqrt{2}}, \frac{1}{\sqrt{2}}\right), \left(\frac{1}{\sqrt{2}}, -\frac{1}{\sqrt{2}}\right), \left(-\frac{1}{\sqrt{2}}, \frac{1}{\sqrt{2}}\right), \left(-\frac{1}{\sqrt{2}}, -\frac{1}{\sqrt{2}}\right)$$

である．このときの $f(x,y) = xy$ の値は，それぞれ $\dfrac{1}{2}, -\dfrac{1}{2}, -\dfrac{1}{2}, \dfrac{1}{2}$ … ① である.

　ここで，$xy$ 平面上の閉曲線 $g(x,y) = x^2 + y^2 - 1 = 0$ 上での連続関数
$f(x,y) = xy$ には最大値をとる点 $(x_0, y_0)$ が存在するので，$g_y(x_0, y_0) \neq 0$.
（なぜなら，$g_y(x,y) = 0$ のとき $(x,y) = (\pm 1, 0)$ であり，$f(x,y) = xy = 0$
となる．このとき，$(x,y) = \left(\dfrac{1}{\sqrt{2}}, \dfrac{1}{\sqrt{2}}\right)$ では $f(x,y) = xy = \dfrac{1}{2}$ となるから，
$g_y(x,y) = 0$ となる点 $(x,y)$ で $f(x,y) = xy$ は最大値をとらないことがわ
かる．）

　① より $f(x,y) = xy$ の極値の候補は $\dfrac{1}{2}, -\dfrac{1}{2}$ であるから，その中で最大
である $\dfrac{1}{2}$ が $f(x,y) = xy$ 最大値であり，そのときの $(x,y)$ は $(x,y) =$
$\left(\dfrac{1}{\sqrt{2}}, \dfrac{1}{\sqrt{2}}\right), \left(-\dfrac{1}{\sqrt{2}}, -\dfrac{1}{\sqrt{2}}\right)$ である．　　　　　　　□

　実際，条件 $g(x,y) = 0$ のも
とで，$f(x,y)$ の極値をとる点
$(a,b)$ で $g_y(a,b) \neq 0$ であれば，
その極値を $M$ とすると，平面
$z = M$ 上の曲線 $f(x,y) = M$
と曲線 $g(x,y) = 0$ は共通接線
をもつので，その共通接線の傾
きが等しい．よって，陰関数の
微分法を用いて接線の傾きを計
算すると，

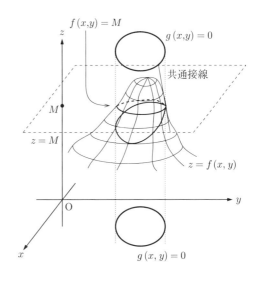

$$\frac{f_x(a,b)}{f_y(a,b)} = \frac{g_x(a,b)}{g_y(a,b)} \quad (6.25)$$

が成立することがわかる．これと $g(a,b) = 0$ との連立方程式の解として $(a,b)$
が得られる．

　このようにして求めた $x = a, y = b$ は極値を与える点の必要条件を満たす
にすぎず，その点で極値をとるかどうかは吟味しなければならない．それに
は，たとえば $g(x,y) = 0$ のもとで，$f(x,y)$ が最大値（最小値）をもつこと
がわかり，さらにはそれが適当な考察によって極大値（極小値）であること
がわかれば都合がよい．

この場合 $g_y(a,b) \neq 0$ であれば，$g(x,y) = 0$ から定まる微分可能な陰関数 $y = \phi(x)$ で $b = \phi(a)$ を満たすものが $x = a$ の近くの開区間でただ 1 つ存在する．関数 $f(x, \phi(x))$ が $x = a$ で最大値をとるとすれば，$x = a$ で局所的な最大値をとるので，極大値をとることになる．

したがって，$g(x,y) = 0$ 上での連続関数 $f(x,y)$ の最大値は，極大値であることがわかる．最小値についても同様であり，最大値と最小値が存在すれば，それらは極値であることがわかる．

**例題 61** 条件 $g(x,y) = 2x^2 + y^2 - 24 = 0 \cdots$ ① のもとで $f(x,y) = xy - 2y$ の最大値および最小値とそのときの $(x,y)$ を求めよ．

**解答** (6.25) より

$$\frac{y}{x-2} = \frac{4x}{2y}$$

これより $y^2 = 2x^2 - 4x \cdots$ ②
① に代入して $4x^2 - 4x - 24 = 0$．$4(x+2)(x-3) = 0$．$x = 3, -2$．
②より，$(x,y) = \left(3, \sqrt{6}\right), \left(3, -\sqrt{6}\right), (-2, 4), (-2, -4)$ である．このときの $f(x,y) = xy$ の値は，それぞれ $\sqrt{6}, -\sqrt{6}, -16, 16, \cdots$ ③ である．

ここで，$xy$ 平面上の閉曲線 $g(x,y) = 2x^2 + y^2 - 24 = 0$ 上での連続関数 $f(x,y)$ には最大値，最小値が存在する．したがって，
③ の中で最大である 16 が求める最大値であり，そのときの $(x,y)$ は $(-2, -4)$．
③ の中で最小である $-16$ が求める最小値であり，そのときの $(x,y)$ は $(-2, 4)$． □

**問題 150** 条件 $x^2 - xy + y^2 = 1$ のもとで $f(x,y) = x + y$ が最大値と最小値およびそのときの $(x,y)$ を求めよ．

解　最大値 2，$(x,y) = (1,1)$．最小値 $-2$，$(x,y) = (-1,-1)$．

**問題 151** 電気抵抗が $R_1, R_2, R_3$ である導線を並列に連結するときの全抵抗を $R$ とすると，$\frac{1}{R} = \frac{1}{R_1} + \frac{1}{R_2} + \frac{1}{R_3}$ である．$R_1 + R_2 + R_3 = k$（すなわち一定）のときの $R$ の最大値を求めよ．

解　最大値 $\dfrac{k}{9}$. $(R_1, R_2, R_3) = \left( \dfrac{k}{3}, \dfrac{k}{3}, \dfrac{k}{3} \right)$.

**問題 152** $x + y + z = a$　（すなわち一定）で $x > 0$, $y > 0$, $z > 0$ のときの $f(x, y) = xyz$ の最大値を求めよ.

解　最大値 $\dfrac{a^3}{27}$. $(R_1, R_2, R_3) = \left( \dfrac{a}{3}, \dfrac{a}{3}, \dfrac{a}{3} \right)$.

### 6.7.6　空間曲線の接線・曲面の接平面と法線

空間内の曲線 $C$ が微分可能な関数

$$
\begin{cases}
x = f(t) \\
y = g(t) \quad (t \text{ は媒介変数}) \\
z = h(t)
\end{cases}
$$

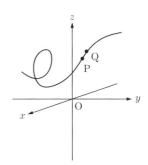

により媒介変数表示されているとする. $t = t_0$ に対応する曲線 $C$ 上の点を $\mathrm{P}(x_0, y_0, z_0)$ とし, $t = t_0 + \Delta t$ に対応する $C$ 上の点を $\mathrm{Q}(x_0 + \Delta x, y_0 + \Delta y, z_0 + \Delta z)$ とすると, 2 点 P, Q を通る直線の方向比は

$$
\Delta x : \Delta y : \Delta z = \frac{\Delta x}{\Delta t} : \frac{\Delta y}{\Delta t} : \frac{\Delta z}{\Delta t}
$$

であるから直線の方程式は 62ページの式 (1.11) より

$$
\begin{cases}
x = x_0 + \dfrac{\Delta x}{\Delta t} t \\
y = y_0 + \dfrac{\Delta y}{\Delta t} t \qquad \cdots \; ② \\
z = z_0 + \dfrac{\Delta z}{\Delta t} t
\end{cases}
$$

である. $\Delta t \to 0$ とすれば, 点 Q は曲線 $C$ に沿って点 P に近づく. このとき $\dfrac{\Delta x}{\Delta t} \to f'(t_0)$, $\dfrac{\Delta y}{\Delta t} \to g'(t_0)$, $\dfrac{\Delta z}{\Delta t} \to h'(t_0)$ であるから直線は

$$
\begin{cases}
x = x_0 + f'(t_0) t \\
y = y_0 + g'(t_0) t \qquad \cdots \; ② \\
z = z_0 + h'(t_0) t
\end{cases}
$$

に限りなく近づく．これが曲線 $C$ の点 P における**接線**の方程式である．

---

　曲線 $x = f(t)$, $y = g(t)$, $z = h(t)$　（$t$ は媒介変数）の点 P における接線の方程式は

$$\begin{cases} x = x_0 + f'(t_0)t \\ y = y_0 + g'(t_0)t \qquad \cdots ② \\ z = z_0 + h'(t_0)t \end{cases}$$

である．このとき，ベクトル $\boldsymbol{d} = (f'(t_0), g'(t_0), g'(t_0))$ がこの接線の方向ベクトルであり，点 P における**接ベクトル**と呼ばれている．

---

　さて，曲面 $z = f(x, y)$ が与えられたとする．この曲面上の点 $P(x_0, y_0, z_0)$（ただし $z_0 = f(x_0, y_0)$）を通り，それぞれ $xy$ 平面，$yz$ 平面に平行な平面と曲面との交線 $C_1, C_2$ の点 P における 2 つの接線 $\ell_1, \ell_2$ が定める平面をこの曲面の点 P における**接平面**という．このとき曲線 $C_1$ の方程式は $y = y_0, z = f(x, y_0)$ であり，同様に，曲線 $C_2$ の方程式は $x = x_0, z = f(x_0, y)$ であるから，点 P における接線 $\ell_1, \ell_2$ の方程式はそれぞれ

$$\ell_1 : \begin{cases} y = y_0 \\ z - z_0 = f_x(x_0, y_0)(x - x_0) \end{cases} \qquad \ell_2 : \begin{cases} x = x_0 \\ z - z_0 = f_y(x_0, y_0)(y - y_0) \end{cases}$$

である．したがって，この 2 接線の定める平面は $z - z_0 = f_x(x_0, y_0)(x - x_0) + f_y(x_0, y_0)(y - y_0)$ となる．

　また，曲面 $z = f(x, y)$ 上の点 $P(x_0, y_0, z_0)$ を通り，この点 P での接平面に垂直な直線を曲面 $z = f(x, y)$ の点 P における**法線**という．

---

　曲線 $z = f(x, y)$ 上の点 $P(x_0, y_0, z_0)$ における接平面の方程式は

$$z - z_0 = f_x(x_0, y_0)(x - x_0) + f_y(x_0, y_0)(y - y_0) \qquad (6.26)$$

であり，点 $P(x_0, y_0, z_0)$ における法線の方程式は

$$\frac{x - x_0}{f_x(x_0, y_0)} = \frac{y - y_0}{f_y(x_0, y_0)} = \frac{z - z_0}{-1} \qquad (6.27)$$

である. このとき, ベクトル $\boldsymbol{n} = (f_x(x_0,y_0), f_y(x_0,y_0), -1)$ はこの接平面の**法線ベクトル**と呼ばれている.

**例題 62** 曲面 $z = 2xy$ 上の点 $\mathrm{P}(x_0,y_0,z_0)$ (ただし $x_0 y_0 \neq 0$) における接平面と法線の方程式をそれぞれ求めよ.

**解答** $f(x,y) = 2xy$ とすると, $z_0 = f(x_0,y_0) = 2x_0 y_0$ であり, $f_x(x,y) = 2y$, $f_y(x,y) = 2x$ だから $f_x(x_0,y_0) = 2y_0$, $f_y(x_0,y_0) = 2x_0$. よって, (6.26) より点 $\mathrm{P}(x_0,y_0,z_0)$ における接平面の方程式は

$$z - 2x_0 y_0 = 2y_0(x - x_0) + 2x_0(y - y_0)$$
$$2y_0 x + 2x_0 y - z - 2x_0 y_0 = 0.$$

また, (6.27) より点 $\mathrm{P}(x_0,y_0,z_0)$ における法線の方程式は

$$\frac{x - x_0}{2y_0} = \frac{y - y_0}{2x_0} = \frac{z - 2x_0 y_0}{-1} \qquad \square$$

**問題 153** 曲面 $z = ax^2 + by^2 + C$ 上の点 $\mathrm{P}(x_0,y_0,z_0)$ における接平面の方程式を求めよ.

**解** $z - z_0 = 2ax_0(x - x_0) + 2by_0(y - y_0)$

# 7 ——————————————— 重積分

## 7.1　2重積分の定義

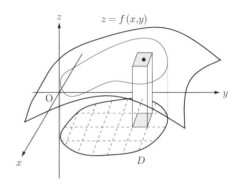

$xy$ 平面上の閉曲線で囲まれた領域を $D$ とし, $z = f(x, y)$ を $D$ 上で定義された連続関数で, $f(x, y) \geqq 0$ とする. この領域 $D$ と $D$ に対応する曲面 $z = f(x, y)$ で囲まれた立体の体積 $V$ を考える.

いま, $xy$ 平面上の領域 $D$ について, いくつかの曲線による小さな領域 $D_1, \ldots, D_n$ への分割を $\mathcal{P}$ とし, $D_1, \ldots, D_n$ の面積をそれぞれ $\Delta S_1, \ldots, \Delta S_n$ とする. また, 領域 $D_k$ $(k = 1, 2, \ldots, n)$ とその境界を含めた範囲における $f(x, y)$ の最大値と最小値をそれぞれ $m_k, M_k$ とし, 各 $D_k$ の任意の2点間の距離の最大値（これを領域 $D_k$ の**直径**という）を $|\mathcal{P}_k|$ とする. このとき,

$$\sum_{k=1}^{n} m_k \Delta S_k \leqq V \leqq \sum_{k=1}^{n} M_k \Delta S_k \tag{7.1}$$

が成立する. ここで, $D$ の分割を $|\mathcal{P}| = \max_{1 \leqq k \leqq n} |\mathcal{P}_k| \to 0$ となるように細かくすると, 定理86（1変数の連続関数の定積分の場合）の証明と同様の方法により

$$V = \lim_{|\mathcal{P}| \to 0} \sum_{k=1}^{n} m_k \Delta S_k = \lim_{|\mathcal{P}| \to 0} \sum_{k=1}^{n} M_k \Delta S_k$$

であることが証明できる.

一方，各 $D_k$ に任意の点 $(\xi_k, \eta_k)$ をとると，$m_k \leqq f(\xi_k, \eta_k) \leqq M_k$ であるから $\displaystyle\sum_{k=1}^{n} m_k \Delta S_k \leqq \sum_{k=1}^{n} f(\xi_k, \eta_k) \Delta S_k \leqq \sum_{k=1}^{n} M_k \Delta S_k$ がわかる．

これより $D$ の分割 $\mathcal{P}$ の仕方にも点 $(\xi_k, \eta_k)$ の取り方にも無関係な一定値 $V$ が $\displaystyle\lim_{|\mathcal{P}|\to 0} \sum_{k=1}^{n} f(\xi_k, \eta_k) \Delta S_k$ の極限値であることがわかる．

この図形的にわかったことを一般化して，2重積分を定義する．

---

**定義 104** $xy$ 平面上の領域 $D$ 上で定義された関数 $z = f(x, y)$ について，$m \leqq f(x, y) \leqq M$ を満たす定数 $m, M$ が存在するとする．領域 $D$ について，いくつかの曲線による小さな領域 $D_1, \ldots, D_n$ への分割を $\mathcal{P}$ とし，$D_1, \ldots, D_n$ の面積をそれぞれ $\Delta S_1, \ldots, \Delta S_n$ とする．各領域 $D_k$ の直径を $|\mathcal{P}_k|$ とし，$|\mathcal{P}| = \displaystyle\max_{1\leqq k\leqq n} |\mathcal{P}_k|$ とする．また，各 $D_k$ に任意の点 $(\xi_k, \eta_k)$ をとり，$A_{\mathcal{P}} = \displaystyle\sum_{k=1}^{n} f(\xi_k, \eta_k) \Delta S_k$ とおく．ここで，$D$ の分割 $\mathcal{P}$ を限りなく細かくして $|\mathcal{P}| \to 0$ となるようにするとき，$A_{\mathcal{P}}$ が $D$ の分割 $\mathcal{P}$ の仕方にも，点 $(\xi_k, \eta_k)$ の取り方にも無関係な一定値 $A$ に収束するならば関数 **$f(x, y)$ は $D$ 上で積分可能** という．このとき，一定値 $A$ を **$D$ における $f(x, y)$ の2重積分** といい，

$$\iint_D f(x, y)\, dxdy$$

で表す．すなわち，$D$ 上で積分可能であれば

$$\iint_D f(x, y)\, dxdy = \lim_{|\mathcal{P}|\to 0} A_{\mathcal{P}} = \lim_{|\mathcal{P}|\to 0} \sum_{k=1}^{n} f(\xi_k, \eta_k) \Delta S_k$$

---

**注意**：一般化した2重積分の値は，$A_{\mathcal{P}}$ の極限値だから $f(x, y)$ の値によって，負の値になることもある．

1変数関数の場合と同様に次のことが成立する．

---

**定理 105** 境界を含む有界な領域 $D$ 上で連続な関数 $f(x, y)$ は $D$ で積分可能である.

---

2 重積分は次のような性質をもっている.

---

(i) $\displaystyle\iint_D dxdy = (D \text{ の面積})$

ただし左辺の式のように積分記号の後の定数関数 $f(x, y) = 1$ は省略することがある.

(ii) $\displaystyle\iint_D \{f_1(x, y) + f_2(x, y)\} dxdy = \iint_D f_1(x, y)dxdy + \iint_D f_2(x, y)dxdy$

(iii) $\displaystyle\iint_D kf(x, y)\, dxdy = k \iint_D f(x, y)\, dxdy, (k \text{ は定数})$

(iv) 領域 $D_1, D_2$ が境界以外では共通部分をもたないならば
$$\iint_{D_1 \cup D_2} f(x, y)\, dxdy = \iint_{D_1} f(x, y)\, dxdy + \iint_{D_2} f(x, y)\, dxdy$$

---

なお, 空間の領域 $V$ で定義された関数 $f(x, y, z)$ についても, 2 重積分と同様にして **3 重積分** $\displaystyle\iiint_V f(x, y, z)\, dxdydz = \lim_{|\mathcal{P}| \to 0} \sum_{k=1}^n f(\xi_k, \eta_k, \zeta_k)\Delta V_k$ を定義することができる. ここで $\Delta V_k$ は領域 $V$ を分割して得られる各領域 $V_k$ の体積を表す.

まったく同様にして, **$n$ 重積分** も定義することができる.

## 7.2　縦線領域と横線領域

**例題 63** 次の領域 $D$ を図示せよ.

(1) $D = \{(x, y) \,|\, x + y \geqq 2\}$ 　　　　(2) $D = \{(x, y) \,|\, x^2 + y^2 < 5\}$

(3) $D = \{(x, y) \,|\, 1 \leqq x \leqq 2, \ x^2 - 1 \leqq y \leqq 2x + 1\}$

(4) $D = \{(x, y) \,|\, 0 \leqq x \leqq \sqrt{y}, \ 1 \leqq y \leqq 2\}$

解答

(1)

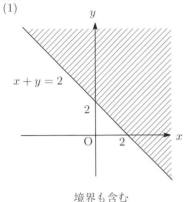

境界も含む

(2)

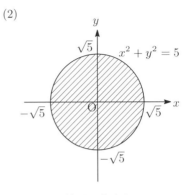

境界は含まない

(3)

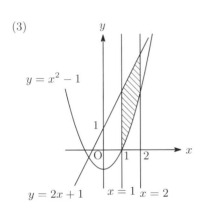

境界も含む

(4)

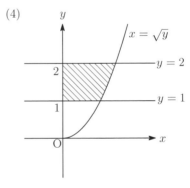

境界も含む

□

上記の例題 63 (3) のように, $a, b, c, d$ が定数のとき, 領域 $D$ が 2 直線 $x = a$, $x = b$ と連続な 2 曲線 $y = g_1(x)$, $y = g_2(x)$ で囲まれているとき, すなわち

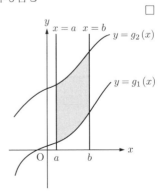

$$D = \{(x, y) \mid a \leqq x \leqq b,\ g_1(x) \leqq y \leqq g_2(x)\}$$

と表されるとき, その領域 $D$ を**縦線領域**という.

同様に，例題 63 (4) のように領域 $D$ が 2 直線 $y = c$, $y = d$ と 2 曲線 $x = h_1(y)$, $x = h_2(y)$ で囲まれているとき，すなわち

$$D = \{(x, y) \,|\, h_1(y) \leqq x \leqq h_2(y),\ c \leqq y \leqq d\}$$

と表されるとき，その領域 $D$ を**横線領域**という．

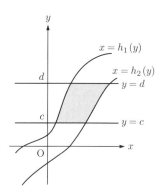

**例題 64** 右図のグレー部分の領域 $D$ について，次の問いに答えよ．

(1) 領域 $D$ を縦線領域で表せ．

(2) 領域 $D$ を横線領域で表せ．

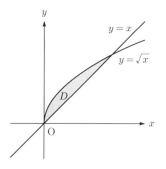

**解答** 交点の座標は $(1, 1)$ だから

(1) $D = \{\, 0 \leqq x \leqq 1, x \leqq y \leqq \sqrt{x} \,\}$

(2) $D = \{\, y^2 \leqq x \leqq y, 0 \leqq y \leqq 1 \,\}$

**例題 65** 集合 $D = \{x + y \leqq 2,\ x^2 \leqq y\}$ について，次の問いに答えよ．

(1) 領域 $D$ を図示せよ．

(2) 領域 $D$ を縦線領域で表せ．

(3) 領域 $D$ を横線領域で表せ．

**解答**

(1) 領域 $D$ は右図のグレー部分．

(2) 縦線領域で表すと，

$$D = \{-2 \leqq x \leqq 1, x^2 \leqq y \leqq -x + 2\}.$$

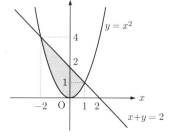

(3) 横線領域で表すと，

$$D = \{-\sqrt{y} \leqq x \leqq \sqrt{y}, 0 \leqq y \leqq 1\} \cup \{-\sqrt{y} \leqq x \leqq -y + 2, 1 \leqq y \leqq 4\}.$$

□

## 7.3 2重積分の計算

以下の議論において, 関数 $f(x,y)$ は積分領域上で積分可能であるとする. 積分領域が縦線領域 $D = \{(x,y) \mid a \leqq x \leqq b,\ g_1(x) \leqq y \leqq g_2(x)\}$ であるときの2重積分を計算することを考えよう. 7.1 で, 2重積分の定義を立体の体積で考えたので, ここでも同じ体積を考えればわかりやすいので $f(x,y) \geqq 0$ とする.

いま, 立体を $x$ 軸に垂直な平面で切った切り口の面積を $S(x)$ とすれば, この立体の体積は, 5.3 で考えたように

$$V = \int_{x=a}^{x=b} S(x)\,dx$$

である ($x$ についての積分と $y$ についての積分を区別するために $\int_a^b$ を $\int_{x=a}^{x=b}$ と表している). このとき, $x$ を固定してその切り口の面積 $S(x)$ を求めると,

$$S(x) = \int_{y=g_1(x)}^{y=g_2(x)} f(x,y)\,dy$$

であるから, さきほどの式に代入して

$$V = \int_{x=a}^{x=b} \left\{ \int_{y=g_1(x)}^{y=g_2(x)} f(x,y)dy \right\} dx$$

が得られる. $V = \displaystyle\iint_D f(x,y)dxdy$ であるので,

$$\iint_D f(x,y)dxdy = \int_{x=a}^{x=b} \left\{ \int_{y=g_1(x)}^{y=g_2(x)} f(x,y)dy \right\} dx \qquad (7.2)$$

がわかる.

このように, $x, y$ について順々に積分する方法を**累次積分**という.

横線領域の場合も, 同様な式が得られるので, 次の定理が成立することがわかる.

**定理 106** 2重積分は, 累次積分で計算できる.

(1)  積分領域 $D$ が縦線領域 $D = \{\, a \leqq x \leqq b,\ g_1(x) \leqq y \leqq g_2(x)\,\}$ のとき

$$\iint_D f(x,y)dxdy = \int_{x=a}^{x=b} \left\{ \int_{y=g_1(x)}^{y=g_2(x)} f(x,y)dy \right\} dx \qquad (7.3)$$

である.

(2) 積分領域 $D$ が横線領域 $D = \{\, c \leqq y \leqq d,\ h_1(y) \leqq x \leqq h_2(y)\,\}$ のとき

$$\iint_D f(x,y)dxdy = \int_{y=c}^{y=d} \left\{ \int_{x=h_1(y)}^{x=h_2(y)} f(x,y)dx \right\} dy \qquad (7.4)$$

である.

(注意) $\displaystyle\int_a^b \left\{ \int_{g_1(x)}^{g_2(x)} f(x,y)dy \right\} dx$ を $\displaystyle\int_a^b dx \int_{g_1(x)}^{g_2(x)} f(x,y)dy$ と表すことがある.

※　さきほど, 体積の計算がわかりやすいように $f(x,y) \geqq 0$ としたが, $f(x,y) \geq 0$ 以外の場合でも定理 106 は成立する. それは十分大きな定数 $C$ をとり $f(x,y)+C \geqq 0$ となるようにして, $f(x,y)$ の代わりに $f(x,y)+C$ で定理 106 の公式を使うと次のようになる.

$$\iint_D f(x,y)\,dxdy + \iint_D C\,dxdy$$
$$= \iint_D \{f(x,y)+C\}dxdy$$
$$= \int_{x=a}^{x=b} \left\{ \int_{y=g_1(x)}^{y=g_2(x)} \{f(x,y)+C\}\,dy \right\} dx$$
$$= \int_{x=a}^{x=b} \left\{ \int_{y=g_1(x)}^{y=g_2(x)} f(x,y)\,dy \right\} dx + \int_{x=a}^{x=b} \left\{ \int_{y=g_1(x)}^{y=g_2(x)} C\,dy \right\} dx$$
$$= \int_{x=a}^{x=b} \left\{ \int_{y=g_1(x)}^{y=g_2(x)} f(x,y)\,dy \right\} dx + C\int_{x=a}^{x=b} \left\{ \int_{y=g_1(x)}^{y=g_2(x)} dy \right\} dx$$
$$= \int_{x=a}^{x=b} \left\{ \int_{y=g_1(x)}^{y=g_2(x)} f(x,y)\,dy \right\} dx + C\iint_D dxdy$$
$$= \int_{x=a}^{x=b} \left\{ \int_{y=g_1(x)}^{y=g_2(x)} f(x,y)\,dy \right\} dx + \iint_D C\,dxdy$$

したがって，$f(x,y) \geqq 0$ 以外の場合でも

$$\iint_D f(x,y)dxdy = \int_{x=a}^{x=b} \left\{ \int_{y=g_1(x)}^{y=g_2(x)} f(x,y)dy \right\} dx$$

が成立する．

**例題 66** $D = \{(x,y) \,|\, 1 \leqq x \leqq 3, 1 \leqq y \leqq 2\}$ とするとき 2 重積分

$$I = \iint_D (3x^2 - 2xy)\,dxdy$$

を計算せよ．

**解答** $D$ は縦線領域だから

$$I = \int_{x=1}^{x=3} \left\{ \int_{y=1}^{y=2} (3x^2 - 2xy)\,dy \right\} dx = \int_{x=1}^{x=3} \left[ 3x^2 y - xy^2 \right]_{y=1}^{y=2} dx$$
$$= \int_{x=1}^{x=3} (3x^2 - 3x)dx = \left[ x^3 - \frac{3}{2}x^2 \right]_{x=1}^{x=3} = 14.$$

**※ 別解** $D$ は横線領域だから

$$I = \int_{y=1}^{y=2} \left\{ \int_{x=1}^{x=3} (3x^2 - 2xy)\,dx \right\} dy = \int_{y=1}^{y=2} \left[ x^3 - x^2 y \right]_{x=1}^{x=3} dy$$
$$= \int_{y=1}^{y=2} (-8y + 26)dy = \left[ -4y^2 + 26y \right]_{y=1}^{y=2} = 14. \qquad \Box$$

**例題 67** $D = \{(x,y) \,|\, 0 \leqq x \leqq 1, 0 \leqq y \leqq x\}$ とするとき 2 重積分

$$I = \iint_D 4x^2 y \,dxdy$$

を計算せよ．

**解答** $D$ は縦線領域だから

$$I = \int_{x=0}^{x=1} \left\{ \int_{y=0}^{y=x} 4x^2 y \,dy \right\} dx = \int_{x=0}^{x=1} \left[ 2x^2 y^2 \right]_{y=0}^{y=x} dx$$
$$= \int_{x=0}^{x=1} 2x^4 dx = \left[ \frac{2}{5}x^5 \right]_{x=0}^{x=1} = \frac{2}{5}. \qquad \Box$$

**例題 68** 放物線 $y = x^2$ と直線 $y = x$ で囲まれた領域を $D$ とする.

(1) 領域 $D$ を図示せよ.

(2) 領域 $D$ を縦線領域で表せ.

(3) 領域 $D$ を横線領域で表せ.

(4) 2 重積分 $I = \displaystyle\iint_D 2xy\,dxdy$ を計算せよ.

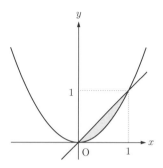

**解答**　(1) 領域 $D$ は右図のグレー部分.

(2) 縦線領域で表すと,
$$D = \{0 \leqq x \leqq 1,\ x^2 \leqq y \leqq x\}.$$

(3) 横線領域で表すと,
$$D = \{y \leqq x \leqq \sqrt{y},\ 0 \leqq y \leqq 1\}.$$

(4) 縦線領域を用いて累次積分で計算すると,

$$
\begin{aligned}
I &= \int_{x=0}^{x=1} \left( \int_{y=x^2}^{y=x} 2xy\,dy \right) dx = \int_{x=0}^{x=1} \left[ xy^2 \right]_{y=x^2}^{y=x} dx \\
&= \int_{x=0}^{x=1} (x^3 - x^5)dx = \left[ \frac{1}{4}x^4 - \frac{1}{6}x^6 \right]_{x=0}^{x=1} = \frac{1}{12}.
\end{aligned}
$$
　□

**別解**　横線領域を用いて累次積分で計算すると,

$$
\begin{aligned}
I &= \int_{y=0}^{y=1} \left( \int_{x=y}^{x=\sqrt{y}} 2xy\,dx \right) dy = \int_{y=0}^{y=1} \left[ x^2 y \right]_{x=y}^{x=\sqrt{y}} dy \\
&= \int_{y=0}^{y=1} (y^2 - y^3)dy = \left[ \frac{1}{3}y^3 - \frac{1}{4}y^4 \right]_{y=0}^{y=1} = \frac{1}{12}.
\end{aligned}
$$
　□

　このように,領域の表し方(縦線・横線)で累次積分の順序が決まることがわかる.

**問題 154** 次の 2 重積分を求めよ.

(1) $I = \displaystyle\iint_D xy\,dxdy$, $D$ は 2 つの放物線 $y = x^2$, $y^2 = x$ で囲まれた領域

(2) $I = \displaystyle\iint_D (x^2 + y^2)\,dxdy$,
　　　$D$ は直線 $x + y = 1$ と $x$ 軸,$y$ 軸で囲まれた領域

(3) $I = \displaystyle\iint_D x\,dxdy$,
　　　$D$ は 2 直線 $-\dfrac{x}{2} + \dfrac{y}{3} = 1$, $\dfrac{x}{4} + \dfrac{y}{3} = 1$ と $x$ 軸で囲まれた領域

解　(1) $\dfrac{1}{12}$　　(2) $\dfrac{1}{6}$　　(3) 6

**問題 155** 2 つの放物線 $y = 2x - x^2$, $y = 3x^2 - 6x$ で囲まれた領域 $D$ の面積を 2 重積分を利用して求めよ.

解　$\dfrac{16}{3}$

**問題 156** 積分領域が $V = \{x^2 + y^2 + z^2 \leqq r^2, z \geqq 0\}$ $(r > 0)$ のとき,
3 重積分 $I = \displaystyle\iiint_V z\,dxdydz$ を求めよ.

解　$\dfrac{1}{4}\pi r^4$

　2 重積分を累次積分を用いて計算するとき, 積分の順序をうまく選ばないと計算できないことがある. その場合は積分の順序を交換する必要がおこる.

**例題 69** 累次積分 $\displaystyle\int_{y=0}^{y=1}\left(\int_{x=y}^{x=1} e^{x^2}\,dx\right)dy\cdots①$ を計算せよ.

**解答**　$x$ について積分しようとすると原始関数 $\displaystyle\int e^{x^2}\,dx$ が初等関数で表されない. そこで, 積分の順序を交換して計算する.

　① より, 積分領域 $D$ は

$$D = \{(x,y)\,|\,y \leqq x \leqq 1, 0 \leqq y \leqq 1\}$$

であるが, これを縦線集合で表すと

$$D = \{(x,y)\,|\,0 \leqq x \leqq 1, 0 \leqq y \leqq x\}$$

となる. ゆえに

$$\int_{y=0}^{y=1}\left(\int_{x=y}^{x=1} e^{x^2}\,dx\right)dy = \iint_D e^{x^2}\,dxdy = \int_{x=0}^{x=1}\left(\int_{y=0}^{y=x} e^{x^2}\,dy\right)dx$$

$$= \int_{x=0}^{x=1}\left(e^{x^2}\int_{y=0}^{y=x} dy\right)dx = \int_{x=0}^{x=1} e^{x^2}x\,dx = \left[\frac{1}{2}e^{x^2}\right]_{x=0}^{x=1} = \frac{e-1}{2}. \qquad \square$$

## 7.4 変数変換

定理 107 (2 重積分の変数変換公式)    2 つの関数 $\varphi, \psi$ が連続な偏導関数
をもつとき, 変換
$$\begin{cases} x = \varphi(u,v) \\ y = \psi(u,v) \end{cases} \tag{7.5}$$
により, $xy$-平面の領域 $D$ が $uv$-平面の領域 $K$ に 1 対 1 に対応するとき
$$\iint_D f(x,y)\,dxdy = \iint_K f(\varphi(u,v),\psi(u,v))\left|\frac{\partial(x,y)}{\partial(u,v)}\right|dudv \tag{7.6}$$
が成立する.
　(注意) 式 (7.6) の $\left|\dfrac{\partial(x,y)}{\partial(u,v)}\right|$ は ヤコビアン $\dfrac{\partial(x,y)}{\partial(u,v)}$ の絶対値である.

証明    領域 $K$ に対し, $n$ 個の長方形領域 $K_j$ への分割を $\mathcal{P}$ すると, それに
対応して領域 $D$ も $n$ 個の領域 $E_j$ に分割される. $E_j$ の面積を $\Delta S_j$, $K_j$ の
面積を $\Delta \tilde{S}_j$ とする.
　188ページの 6.3 全微分より
$$\begin{cases} \Delta x = \dfrac{\partial x}{\partial u}\Delta u + \dfrac{\partial x}{\partial v}\Delta v \\ \Delta y = \dfrac{\partial y}{\partial u}\Delta u + \dfrac{\partial y}{\partial v}\Delta v \end{cases} \tag{7.7}$$
簡単のため, $X = \Delta x, Y = \Delta y, U = \Delta u, V = \Delta v, x_u = \dfrac{\partial x}{\partial u}, x_v = \dfrac{\partial x}{\partial v},$
$y_u = \dfrac{\partial y}{\partial u}, y_v = \dfrac{\partial y}{\partial v}$ とおくと,
$$\begin{cases} X = x_u U + x_v V \\ Y = y_u U + y_v V \end{cases} \tag{7.8}$$
　下図のように, 変換 (7.8) により, $UV$ 平面の長方形領域が $XY$ 平面の領
域に写されるとし, $(\alpha,0), (0,\beta)$ はそれぞれ $(X_1,Y_1), (X_2,Y_2)$ に写されると
すると,
$$\begin{cases} X_1 = x_u \alpha \\ Y_1 = y_u \alpha \end{cases} \quad \begin{cases} X_2 = x_v \beta \\ Y_2 = y_v \beta \end{cases} \tag{7.9}$$

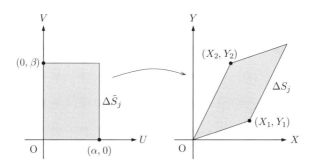

このとき，面積 $\Delta S_j$ を，平行四辺形の面積で近似すると，

$$
\begin{aligned}
\Delta S_j &\fallingdotseq |X_1 \cdot Y_2 - X_2 \cdot Y_1| \\
&= |x_u \alpha \cdot y_v \beta - y_u \alpha \cdot x_v \beta| \\
&= |\alpha \beta| \, |x_u y_v - x_v y_u| \\
&= \Delta \tilde{S}_j \left\| \begin{array}{cc} x_u & x_v \\ y_u & y_v \end{array} \right\| \\
&= \Delta \tilde{S}_j \left| \frac{\partial(x,y)}{\partial(u,v)} \right|
\end{aligned}
$$

が成立する.

ゆえに，$E_j$ の点を $(\xi_j, \eta_j) = (\varphi(u_j, v_j), \psi(u_j, v_j))$ とすると，

$$
\begin{aligned}
\iint_D f(x,y)\,dxdy &= \lim_{|\mathcal{P}| \to 0} \sum_{j=1}^{n} f(\xi_j, \eta_j) \Delta S_j \\
&= \lim_{|\mathcal{P}| \to 0} \sum_{j=1}^{n} f(\varphi(u_j, v_j), \psi(u_j, v_j)) \left| \frac{\partial(x,y)}{\partial(u,v)} \right| \Delta \tilde{S}_j \\
&= \iint_K f(\varphi(u,v), \psi(u,v)) \left| \frac{\partial(x,y)}{\partial(u,v)} \right| dudv
\end{aligned}
$$

が得られる. □

※ 証明は省略するが，定理 107 と同様の結果は，一般に $n$ 重積分でも成立する.

　直交座標系 $(x, y)$ から極座標系 $(r, \theta)$ への変換

$$\begin{cases} x = r \cos \theta \\ y = r \sin \theta \end{cases} \tag{7.10}$$

については，ヤコビアンが $\dfrac{\partial(x, y)}{\partial(r, \theta)} = r \geqq 0$ であるから，積分変数を極座標の変数変換すると

$$\iint_D f(x, y)\, dxdy = \iint_K f(r \cos \theta, r \sin \theta)\, r\, drd\theta \tag{7.11}$$

となる．

**例題 70** 積分領域が

$$D = \{(x, y) \mid x - y \leqq \pi,\ x + y \geqq 0,\ y \leqq 0\}$$

である 2 重積分 $\mathrm{I} = \displaystyle\iint_D (x - y) \cos(x + y)\, dxdy$ と変換

$$\begin{cases} u = x + y \cdots ① \\ v = x - y \cdots ② \end{cases} \tag{7.12}$$

について次の問に答えよ．

　(1) 積分領域 $D$ を $xy$ 平面に図示せよ．

　(2) 積分領域 $D$ が変換 (7.12) により写される領域 $K$ を $uv$ 平面に図示せよ．

　(3) 変換 (7.12) の Jacobian （ヤコビアン） $\dfrac{\partial(x, y)}{\partial(u, v)}$ を求めよ．

　(4) 2 重積分 $\mathrm{I}$ の値を求めよ．

**解答**　(1) 領域 $D$ は右図のグレー部分.
(2) (①+②)/2 および (①−②)/2 を計算すると

$$\begin{cases} x = \dfrac{1}{2}u + \dfrac{1}{2}v \cdots ③ \\ y = \dfrac{1}{2}u - \dfrac{1}{2}v \cdots ④ \end{cases}$$

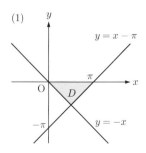

(1)

だから，これらを $D$ を定める不等式の $x, y$ に代入すると

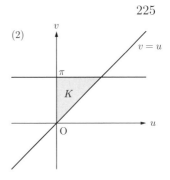

$$K = \{(u, v) \mid v \leqq \pi,\ u \geqq 0,\ \frac{1}{2}u - \frac{1}{2}v \leqq 0\}$$

$$= \{(u, v) \mid v \leqq \pi,\ u \geqq 0,\ u \leqq v\}$$

よって，領域 $K$ は右図のグレー部分．

(3) ③, ④ より

$$\frac{\partial x}{\partial u} = \frac{1}{2}, \qquad \frac{\partial x}{\partial v} = \frac{1}{2}$$

$$\frac{\partial y}{\partial u} = \frac{1}{2}, \qquad \frac{\partial y}{\partial v} = -\frac{1}{2}.$$

よって

$$\frac{\partial(x, y)}{\partial(u, v)} = \begin{vmatrix} \dfrac{1}{2} & \dfrac{1}{2} \\ \dfrac{1}{2} & -\dfrac{1}{2} \end{vmatrix} = \frac{1}{2} \times \left(-\frac{1}{2}\right) - \frac{1}{2} \times \frac{1}{2} = -\frac{1}{2}.$$

(4) (2) より，$K$ を $u, v$ の横線集合として表すと

$$K = \{(u, v) \mid 0 \leqq u \leqq v,\ 0 \leqq v \leqq \pi \} \tag{7.13}$$

である．よって

$$
\begin{aligned}
I &= \iint_D (x - y) \cos(x + y)\, dxdy = \iint_K v \cos u \left| \frac{\partial(x, y)}{\partial(u, v)} \right| dudv \\
&= \int_{v=0}^{v=\pi} \left( \int_{u=0}^{u=v} v \cos u \left| -\frac{1}{2} \right| du \right) dv \\
&= \int_{v=0}^{v=\pi} \frac{1}{2} v \left[ \sin u \right]_{u=0}^{u=v} dv = \int_{v=0}^{v=\pi} \frac{1}{2} v \sin v\, dv \\
&= \frac{1}{2} \left\{ \left[ -v \cos v \right]_{v=0}^{v=\pi} + \int_{v=0}^{v=\pi} \cos v\, dv \right\} = \frac{1}{2} \left\{ \pi + \left[ \sin v \right]_{v=0}^{v=\pi} \right\} = \frac{\pi}{2}
\end{aligned}
$$

である． □

**問題 157** 原点を中心とし，半径 $a$ の円板を $D$ とするとき，積分変数 $(x, y)$ を $(r, \theta)$ に変換することにより，2 重積分 $\displaystyle\iint_D \sqrt{a^2 - x^2 - y^2}\, dxdy$ を計算せよ．

解　$\dfrac{2}{3}\pi a^3$

**例題 71**　$D_1$, $D_2$ を原点が中心で半径がそれぞれ $a$, $\sqrt{2}a$ の円板の第 1 象限の部分とし，$D = \{\, 0 \leqq x \leqq a, 0 \leqq y \leqq a \,\}$ とするとき，次の問いに答えよ．

(1) 領域 $D_1$, $D_2$ および $D$ を $xy$ 平面に図示せよ．

(2) 2 重積分 $\displaystyle\iint_{D_1} e^{-x^2-y^2}\,dxdy$ と $\displaystyle\iint_{D_2} e^{-x^2-y^2}\,dxdy$ を計算せよ．

(3) $\displaystyle\iint_D e^{-x^2-y^2}\,dxdy = \left(\int_0^a e^{-x^2}\,dx\right)^2$ を示せ．

(4) $\displaystyle\int_0^\infty e^{-x^2}\,dx$ の値を求めよ．

**解答**

(1) 領域 $D_1$, $D_2$ および $D$ は右図のとおり．

(2) 積分変数 $(x, y)$ を $(r, \theta)$ に変換すると，

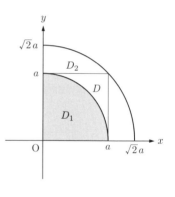

$$\begin{cases} x = r\cos\theta \\ y = r\sin\theta \end{cases}$$

で，ヤコビアンが $\dfrac{\partial(x,y)}{\partial(r,\theta)} = r$，$D_1$ は $K_1 = \left\{ (r,\theta)\,|\,0 \leqq r \leqq a, 0 \leqq \theta \leqq \dfrac{\pi}{2} \right\}$ に写されるので，

$$\begin{aligned}
\iint_{D_1} e^{-x^2-y^2}\,dxdy &= \iint_{K_1} e^{-r^2} \left|\frac{\partial(x,y)}{\partial(r,\theta)}\right|\,drd\theta \\
&= \int_0^a \left(\int_0^{\frac{\pi}{2}} e^{-r^2} r\,d\theta\right) dr = \int_0^a \left[ e^{-r^2} r\theta \right]_0^{\frac{\pi}{2}}\,dr \\
&= \frac{\pi}{2}\left[\frac{-e^{-r^2}}{2}\right]_0^a = \frac{\pi}{4}(1 - e^{-a^2}).
\end{aligned}$$

同様に，$D_2$ は $K_2 = \left\{ (r,\theta)\,|\,0 \leqq r \leqq \sqrt{2}a, 0 \leqq \theta \leqq \dfrac{\pi}{2} \right\}$ に写されるので，

$$\iint_{D_2} e^{-x^2-y^2}\,dxdy = \int_0^{\sqrt{2}a}\left(\int_0^{\frac{\pi}{2}} e^{-r^2} r\,d\theta\right)dr = \int_0^{\sqrt{2}a}\left[e^{-r^2}r\theta\right]_0^{\frac{\pi}{2}}dr$$

$$= \frac{\pi}{2}\left[\frac{-e^{-r^2}}{2}\right]_0^{\sqrt{2}a} = \frac{\pi}{4}(1 - e^{-2a^2}).$$

(3) 定積分は，積分変数によらないので

$$\int_0^a e^{-x^2}\,dx = \int_0^a e^{-y^2}\,dy$$

が成立する．よって，累次積分と 2 重積分の関係より

$$\left(\int_0^a e^{-x^2}\,dx\right)^2 = \left(\int_0^a e^{-x^2}\,dx\right)\times\left(\int_0^a e^{-x^2}\,dx\right)$$

$$= \left(\int_0^a e^{-x^2}\,dx\right)\times\left(\int_0^a e^{-y^2}\,dy\right)$$

$$= \int_0^a\left(\int_0^a e^{-x^2}\,dx\right)\times e^{-y^2}\,dy$$

$$= \int_0^a\left(\int_0^a e^{-x^2}\times e^{-y^2}\,dx\right)dy = \iint_D e^{-x^2-y^2}\,dxdy$$

が成立する．

(4) $e^{-x^2-y^2} > 0$ であり，(1) より ($D_1$ の面積)$<$ ($D$ の面積)$<$ ($D_2$ の面積) だから

$$\iint_{D_1} e^{-x^2-y^2}\,dxdy < \iint_D e^{-x^2-y^2}\,dxdy < \iint_{D_2} e^{-x^2-y^2}\,dxdy$$

が成立する．(2),(3) より

$$\frac{\pi}{4}\left(1 - \frac{1}{e^{a^2}}\right) < \left(\int_0^a e^{-x^2}\,dx\right)^2 < \frac{\pi}{4}\left(1 - \frac{1}{e^{2a^2}}\right).$$

ここで $a \longrightarrow \infty$ とすると

$$\frac{\pi}{4}\left(1 - \frac{1}{e^{a^2}}\right) \longrightarrow \frac{\pi}{4}(1 - 0) = \frac{\pi}{4},$$

$$\frac{\pi}{4}\left(1 - \frac{1}{e^{2a^2}}\right) \longrightarrow \frac{\pi}{4}(1 - 0) = \frac{\pi}{4},$$

$$\int_0^a e^{-x^2}\,dx \longrightarrow \int_0^\infty e^{-x^2}\,dx$$

であるから，極限の定理 41（はさみうちの原理）より

$$\left(\int_0^\infty e^{-x^2}\,dx\right)^2 = \frac{\pi}{4}$$

が得られる．$e^{-x^2} > 0$ より $\displaystyle\int_0^\infty e^{-x^2}\,dx > 0$ だから

$$\int_0^\infty e^{-x^2}\,dx = \sqrt{\frac{\pi}{4}} = \frac{\sqrt{\pi}}{2}. \qquad \square$$

※ $\displaystyle\int_0^\infty e^{-x^2}\,dx = \frac{\sqrt{\pi}}{2}$ について，不定積分 $\displaystyle\int e^{-x^2}\,dx$ は初等関数で表せないが，上記のように2重積分を用いることにより，無限積分 $\displaystyle\int_0^\infty e^{-x^2}\,dx$ の値は求めることができることがわかる．この結果は，Gauss（ガウス）積分と呼ばれており，正規分布に関連する確率論などで重要な結果である．

## 7.5 曲面の面積（曲面積）

定理 108 (曲面積) 領域 $D$ に対応する曲面 $z = f(x,y)$, $(x,y) \in D$ の面積 $S$ は

$$S = \iint_D \sqrt{1 + (f_x(x,y))^2 + (f_y(x,y))^2}\,dxdy \qquad (7.14)$$

で与えられる．

証明 $D$ を $n$ 個の長方形領域 $D_k$ に分割すると，それに対応して曲面 $z = f(x,y)$ もいくつかの小曲面 $E_k$ に分割される．この小曲面 $E_k$ の点 $\mathrm{P}_k(x_k, y_k, f(x_k, y_k))$ における接平面で，領域 $D_k$ に対応する部分の面積を $S_k$ とし，

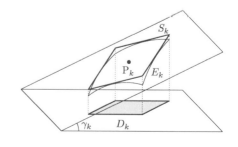

この接平面と $xy$ 平面とのなす角
を $\gamma_k$ とし，$D_k$ の隣り合う 2 辺の
長さを $\Delta x_k, \Delta y_k$ とする.

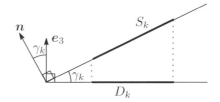

$$f_x(x_k, y_k) = f_y(x_k, y_k) = 0$$

ならば，すなわち，接平面が $xy$ 平
面に平行ならば，$S_k = D_k$ の面積 $= \Delta x_k \Delta y_k$ が成立する.

$(f_x(x_k, y_k), f_y(x_k, y_k)) \neq (0, 0)$ ならば，接平面

$$H_k : z - f(x_k, y_k) = f_x(x_k, y_k)(x - x_k) + f_y(x_k, y_k)(y - y_k)$$

は $xy$ 平面 $z = 0$ と交わる. 接平面 $H_k$ と $xy$ 平面 $z = 0$ の交線を $L$ とし，Q,
R を $xy$ 平面内の異なる任意の 2 点とする. Q, R に対応する接平面 $H_k$ 上の
点をそれぞれ Q′, R′ とする. 線分 QR が $L$ に平行ならば QR=Q′R′ が成り
立ち，線分 QR が $L$ に垂直ならば QR=Q′R′ $\cos \gamma_k$ が成立する.

よって，$L$ に平行な線分と $L$ に垂直な線分を隣り合う 2 辺とする長方形を
$\Gamma$ とし，$\Gamma$ に対応する $H_k$ の長方形を $\Gamma'$ とすると，

$$\Gamma' \text{ の面積 } \cos \gamma_k = \Gamma \text{ の面積}$$

が成立する. よって，

$$S_k \cos \gamma_k = \Delta x_k \Delta y_k \tag{7.15}$$

が成立する.

ここで 209 ページの 6.7.6 節で述べたように，点 $P_k$ における接平面の法
線ベクトル $\boldsymbol{n}$ は $\boldsymbol{n} = (f_x(x_k, y_k), f_x(x_k, y_k), -1)$ であり，$z$ 軸の方向ベクト
ル $\boldsymbol{e}_3 = (0, 0, 1)$ が $xy$ 平面の法線ベクトルであるから，内積を考えることに
より

$$
\begin{aligned}
\cos \gamma_k &= \left| \frac{0 + 0 - 1}{\sqrt{0 + 0 + 1} \sqrt{\left(f_x(x_k, y_k)\right)^2 + \left(f_y(x_k, y_k)\right)^2 + 1}} \right| \\
&= \frac{1}{\sqrt{\left(f_x(x_k, y_k)\right)^2 + \left(f_y(x_k, y_k)\right)^2 + 1}}
\end{aligned}
$$

が得られる.

(7.15) より

$$S_k = \sqrt{\left(f_x(x_k, y_k)\right)^2 + \left(f_y(x_k, y_k)\right)^2 + 1}\, \Delta x_k \Delta y_k$$

が得られるので，分割 $\mathcal{P}$ における各領域 $D_k$ の直径を $|\mathcal{P}_k|$ とし，$|\mathcal{P}| = \max\limits_{1 \leqq k \leqq n} |\mathcal{P}_k|$ とすると

$$
\begin{aligned}
S &= \lim_{|\mathcal{P}| \to 0} \sum_{k=1}^{n} S_k \\
&= \lim_{|\mathcal{P}| \to 0} \sum_{k=1}^{n} \sqrt{\left(f_x(x_k, y_k)\right)^2 + \left(f_y(x_k, y_k)\right)^2 + 1}\, \Delta x_k \Delta y_k \\
&= \iint_D \sqrt{1 + \left(f_x(x, y)\right)^2 + \left(f_y(x, y)\right)^2}\, dxdy
\end{aligned}
$$

が得られる.　　　　　　　　　　　　　　　　　　　　　　　　　　　　　　□

**例題 72** 放物面 $z = x^2 + y^2$ …① の領域 $D = \{(x, y) \mid x^2 + y^2 \leqq 1\}$ に対応する部分の曲面積 $S$ を求めよ.

**解答**　①より $Z_x(x, y) = 2x$, $z_y(x, y) = 2y$ だから，求める曲面積 $S$ は (7.14) より

$$
\begin{aligned}
S &= \iint_D \sqrt{1 + \left(z_x(x, y)\right)^2 + \left(z_y(x, y)\right)^2}\, dxdy \\
&= \iint_D \sqrt{1 + 4x^2 + 4y^2}\, dxdy
\end{aligned}
$$

である. ここで，積分変数 $(x, y)$ を 極座標 $(r, \theta)$ に変換すると，

$$
\begin{cases}
x = r\cos\theta \\
y = r\sin\theta
\end{cases}
$$

で，ヤコビアンが

$$\frac{\partial(x, y)}{\partial(r, \theta)} = r,$$

$D$ は $K = \{(r, \theta)\,|\,0 \leqq r \leqq 1, 0 \leqq \theta \leqq 2\pi\}$ に写されるので，

$$
\begin{aligned}
S &= \iint_D \sqrt{1 + 4x^2 + 4y^2}\,dxdy \\
&= \int_0^1 \left( \int_0^{2\pi} \sqrt{1 + 4r^2}\,r\,d\theta \right) dr \\
&= \int_0^1 \left[ \sqrt{1 + 4r^2}\,r\theta \right]_0^{2\pi} dr \\
&= 2\pi \int_0^1 \sqrt{1 + 4r^2}\,r\,dr \\
&= 2\pi \left[ \frac{1}{12}(1 + 4r^2)\sqrt{1 + 4r^2} \right]_0^1 \\
&= \frac{\pi}{6}(5\sqrt{5} - 1). \qquad\qquad\qquad \square
\end{aligned}
$$

**問題 158** 半径が $a$ である球の表面積 $S$ を求めよ．

解　$S = 4\pi a^2$

**問題 159** 円柱面 $x^2 + z^2 = a^2$ $(a > 0)$ が円柱 $x^2 + y^2 = a^2$ によって切り取られる部分の曲面積 $S$ を求めよ．

解　$S = 8a^2$

**問題 160** 球面 $x^2 + y^2 + z^2 = a^2$ $(a > 0)$ が円柱 $x^2 + y^2 = ax$ によって切り取られる部分の曲面積 $S$ を求めよ．

解　$S = 4a^2(\frac{\pi}{2} - 1)$

# 8 ——————————— 極限と連続性

## 8.1 実数の連続性公理

実数の集合 $\mathbb{R}$ を直線上の点の集合として表現することから始める．直線上に原点 O と O の右側に 1 点 E を定める．0 を原点 O に，1 を点 E に対応させる．実数 $x$ は，$x > 0$ ならば OP$= x \cdot$OE となる直線上の点 P を O の右側に，$x < 0$ ならば OP$= |x| \cdot$OE となる直線上の点 P を O の左側にとる．

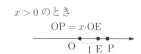

$x > 0$ のとき
OP $= x \cdot$OE

$x < 0$ のとき
OP $= |x| \cdot$OE

こうして，実数全体の集合を直線上の点として表すことができる．このように，実数全体を表す直線を**数直線**という．

$S$ を実数の部分集合とする．$a \in S$ が，すべて*の $x \in S$ に対して $x \leqq a \ (a \leqq x)$ であるとき，$a$ を $S$ の**最大値**（**最小値**）という．$S$ の最大値を $\max S$ で表し，$S$ の最小値を $\min S$ で表す．実数 $a$ が，すべての $x \in S$ に対して，$x \leqq a$ を満たすとき $a$ を $S$ の**上界**，$a \leqq x$ を満たすとき $a$ を $S$ の下界という．実数の部分集合 $S$ の上界（下界）が存在するとき，$S$ は**上に有界**（**下に有界**）な集合であるという．また，$S$ が上下に有界な集合であるとき，$S$ は単に**有界**な集合であるという．次の実数の連続性公理は実数を定義するための数学的公理であって直接証明できることではない．

$S$ の上界

$S$ の上限

$S$

$S$ の下限

$S$ の下界

---

*記号で「すべての $x$」を $\forall x$ と表し，「存在する $x$」を $\exists x$ と表す．

---

**実数の連続性公理**

$S$ は実数の部分集合であるとする。このとき，次が成立する。

(1) 集合 $S$ が上に有界であれば，$S$ の上界全体の集合の最小値が存在する。

(2) 集合 $S$ が下に有界であれば，$S$ の下界全体の集合の最大値が存在する。

---

実数の部分集合 $S$ の上界全体の集合の最小値を $S$ の**上限**（**supremum**）といい，集合 $S$ の上限を $\sup S$ で表す。また，$S$ の下界全体の集合の最大値を $S$ の**下限**（**infimum**）という。下限を $\inf S$ で表す。上の実数の連続性公理は次のように述べることができる。

---

**実数の連続性公理**

$S$ は実数の部分集合であるとする。このとき，次が成立する。

(1) 集合 $S$ が上に有界であれば，$S$ の上限が存在する。

(2) 集合 $S$ が下に有界であれば，$S$ の下限が存在する。

---

## 8.2　数列の極限

最初に，数列 $\{a_n\}_{n=1}^{\infty}$ が収束することの数学的定義を与える。

**定義 109**　数列 $\{a_n\}_{n=1}^{\infty}$ が実数 $a$ に**収束**するとは，任意の正数 $\varepsilon > 0$ に対して，自然数 $N$ が存在して，$n \geqq N$ ならば，$|a_n - a| < \varepsilon$ が成立するときをいう。このような論理手法は，**$\varepsilon$-$N$ 論法**と呼ばれている。

自然数 $N$ は正数 $\varepsilon$ に関係して定まるので，自然数 $N$ を $N(\varepsilon)$ と表すこともある。実数 $a$ は数列 $\{a_n\}_{n=1}^{\infty}$ の**極限値**であるといい，

$$\lim_{n \to \infty} a_n = a$$

と表す。

**例題 73**　$\displaystyle \lim_{n \to \infty} \frac{3n}{n+2} = 3$ を示せ。

**解答**　任意の正数 $\varepsilon > 0$ に対して，自然数 $N$ を

$$N > \frac{6}{\varepsilon} - 2$$

を満たすように十分大きくとる．（正数 $\varepsilon$ が決まれば，この自然数 $N$ が存在することはわかる．）このとき，$n \geqq N$ ならば，

$$\left| \frac{3n}{n+2} - 3 \right| = \left| \frac{-6}{n+2} \right| = \frac{6}{n+2} \leqq \frac{6}{N+2} < \frac{6}{\left( \frac{6}{\varepsilon} - 2 \right) + 2} = \varepsilon$$

すなわち，$\left| \dfrac{3n}{n+2} - 3 \right| < \varepsilon$ が成立する．したがって，$\displaystyle \lim_{n \to \infty} \frac{3n}{n+2} = 3$ である．　□

　数列 $\{a_n\}_{n=1}^{\infty}$ が**有界数列**であるとは，集合 $\{a_n \mid n \geqq 1\}$ が有界集合であるときをいう．数列 $\{a_n\}_{n=1}^{\infty}$ が**有界数列**であることは

$$|a_n| \leqq M \quad (n \geqq 1)$$

を満たす正数 $M > 0$ が存在することと同値である．

---

**補題 110**　数列 $\{a_n\}_{n=1}^{\infty}$ は実数 $a$ に収束するとする．このとき，

(1) $\{a_n\}_{n=1}^{\infty}$ は有界数列である．

(2) $a_n \neq 0$ かつ $a \neq 0$ ならば数列 $\left\{ \dfrac{1}{a_n} \right\}_{n=1}^{\infty}$ は有界数列である．

(3) $a_n \neq 0$ かつ $a \neq 0$ ならば数列 $\left\{ \dfrac{1}{a_n} \right\}_{n=1}^{\infty}$ は $\dfrac{1}{a}$ に収束する．

---

**証明**　(1) 数列 $\{a_n\}_{n=1}^{\infty}$ は実数 $a$ に収束するから，

$$|a_n - a| < 1 \quad (n \geqq N)$$

を満たす自然数 $N$ が存在する．よって，$|a_n| - |a| < 1 \quad (n \geqq N)$ が成立する．ここで，$M = \max\{|a_1|, \ldots, |a_{N-1}|, |a| + 1\}$ とおくと，すべての自然数 $n$ に対して

$$|a_n| \leqq M$$

が成立する．よって，$\{a_n\}_{n=1}^\infty$ は有界数列である．

(2) $a \neq 0$ であるから，$|a| > 0$ である．数列 $\{a_n\}_{n=1}^\infty$ は実数 $a$ に収束するから，

$$|a_n - a| < \frac{|a|}{3} \quad (n \geqq N)$$

を満たす自然数 $N$ が存在する．よって，$-\frac{|a|}{3} < |a_n| - |a|$ $(n \geqq N)$ が成立する．ここで，$M = \max\{\frac{1}{|a_1|}, \ldots, \frac{1}{|a_N|}, \frac{3}{2|a|}\}$ とおくと，すべての自然数 $n$ に対して

$$\left| \frac{1}{a_n} \right| \leqq M$$

が成立する．よって，$\left\{ \frac{1}{a_n} \right\}_{n=1}^\infty$ は有界数列である．

(3) (2) より，

$$\left| \frac{1}{a_n} \right| \leqq M \quad (n \geqq 1)$$

を満たす正数 $M > 0$ が存在する．数列 $\{a_n\}_{n=1}^\infty$ は実数 $a$ に収束するから，任意の正数 $\varepsilon > 0$ に対して，

$$|a_n - a| < \frac{|a|}{M} \varepsilon \quad (n \geqq N)$$

を満たす自然数 $N$ が存在する．よって，$n \geqq N$ ならば，

$$\left| \frac{1}{a_n} - \frac{1}{a} \right| = \left| \frac{a_n - a}{a_n a} \right| \leqq \frac{M}{|a|} |a_n - a| < \varepsilon.$$

よって，数列 $\left\{ \frac{1}{a_n} \right\}_{n=1}^\infty$ は $\frac{1}{a}$ に収束する． $\square$

## 118 ページの定理 72 の証明

(1) 数列 $\{a_n\}_{n=1}^\infty$ は実数 $a$ に収束し，数列 $\{b_n\}_{n=1}^\infty$ は実数 $b$ に収束するから，任意の正数 $\varepsilon > 0$ に対して，

$$|a_n - a| < \frac{\varepsilon}{2} \quad (n \geqq N_1)$$

を満たす自然数 $N_1$ と

$$|b_n - b| < \frac{\varepsilon}{2} \quad (n \geqq N_2)$$

を満たす自然数 $N_2$ が存在する．$N = \max\{N_1, N_2\}$ とおくと，

$$|(a_n \pm b_n) - (a \pm b)| \leqq |a_n - a| + |b_n - b| < \frac{\varepsilon}{2} + \frac{\varepsilon}{2} = \varepsilon \quad (n \geqq N).$$

が成立する．よって，(1) は証明された．

(2) 補題 110 より，数列 $\{b_n\}_{n=1}^\infty$ は有界数列であるから $|b_n| < M \quad (n \geqq 1)$ を満たす正数 $M > 0$ が存在する．よって，

$$
\begin{aligned}
|a_n b_n - ab| &= |(a_n - a)b_n + a(b_n - b)| \\
&\leqq |b_n||a_n - a| + |a||b_n - b| \leqq M|a_n - a| + |a||b_n - b|
\end{aligned}
$$

数列 $\{a_n\}_{n=1}^\infty$ は実数 $a$ に収束し，数列 $\{b_n\}_{n=1}^\infty$ は実数 $b$ に収束するから，任意の正数 $\varepsilon > 0$ に対して，

$$|a_n - a| < \frac{\varepsilon}{M + |a|} \quad (n \geqq N_1)$$

を満たす自然数 $N_1$ と

$$|b_n - b| < \frac{\varepsilon}{M + |a|} \quad (n \geqq N_2)$$

を満たす自然数 $N_2$ が存在する．$N = \max\{N_1, N_2\}$ とおくと，

$$|a_n b_n - ab| \leqq M|a_n - a| + |a||b_n - b| < \frac{M\varepsilon}{M + |a|} + \frac{|a|\varepsilon}{M + |a|} = \varepsilon \quad (n \geqq N)$$

が成立する．よって，(2) は証明された．

(3) 補題 110 (3) とこの定理の (2) より，(3) が成立する．

(4) $a > b$ と仮定する．数列 $\{a_n\}_{n=1}^\infty$ は実数 $a$ に収束し，数列 $\{b_n\}_{n=1}^\infty$ は実数 $b$ に収束するから，

$$|a_n - a| < \frac{a - b}{2} \quad (n \geqq N)$$

$$|b_n - b| < \frac{a - b}{2} \quad (n \geqq N)$$

を満たす自然数 $N$ が存在する．よって，

$$b_n < \frac{a + b}{2} < a_n \quad (n \geqq N)$$

これは矛盾.

(5) 仮定より

$$a_n - a \leqq c_n - a \leqq b_n - a = b_n - b \quad (n \geqq 1)$$

が成立する. よって,

$$|c_n - a| \leqq \max\{|a_n - a|, |b_n - b|\} \quad (n \geqq 1)$$

数列 $\{a_n\}_{n=1}^{\infty}$ は実数 $a$ に収束し, 数列 $\{b_n\}_{n=1}^{\infty}$ は実数 $b$ に収束するから, 任意の正数 $\varepsilon > 0$ に対して,

$$|a_n - a| < \varepsilon \quad (n \geqq N_1)$$

を満たす自然数 $N_1$ と

$$|b_n - b| < \varepsilon \quad (n \geqq N_2)$$

を満たす自然数 $N_2$ が存在する. $N = \max\{N_1, N_2\}$ とおくと,

$$|c_n - a| \leqq \max\{|a_n - a|, |b_n - b|\} < \varepsilon \quad (n \geqq N)$$

よって, (5) は証明された. □

---

**定理 111** 有界な単調数列は収束する.

---

**証明**　数列 $\{a_n\}_{n=1}^{\infty}$ が有界な単調減少数列ならば, $\{-a_n\}_{n=1}^{\infty}$ は有界な単調増加数列であるから, 数列 $\{a_n\}_{n=1}^{\infty}$ が有界な単調増加数列の場合に証明すれば十分である. $S = \{a_n \mid n \geqq 1\}$ とする. $S$ は上に有界な実数の集合であるから, 実数の連続性公理により, $S$ の上限 $a$ が存在する. $a$ は $S$ の上界全体の最小値であるから, 任意の $\varepsilon > 0$ に対して, $a - \varepsilon$ は $S$ の上界ではない. よって,

$$a - \varepsilon < a_N$$

を満たす自然数 $N$ が存在する. 数列 $\{a_n\}_{n=1}^{\infty}$ は単調増加でかつ $a$ は $S$ の上界であるから

$$a - \varepsilon < a_N \leqq a_n \leqq a \quad (n \geqq N)$$

が成立する．よって，数列 $\{a_n\}_{n=1}^{\infty}$ は $a$ に収束する． □

**定理 112** $a_n = \left(1 + \dfrac{1}{n}\right)^n$ で与えられた数列 $\{a_n\}_{n=1}^{\infty}$ は収束する．

**証明**　11ページの二項定理 10 により，

$$a_n = 1 + \frac{n}{1!}\frac{1}{n} + \frac{n(n-1)}{2!}\frac{1}{n^2} + \frac{n(n-1)(n-2)}{3!}\frac{1}{n^3} + \cdots + \frac{n(n-1)\cdots 2\cdot 1}{n!}\frac{1}{n^n}$$

$$= 1 + 1 + \frac{1}{2!}\left(1 - \frac{1}{n}\right) + \frac{1}{3!}\left(1 - \frac{1}{n}\right)\left(1 - \frac{2}{n}\right) + \cdots$$

$$+ \frac{1}{n!}\left(1 - \frac{1}{n}\right)\cdots\left(1 - \frac{n-1}{n}\right)$$

であって，$2 \leqq k \leqq n$ に対して

$$\frac{1}{k!}\left(1 - \frac{1}{n}\right)\times\cdots\times\left(1 - \frac{k-1}{n}\right) < \frac{1}{k!}\left(1 - \frac{1}{n+1}\right)\times\cdots\times\left(1 - \frac{k-1}{n+1}\right)$$

であるから．

$$a_n < a_{n+1}$$

一方，

$$a_n = 1 + \frac{n}{1!}\frac{1}{n} + \frac{n(n-1)}{2!}\frac{1}{n^2} + \frac{n(n-1)(n-2)}{3!}\frac{1}{n^3} + \cdots + \frac{n(n-1)\cdots 2\cdot 1}{n!}\frac{1}{n^n}$$

$$< 1 + 1 + \frac{1}{2!} + \frac{1}{3!} + \cdots + \frac{1}{n!}$$

$$< 1 + 1 + \frac{1}{2} + \frac{1}{2^2} + \cdots + \frac{1}{2^{n-1}}$$

$$= 1 + \frac{1 - (\frac{1}{2})^n}{1 - \frac{1}{2}} < 3$$

であるから，数列 $\{a_n\}_{n=1}^{\infty}$ は有界な単調数列である．よって，$\{a_n\}_{n=1}^{\infty}$ は収束する． □

定理 112 により，$a_n = \left(1 + \dfrac{1}{n}\right)^n$ で与えられた数列 $\{a_n\}_{n=1}^{\infty}$ は収束するので，その極限値を Napier（ネピア）数といい，$e$ で表す．すなわち

$$e = \lim_{n\to\infty}\left(1 + \frac{1}{n}\right)^n$$

数列 $\{a_n\}_{n=1}^{\infty}$ に対して,$\{a_n\}_{n=1}^{\infty}$ の一部分を取り出してできる数列

$$a_{n(1)}, a_{n(1)}, \cdots, a_{n(k)}, \cdots \quad (n(1) < n(2) < \cdots < n(k) < \cdots)$$

を $\{a_n\}_{n=1}^{\infty}$ の**部分列**という.

---

**定理 113 (Weierstrass-Bolzano (ワイエルシュトラス・ボルツァーノ) の定理)** 有界数列は収束する部分列をもつ.

---

**証明** 数列 $\{a_n\}_{n=1}^{\infty}$ は有界数列であるから,各自然数 $n$ に対して,

$$b_n = \sup\{a_m \mid m \geqq n\}$$

が定まる.$\{a_n\}_{n=1}^{\infty}$ は有界であるから,数列 $\{b_n\}_{n=1}^{\infty}$ もまた有界である.

一方,$b_1 \geqq b_2 \geqq \cdots b_n \geqq \cdots$ であるから,$\{b_n\}_{n=1}^{\infty}$ は単調減少数列である.よって,定理 111 により,$\{b_n\}_{n=1}^{\infty}$ はある実数 $b$ に収束する.

自然数 $k$ に関する帰納法により,

$$b - \frac{1}{k} < a_{n(k)} < b + \frac{1}{k}$$

を満たす自然数 $n(1) < n(2) < \cdots < n(k)$ が存在することを示そう.

$k = 1$ のとき,$\lim_{n \to \infty} b_n = b$ であるから,$b - 1 < b_{N(1)} < b + 1$ を満たす自然数 $N(1)$ が存在する.$b_{N(1)}$ の定義より,

$$b - 1 < a_{n(1)} < b + 1$$

を満たす自然数 $n(1) \geqq N(1)$ が存在する.

次に,

$$b - \frac{1}{j} < a_{n(j)} < b + \frac{1}{j} \quad (1 \leqq j \leqq k)$$

を満たす自然数 $n(1) < n(2) < \cdots < n(k)$ が見いだせたとする.$\lim_{n \to \infty} b_n = b$ であるから,$N(k+1) > n(k)$ を満たす自然数 $N(k+1)$ で

$$b - \frac{1}{k+1} < b_{N(k+1)} < b + \frac{1}{k+1}$$

を満たすものが存在する. $b_{N(k+1)}$ の定義により

$$b - \frac{1}{k+1} < a_{n(k+1)} < b + \frac{1}{k+1}$$

を満たす自然数 $n(k+1) \geqq N(k+1)$ が存在する.

こうして, この帰納法が完了した. このとき, $\lim_{k\to\infty} a_{n(k)} = b$ である.　□

上の証明において現れた, $\lim_{n\to\infty} \sup\{a_m \mid m \geqq n\}$ を $\overline{\lim_{n\to\infty}} a_n$ で表し, $\{a_n\}_{n=1}^{\infty}$ の**上極限**という. また, $\lim_{n\to\infty} \inf\{a_m \mid m \geqq n\}$ を $\underline{\lim_{n\to\infty}} a_n$ で表し, $\{a_n\}_{n=1}^{\infty}$ の**下極限**という.

**定義 114** 次の条件 (C) を満たす数列を **Cauchy**（コーシー）**列**という.

(C) 任意の正数 $\varepsilon$ に対して, $m, n \geqq N(\varepsilon)$ ならば,

$$|a_n - a_m| < \varepsilon$$

を満たす自然数 $N(\varepsilon)$ が存在する.

---

**定理 115 (Cauchy の収束判定条件)** 数列 $\{a_n\}_{n=1}^{\infty}$ が収束するための必要十分条件は $\{a_n\}_{n=1}^{\infty}$ が Cauchy 列となることである.

---

**証明**（必要性）数列 $\{a_n\}_{n=1}^{\infty}$ がある実数 $a$ に収束するとすると, 任意の正数 $\varepsilon$ に対して

$$|a_n - a| < \frac{\varepsilon}{2} \quad (n \geqq N)$$

を満たす自然数 $N$ が存在する. このとき, $m, n \geqq N$ ならば

$$|a_n - a_m| \leqq |a_n - a| + |a - a_m| < \frac{\varepsilon}{2} + \frac{\varepsilon}{2} = \varepsilon$$

よって, 数列 $\{a_n\}_{n=1}^{\infty}$ は Cauchy 列である.

（十分性）数列 $\{a_n\}_{n=1}^{\infty}$ が Cauchy 列ならば, $0 < \varepsilon < 2$ を満たす任意の正数 $\varepsilon$ に対して,

$$|a_n - a_m| < \frac{\varepsilon}{2} \quad (n, m \geqq N)$$

を満たす自然数 $N$ が存在する. よって,

$$|a_n| < |a_N| + \frac{\varepsilon}{2} < |a_N| + 1 \quad (n \geqq N)$$

ここで, $M = \max\{|a_1|, \ldots, |a_{N-1}|, |a_N| + 1\}$ とおくと,

$$|a_n| \leqq M \quad (n \geqq 1)$$

よって, 数列 $\{a_n\}_{n=1}^{\infty}$ は有界数列である. よって, Weierstrass-Bolzano の定理により, 数列 $\{a_n\}_{n=1}^{\infty}$ の収束部分列 $\{a_{n(k)}\}_{k=1}^{\infty}$ が存在する. $\{a_{n(k)}\}_{k=1}^{\infty}$ の極限値を $a$ とすると,

$$|a_{n(k)} - a| < \frac{\varepsilon}{2} \quad (k \geqq K), \quad n(K) \geqq N$$

を満たす自然数 $K$ が存在する. このとき, $n \geqq N$ ならば,

$$|a_n - a| \leqq |a_n - a_{n(K)}| + |a_{n(K)} - a| < \frac{\varepsilon}{2} + \frac{\varepsilon}{2} = \varepsilon$$

よって, 数列 $\{a_n\}_{n=1}^{\infty}$ は収束する. □

上の Cauchy の収束判定条件より, 無限級数 $\displaystyle\sum_{n=1}^{\infty} a_n$ の収束判定条件を得ることができる.

---

**定理 116** 無限級数 $\displaystyle\sum_{n=1}^{\infty} a_n$ が収束するための必要十分条件は

　　任意の正数 $\varepsilon > 0$ に対して, $n > m \geqq N$ ならば

$$|a_m + a_{m+1} + \cdots + a_n| < \varepsilon$$

となる自然数 $N$ が存在することである.

---

**定義 117** 無限級数 $\displaystyle\sum_{n=1}^{\infty} a_n$ について, 無限級数 $\displaystyle\sum_{n=1}^{\infty} |a_n|$ が収束するとき, 無限級数 $\displaystyle\sum_{n=1}^{\infty} a_n$ は**絶対収束**するという.

---

**定理 118** 無限級数 $\displaystyle\sum_{n=1}^{\infty} a_n$ が絶対収束するならば，無限級数 $\displaystyle\sum_{n=1}^{\infty} a_n$ は収束する．

---

**証明** 任意の自然数 $m, n$ $(n > m)$ に対して，不等式

$$|a_m + a_{m+1} + \cdots + a_n| \leqq |a_m| + |a_{m+1}| + \cdots + |a_n|$$

が成立することと，定理 116 より証明される． □

定理 111 と定理 118 より，次の定理が成立する．

---

**定理 119** 無限級数 $\displaystyle\sum_{n=1}^{\infty} a_n$ が絶対収束するための必要十分条件は

$$|a_1| + |a_2| + \cdots + |a_n| \leqq M \quad (n \geqq 1)$$

を満たす正の定数 $M > 0$ が存在することである．

---

**系 120** $|a_n| \leqq |b_n|$ でかつ無限級数 $\displaystyle\sum_{n=1}^{\infty} b_n$ が絶対収束するならば，無限級数 $\displaystyle\sum_{n=1}^{\infty} a_n$ は絶対収束する．

次の 2 つの定理は絶対収束級数の和の順序交換可能性を保証している．

---

**定理 121** 無限級数 $\displaystyle\sum_{n=1}^{\infty} a_n$ が絶対収束するとする．$\lambda : \mathbb{N} \to \mathbb{N}$ は自然数の集合 $\mathbb{N}$ から自分自身への全単射とする．このとき，無限級数 $\displaystyle\sum_{n=1}^{\infty} a_{\lambda(n)}$ も絶対収束して，

$$\sum_{n=1}^{\infty} a_n = \sum_{n=1}^{\infty} a_{\lambda(n)}$$

が成立する．

**証明** 無限級数 $\displaystyle\sum_{n=1}^{\infty} a_n$ は $s$ に絶対収束するとし，$t = \displaystyle\sum_{n=1}^{\infty} |a_n|$ とする．任意の自然数 $n$ に対して，

$$\{\lambda(1), \cdots, \lambda(n)\} \subset \{1, \cdots N(n)\}$$

を満たす自然数 $N(n)$ が存在する．よって，

$$\sum_{k=1}^{n} |a_{\lambda(k)}| \leqq \sum_{n=1}^{N(n)} |a_n| \leqq t$$

よって，定理119により，無限級数 $\displaystyle\sum_{n=1}^{\infty} a_{\lambda(n)}$ は絶対収束する．

$$s = \sum_{n=1}^{\infty} a_{\lambda(n)}$$

を示そう．正数 $\varepsilon > 0$ を任意にとる．$\displaystyle\sum_{n=1}^{\infty} a_n$ は絶対収束するから，

$$\sum_{n=N}^{\infty} |a_n| < \frac{\varepsilon}{3}$$

を満たす自然数 $N$ が存在する．

$$\{1, 2, \cdots, N\} \subset \{\lambda(1), \lambda(2), \cdots, \lambda(N_1)\}$$

を満たす自然数 $N_1$ をとる．$s = \displaystyle\sum_{n=1}^{\infty} a_n$ であるから，

$$|a_1 + a_2 + \cdots + a_N + a_{N+1} + \cdots + a_{N+p} - s| \leqq \frac{\varepsilon}{3}$$

を満たす自然数 $p$ が存在する．$m \geqq N_1$ を満たす任意の自然数 $m$ に対して

$$\left| \sum_{n=1}^{m} a_{\lambda(n)} - s \right|$$

$$\leqq |a_1 + a_2 + \cdots + a_N - s| + \sum_{n=N+1}^{\infty} |a_n|$$

$$= |a_1 + a_2 + \cdots + a_N + a_{N+1} + \cdots + a_{N+p} - s - (a_{N+1} + \cdots + a_{N+p})|$$
$$+ \sum_{n=N+1}^{\infty} |a_n|$$

$$\leqq |a_1 + a_2 + \cdots + a_N + a_{N+1} + \cdots + a_{N+p} - s| + |a_{N+1}| + \cdots + |a_{N+p}|$$

$$+ \sum_{n=N+1}^{\infty} |a_n|$$

$$\leqq |a_1 + a_2 + \cdots + a_N + a_{N+1} + \cdots + a_{N+p} - s| + 2 \sum_{n=N+1}^{\infty} |a_n|$$

$$\leqq \frac{\varepsilon}{3} + 2\frac{\varepsilon}{3} = \varepsilon$$

よって, $s = \displaystyle\sum_{n=1}^{\infty} a_{\lambda(n)}$ が成立する. □

---

**定理 122** 2 つの無限級数 $\displaystyle\sum_{n=1}^{\infty} a_n$ と $\displaystyle\sum_{n=1}^{\infty} b_n$ が絶対収束するとする.

$$\mathbb{N} \times \mathbb{N} = \{(m,n) \mid m \in \mathbb{N}, n \in \mathbb{N}\}$$

とする. $\Lambda : \mathbb{N} \to \mathbb{N} \times \mathbb{N}$ は任意の全単射とし,

$$\Lambda(n) = (\lambda_1(n), \lambda_2(n)) \in \mathbb{N} \times \mathbb{N} \qquad (n \in \mathbb{N})$$

とする. このとき, $\displaystyle\sum_{n=1}^{\infty} a_{\lambda_1(n)} b_{\lambda_2(n)}$ は絶対収束し,

$$\sum_{n=1}^{\infty} a_{\lambda_1(n)} b_{\lambda_2(n)} = \left(\sum_{m=1}^{\infty} a_m\right)\left(\sum_{n=1}^{\infty} b_n\right)$$

が成立する.

---

**証明** 定理 121より, $\Lambda(1) = (1,1)$, $\Lambda(2) = (1,2)$, $\Lambda(3) = (2,1)$, $\Lambda(4) = (1,3)$, $\Lambda(5) = (2,2)$, $\Lambda(6) = (3,1)$, $\cdots$ の場合に無限級数

$$\sum_{n=1}^{\infty} a_{\lambda_1(n)} b_{\lambda_2(n)} = a_1 b_1 + a_1 b_2 + a_2 b_1 + \cdots + a_1 b_n + a_2 b_{n-1} + \cdots + a_n b_1 + \cdots$$

が絶対収束し,

$$a_1 b_1 + a_1 b_2 + a_2 b_1 + \cdots + a_1 b_n + a_2 b_{n-1} + \cdots + a_n b_1 + \cdots = \left(\sum_{m=1}^{\infty} a_m\right)\left(\sum_{n=1}^{\infty} b_n\right)$$

であることを示せば十分である.

$$s = \sum_{n=1}^{\infty} a_n,\, t = \sum_{n=1}^{\infty} b_n,\, A = \sum_{n=1}^{\infty} |a_n|,\, B = \sum_{n=1}^{\infty} |b_n|$$

とおく. 任意の自然数 $n$ に対して,

$$|a_1 b_1| + |a_1 b_2| + |a_2 b_1| + \cdots + |a_1 b_n| + |a_2 b_{n-1}| + \cdots + |a_n b_1|$$
$$\leqq \left(\sum_{k=1}^{n} |a_k|\right)\left(\sum_{l=1}^{n} |b_l|\right)$$
$$\leqq \left(\sum_{n=1}^{\infty} |a_n|\right)\left(\sum_{n=1}^{\infty} |b_n|\right) = AB$$

よって, 無限級数

$$a_1 b_1 + a_1 b_2 + a_2 b_1 + \cdots + a_1 b_n + a_2 b_{n-1} + \cdots + a_n b_1 + \cdots$$

は絶対収束する.

$$st = a_1 b_1 + a_1 b_2 + a_2 b_1 + \cdots + a_1 b_n + a_2 b_{n-1} + \cdots + a_n b_1 + \cdots$$

を示そう. $c_n = a_1 b_1 + a_1 b_2 + a_2 b_1 + \cdots + a_1 b_n + a_2 b_{n-1} + \cdots + a_n b_1$ とおく.

$$\begin{aligned}
|st - c_n| &\leqq \left| st - \left(\sum_{k=1}^{n} a_k\right)\left(\sum_{l=1}^{n} b_l\right) + \left(\sum_{k=1}^{n} a_k\right)\left(\sum_{l=1}^{n} b_l\right) - c_n \right| \\
&\leqq \left| st - \left(\sum_{k=1}^{n} a_k\right)\left(\sum_{l=1}^{n} b_l\right) \right| + \left| \left(\sum_{k=1}^{n} a_k\right)\left(\sum_{l=1}^{n} b_l\right) - c_n \right| \\
&\leqq \left| st - \left(\sum_{k=1}^{n} a_k\right)\left(\sum_{l=1}^{n} b_l\right) \right| + \left(\sum_{k=1}^{n} |a_k|\right)\left(\sum_{l=[\frac{n}{2}]}^{n} |b_l|\right) \\
&\quad + \left(\sum_{k=[\frac{n}{2}]}^{n} |a_k|\right)\left(\sum_{l=1}^{n} |b_l|\right) \\
&\leqq \left| st - \left(\sum_{k=1}^{n} a_k\right)\left(\sum_{l=1}^{n} b_l\right) \right| + A\left(\sum_{l=[\frac{n}{2}]}^{n} |b_l|\right) + \left(\sum_{k=[\frac{n}{2}]}^{n} |a_k|\right) B
\end{aligned}$$

ただし，実数 $x$ に対して，$[x]$ は $x$ を越えない最大の整数を表す.

$$\lim_{n \to \infty} \left\{ \left| st - \left( \sum_{k=1}^{n} a_k \right) \left( \sum_{l=1}^{n} b_l \right) \right| + A \left( \sum_{l=[\frac{n}{2}]}^{n} |b_l| \right) + \left( \sum_{k=[\frac{n}{2}]}^{n} |a_k| \right) B \right\} = 0$$

であるから，はさみうちの原理により

$$st = a_1 b_1 + a_1 b_2 + a_2 b_1 + \cdots + a_1 b_n + a_2 b_{n-1} + \cdots + a_n b_1 + \cdots$$

が成立する. □

## 8.3　関数の極限と連続性

**定義 123** $I$ は実数の区間とし，$a \in I$ とする. $f(x)$ は $a$ を除いて，$I$ で定義された実数値関数とする. $x\ (x \in I)$ が $a$ に限りなく近づくとき，$f(x)$ が限りなく実数 $b$ に近づくとは

　　任意の正数 $\varepsilon$ に対して，$0 < |x - a| < \delta$, $x \in I$ ならば

$$|f(x) - b| < \varepsilon$$

を満たす正数 $\delta$ が存在するときをいう. このような論理手法は，**$\varepsilon$-$\delta$ 論法**と呼ばれている.

$$\lim_{x \to a} f(x) = b \quad (\text{または } x \to a \text{ のとき } f(x) \to b )$$

と表す. $b$ は $x = a$ における $f(x)$ の**極限値**，**$f(x)$ は $x \to a$ のとき $b$ に収束する**という.

---

**補題 124** $I$ は実数の区間とし，実数 $a$ は $I$ に属する点とする. $f(x)$ は $a$ を除いて，$I$ で定義された実数値関数とする. $f(x)$ が $x \to a$ のとき $b$ に収束するための必要十分条件は $a_n \in I, a_n \neq a\ (n \geqq 1)$ でかつ $\lim_{n \to \infty} a_n = a$ を満たす任意の数列 $\{a_n\}_{n=1}^{\infty}$ に対して，$\lim_{n \to \infty} f(a_n) = b$ が成立することである.

**証明** （必要性）$a_n \in I, a_n \neq a$ $(n \geqq 1)$ でかつ $\lim_{n \to \infty} a_n = a$ を満たす数列 $\{a_n\}_{n=1}^{\infty}$ を任意にとる.

仮定より, 任意の正数 $\varepsilon$ に対して, $0 < |x - a| < \delta$, $x \in I$ ならば

$$|f(x) - b| < \varepsilon$$

を満たす正数 $\delta$ が存在する. $a_n \in I, a_n \neq a$ $(n \geqq 1)$ でかつ $\lim_{n \to \infty} a_n = a$ であるから,

$$0 < |a_n - a| < \delta \quad (n \geqq N)$$

を満たす自然数 $N$ が存在する. よって,

$$|f(a_n) - b| < \varepsilon \quad (n \geqq N)$$

が成立する.

（十分性）$f(x)$ が $x \to a$ のとき $b$ に収束しないと仮定する. このとき, 任意の自然数 $n$ に対して, $0 < |a_n - a| < \dfrac{1}{n}$, $a_n \in I$ でかつ

$$|f(a_n) - b| \geqq \varepsilon$$

を満たす正数 $\varepsilon$ が存在する. 数列 $\{a_n\}_{n=1}^{\infty}$ は $a_n \in I, a_n \neq a$ $(n \geqq 1)$ でかつ $\lim_{n \to \infty} a_n = a$ を満たす. 一方,

$$|f(a_n) - b| \geqq \varepsilon \quad (n \geqq 1)$$

であるから, $\lim_{n \to \infty} f(a_n) \neq b$. これは矛盾. □

定理 41をもっと一般化した次の定理が成立する.

**定理 125** $I$ は実数の区間とし, 実数 $a$ は $I$ に属する点とする. $f(x)$ は $a$ を除いて, $I$ で定義された実数値関数とする.
$\lim_{x \to a} f(x) = \alpha$, $\lim_{x \to a} g(x) = \beta$ ならば

(1) $\lim_{x \to a}(f(x) \pm g(x)) = \alpha \pm \beta$ （複号同順）

(2) $\displaystyle \lim_{x \to a} f(x)g(x) = \alpha\beta$

(3) $\displaystyle \lim_{x \to a} \frac{f(x)}{g(x)} = \frac{\alpha}{\beta}$, ただし，$g(x) \neq 0, \beta \neq 0$ とする．

(4) $f(x) \leqq g(x)$, $x \in I$, $x \neq a$ ならば，$\alpha \leqq \beta$ が成立する．

(5) （はさみうちの原理）関数 $h(x)$ は $f(x) \leqq h(x) \leqq g(x)$, $x \in I$, $x \neq a$ を満たし，$\alpha = \beta$ とする．このとき，$x \to a$, $x \in I$ のとき，関数 $h(x)$ も収束し，$\alpha = \displaystyle \lim_{x \to a} h(x) = \beta$ が成立する．

**証明** (1) $\displaystyle \lim_{x \to a} f(x) = \alpha$, $\displaystyle \lim_{x \to a} g(x) = \beta$ より，任意の正数 $\varepsilon$ に対して，$0 < |x - a| < \delta_f$, $x \in I$ ならば $|f(x) - \alpha| < \dfrac{\varepsilon}{2}$, $0 < |x - a| < \delta_g$, $x \in I$ ならば $|g(x) - \beta| < \dfrac{\varepsilon}{2}$ を満たす正数 $\delta_f, \delta_g$ が存在する．このとき，$\delta = \min(\delta_f, \delta_g)$ とおくと，$0 < |x - a| < \delta$, $x \in I$ ならば

$$|\{f(x) + g(x)\} - (\alpha + \beta)| \leqq |f(x) - \alpha| + |g(x) - \beta|$$
$$< \frac{\varepsilon}{2} + \frac{\varepsilon}{2} = \varepsilon$$

が成立する．

その他も同様に証明できる ☐

**注 11** 数列の極限 $\displaystyle \lim_{n \to \infty} a_n$ の定義と同様に，関数の極限 $\displaystyle \lim_{x \to \infty} f(x)$ が考えられ，$\displaystyle \lim_{x \to -\infty} f(x) = \lim_{x \to \infty} f(-x)$ が定義される．定理 125において，$\displaystyle \lim_{x \to \infty} f(x)$, $\displaystyle \lim_{x \to -\infty} f(x) = \lim_{x \to \infty} f(-x)$, $\displaystyle \lim_{x \to a+0} f(x)$, $\displaystyle \lim_{x \to a-0} f(x)$ など無限大や右・左極限の場合でも定理 125と同様な結果が得られる．

---

**定理 126**

$$\lim_{x \to \infty} \left(1 + \frac{1}{x}\right)^x = \lim_{x \to -\infty} \left(1 + \frac{1}{x}\right)^x = \lim_{x \to 0} (1 + x)^{\frac{1}{x}} = e$$

---

**証明** $x \geqq 1$ とすると，$n \leqq x < n + 1$ となる自然数 $n$ がただ 1 つ存在する．

このとき,

$$\left(1+\frac{1}{n+1}\right)^n < \left(1+\frac{1}{x}\right)^x < \left(1+\frac{1}{n}\right)^{n+1}$$

が成立する. $x \to \infty$ のとき, $n \to \infty$ であるから, $x \to \infty$ のとき

$$\lim_{n\to\infty}\left(1+\frac{1}{n+1}\right)^n = \lim_{n\to\infty}\left(1+\frac{1}{n+1}\right)^{n+1}\cdot\frac{1}{1+\frac{1}{n+1}} = e\cdot 1 = e$$

$$\lim_{n\to\infty}\left(1+\frac{1}{n}\right)^{n+1} = \lim_{n\to\infty}\left(1+\frac{1}{n}\right)^{n}\cdot\left(1+\frac{1}{n}\right) = e\cdot 1 = e$$

よって, はさみうちの原理により $\lim_{x\to\infty}\left(1+\frac{1}{x}\right)^x = e$ が成立する. よって,

$$\lim_{x\to-\infty}\left(1+\frac{1}{x}\right)^x = \lim_{x\to\infty}\left(1+\frac{1}{-x}\right)^{-x}$$
$$= \lim_{x\to\infty}\left(1+\frac{1}{x-1}\right)^{x-1}\left(1+\frac{1}{x-1}\right)$$
$$= e\cdot 1 = e$$

よって.

$$\lim_{x\to 0}(1+x)^{\frac{1}{x}} = \lim_{x\to\pm\infty}\left(1+\frac{1}{x}\right)^x = e$$

よって, この定理は証明された. □

**定義 127** $I$ は実数の区間とし, $f : I \to \mathbb{R}$ は $I$ で定義された実数値関数で, $a \in I$ とする.

$$\lim_{x\to a}f(x) = f(a)$$

が成立するとき, すなわち, 任意の正数 $\varepsilon$ に対して, $\varepsilon, a$ に依存する正数 $\delta$ が存在して,

$$|x-a| < \delta, x \in I \text{ ならば} \quad |f(x)-f(a)| < \varepsilon$$

を満たすとき, $f$ は $a$ で連続であるという. $f(x)$ が $I$ のすべての点で**連続**であるとき, $f(x)$ は $I$ で**連続**であるという.

また，$\varepsilon$ にのみ依存する正数 $\delta$ が存在して，

$$|x - y| < \delta, \, x, y \in I \text{ ならば} \quad |f(x) - f(y)| < \varepsilon$$

を満たすとき，$f$ は $I$ で**一様連続**であるという．

**注 12** 関数 $f$ は $I$ で一様連続ならば $I$ で連続であるが，その逆は一般に成立しない．たとえば，$I = (0, 1]$，$f(x) = \sin \dfrac{1}{x}$ とすると，$f$ は $I$ で連続だが，一様連続ではない．実際，自然数 $n$ に対し，$x = \dfrac{1}{2n\pi}, y = \dfrac{2}{(4n+1)\pi}$ とすると，

$$|x - y| = \left| \frac{1}{2n\pi} - \frac{2}{(4n+1)\pi} \right| = \frac{1}{2n(4n+1)\pi}$$

である．よって，任意の $\delta > 0$ に対し，$\dfrac{1}{2n(4n+1)\pi} < \delta$ を満たす自然数 $n$ が存在するので，$|x - y| < \delta$ を満たす $x, y$ が存在し，$|f(x) - f(y)| = |0 - 1| = 1$ であることがわかる．

---

**定理 128** 有界閉区間 $[a, b]$ で連続な関数 $f(x)$ は，$[a, b]$ で一様連続である．

---

**証明** 関数 $f(x)$ が一様連続でないと仮定すると，正数 $\varepsilon$ が存在して，任意の自然数 $n$ に対し，

$$|f(x_n) - f(y_n)| \geqq \varepsilon, \, |x_n - y_n| \leqq \frac{1}{n}$$

を満たす $x_n, y_n \in [a, b]$ が存在する．ここで，239 ページの Weierstrass-Bolzano の定理 113 により，$\{x_n\}_{n=1}^{\infty}$ の収束する部分列 $\{x_{n(k)}\}_{k=1}^{\infty}$ が存在する．このとき，$x_0 = \lim_{k \to \infty} x_{n(k)}, y_0 = \lim_{k \to \infty} y_{n(k)}$ とすると，

$$|f(x_{n(k)}) - f(y_{n(k)})| \geqq \varepsilon, \, |x_{n(k)} - y_{n(k)}| \leqq \frac{1}{n(k)}$$

が成立する．$f$ は連続だから $k \to \infty$ とすると

$$|f(x_0) - f(y_0)| \geqq \varepsilon, \, x_0 = y_0$$

が成立することになる．しかし，これは矛盾である．　　　　　□

**定義 129** $I \subset \mathbb{R}$ で $f : I \to \mathbb{R}$ とする. $f(x)$ の値域 $f(I)$ が, それぞれ, 上に有界な集合, 下に有界な集合, 有界な集合であるとき, 関数 $f(x)$ は, それぞれ, **上に有界な関数**, **下に有界な関数**, **有界関数**であるという.

---

**補題 130** 関数 $f(x)$ は有界閉区間 $[a,b]$ で連続な関数とする. このとき, 関数 $f(x)$ は有界関数である.

---

**証明** 関数 $f(x)$ は有界関数でないと仮定する. このとき, 任意の自然数 $n$ に対して, 実数 $x_n \in [a,b]$ で $|f(x_n)| > n$ を満たすものが存在する. $x_n \in [a,b]$ であるから, 数列 $\{x_n\}_{n=1}^{\infty}$ は有界数列である. よって, 239 ページの Weierstrass-Bolzano の定理 113 により, $\{x_n\}_{n=1}^{\infty}$ の収束する部分列 $\{x_{n(k)}\}_{k=1}^{\infty}$ が存在する. $\{x_{n(k)}\}_{k=1}^{\infty}$ の極限値を $x_0$ とすると, $a \leqq x_n \leqq b$ であるから, $a \leqq x_0 \leqq b$ である. よって, $x_0 \in [a,b]$ である. 関数 $f(x)$ は有界閉区間 $[a,b]$ で連続な関数であるから, $|f(x)|$ も $[a,b]$ で連続な関数である. ゆえに,

$$|f(x_0)| = \lim_{n \to x_0} |f(x)| = \lim_{k \to \infty} |f(x_{n(k)})|$$

一方, $|f(x_{n(k)})| > n(k)$ であるから,

$$\lim_{k \to \infty} |f(x_{n(k)})| = \infty$$

これは, 矛盾である. よって, 関数 $f(x)$ は有界関数である. □

ここで, 81 ページの定理 47 (最大値・最小値の存在定理), 81 ページの定理 48 (中間値の定理), 80 ページの定理 46 (逆関数の連続性) の証明を与える.

**定理 47 (最大値・最小値の存在定理) の証明** 最大値の存在も, 最小値の存在も証明は同じであるから, 最大値の存在のみ証明する.

補題 130より, $f(x)$ の値域 $f(I)$ は有界集合である. よって, 実数の連続性公理より, $f(I)$ の上限 $M$ が存在するので, $M = f(x_2)$ となる $x_2 \in [a,b]$ が存在することを示せばよい. すべての $x \in [a,b]$ に対して, $f(x) \neq M$ とす

る．$F(x) = \dfrac{1}{M - f(x)}$　$(x \in [a,b])$ とおくと，$F(x)$ は有界閉区間 $[a,b]$ で連続な関数である．補題 130 より $F(x)$ は有界関数である．よって，正数 $p$ で，$\dfrac{1}{M - f(x)} < p$　$(x \in [a,b])$ を満たすものが存在する．

すべての $x \in [a,b]$ に対して，$M - f(x) > 0$ であることに注意すると，$f(x) < M - \frac{1}{p}$　$(x \in [a,b])$ が成立する．$M$ は $f(I)$ の上限であるから，$M - \dfrac{1}{p} < f(c)$ となる $c \in [a,b]$ が存在する．これは矛盾である．よって，$M = f(x_2)$ となる $x_2 \in [a,b]$ が存在する．したがって，この定理は証明された．　　　　　　　　　　　　　　　　　　　　　　　　　　　　　　$\square$

**定理 48（中間値の定理）の証明**　$f(b) < f(a)$ のとき，$g(x) = -f(x)$ とおけば，$g(x)$ は $[a,b]$ で連続で，$g(a) < -\eta < g(b)$ である．よって，$f(a) < f(b)$ の場合に証明すれば十分である．

$f(a) < f(b)$ とする．$A = \{x \in [a,b] \mid f(x) < \eta\}$ とおくと，$A$ は区間 $[a,b]$ の部分集合で $a \in A$ であるから，空でない有界集合である．よって，実数の連続性公理より集合 $A$ は上限をもつので，その上限を $c = \sup A$ とすると，$a \le c \le b$, 上限の定義より任意の自然数 $n$ に対して，$c - \dfrac{1}{n} < a_n$ を満たす $a_n \in A$ が存在する．このとき，$f(a_n) < \eta, c - \dfrac{1}{n} < a_n < c + \dfrac{1}{n}$　$(n \ge 1)$ が成立するので，

$$f(c) = \lim_{n \to \infty} f(a_n) \le \eta.$$

一方，$c + \dfrac{1}{n} \notin A$ だから，

$$f\left(c + \frac{1}{n}\right) \ge \eta \quad (n \ge 1)$$

よって，$f(c) = \lim\limits_{n \to \infty} f\left(c + \dfrac{1}{n}\right) \ge \eta$. ゆえに，$f(c) = \eta$.　　　　　$\square$

---

**補題 131**　$-\infty \le a < b \le \infty$ とする．関数 $f : (a,b) \to \mathbb{R}$ は連続とする．このとき，関数 $f(x)$ の値域 $f((a,b))$ について，次が成立する．

(1) 関数 $f : (a, b) \to \mathbb{R}$ が狭義単調増加ならば,

$$f((a, b)) = (f(a + 0), f(b - 0))$$

(2) 関数 $f : (a, b) \to \mathbb{R}$ が狭義単調減少ならば,

$$f((a, b)) = (f(b - 0), f(a + 0))$$

また, $a = -\infty$ のときは, $f(a + 0)$ を $\lim_{x \to -\infty} f(x)$ をで置き換え, $b = \infty$ のときは, $f(b - 0)$ を $\lim_{x \to \infty} f(x)$ で置き換える.

**証明** (1) も (2) も証明は同じであるから, (1) のみ示す. $a, b \in \mathbb{R}$ の場合をまず考える. 中間値の定理により, $a + \dfrac{1}{n} < b - \dfrac{1}{n}$ を満たす任意の自然数 $n$ に対して,

$$f\left(\left[a + \frac{1}{n}, b - \frac{1}{n}\right]\right) = \left[f\left(a + \frac{1}{n}\right), f\left(b - \frac{1}{n}\right)\right]$$

であることに注意する.

一方,

$$\lim_{n \to \infty} f\left(a + \frac{1}{n}\right) = f(a + 0), \quad \lim_{n \to \infty} f\left(b - \frac{1}{n}\right) = f(b - 0)$$

であるから,

$$\begin{aligned} f((a, b)) &= \cup_{n=1}^{\infty} f\left(\left[a + \frac{1}{n}, b - \frac{1}{n}\right]\right) \\ &= \cup_{n=1}^{\infty} \left[f\left(a + \frac{1}{n}\right), f\left(b - \frac{1}{n}\right)\right] = (f(a + 0), f(b - 0)) \end{aligned}$$

$a = -\infty$ のときは上の証明において, $a + \dfrac{1}{n}$ の部分を $-n$ で置き換え, $b = \infty$ のときは, $b - \dfrac{1}{n}$ の部分を $n$ で置き換えれば同じように証明できる.

$\square$

**定理 46** (逆関数の連続性) **の証明** 補題 131 と補題 131 の証明から, この定理の前半は成立することがわかる.

後半を証明しよう. $f(x)$ が狭義単調増加の場合も, 狭義単調減少の場合も証明は同じであるから, $f(x)$ が狭義単調増加の場合のみ証明する.

$J = f(I)$ とおく. まず, $f^{-1} : J \to I$ は狭義単調増加であることを示す. もし, $f^{-1} : J \to I$ が狭義単調増加でないと仮定すると, $f^{-1}(y_1) \geqq f^{-1}(y_2)$ を満たす $y_1 < y_2$ $(y_1, y_2 \in J)$ が存在する. $f$ は単調増加であるから,

$$y_1 = f\left(f^{-1}(y_1)\right) \geqq f\left(f^{-1}(y_2)\right) = y_2$$

これは矛盾. よって, $f^{-1} : J \to I$ は狭義単調増加である.

$y_0 \in J = f(I)$ を任意にとる. $x_0 = f^{-1}(y_0)$ とする. $x_0$ が 区間 $I$ の端点でないときは, $(x_0 - \varepsilon, x_0 + \varepsilon) \subset I$ となる正数 $\varepsilon$ を任意にとる. 補題 131 より, $f((x_0 - \varepsilon, x_0 + \varepsilon)) = (f(x_0 - \varepsilon), f(x_0 + \varepsilon))$ が成立する.

$$(y_0 - \delta, y_0 + \delta) \subset (f(x_0 - \varepsilon), f(x_0 + \varepsilon))$$

となる正数 $\delta$ をとる. このとき,

$$f^{-1}((y_0 - \delta, y_0 + \delta)) \subset (x_0 - \varepsilon, x_0 + \varepsilon) = (f^{-1}(y_0) - \varepsilon, f^{-1}(y_0) + \varepsilon)$$

これは,

$$|f^{-1}(y) - f^{-1}(y_0)| < \varepsilon \qquad (|y - y_0| < \delta)$$

を意味する. $\varepsilon$ は任意であるから, $y_0 \in J = f(I)$ において連続である.

$x_0$ が区間 $I$ の左端点のときは $[x_0, x_0 + \varepsilon) \subset I$ となる正数 $\varepsilon$ を任意にとり, 右端点のときは $(x_0 - \varepsilon, x_0] \subset I$ となる正数 $\varepsilon$ を任意にとれば, 同様に $f^{-1}$ が $y_0$ で連続であることが証明できる. $y_0$ は $J$ の任意の点であるから, 逆関数 $f^{-1} : J \to I$ は連続である. □

## 8.4 関数列と関数項級数の極限

$I$ は $\mathbb{R}$ の区間とし, $\{f_n(x)\}_{n=1}^{\infty}$ は $I$ で定義された関数 $f_n(x)$ の列とする.

**定義 132** 各点 $x \in I$ に対して, 数列として $\{f_n(x)\}_{n=1}^{\infty}$ が収束するとき, 関数列 $\{f_n(x)\}_{n=1}^{\infty}$ は $I$ で**各点収束**するという. このとき,

$$f(x) = \lim_{n \to \infty} f_n(x) \quad (x \in I)$$

により，関数 $f : I \to \mathbb{R}$ を定義することができる．$f(x)$ を関数列 $\{f_n(x)\}_{n=1}^{\infty}$ の **極限関数**という．

**定義 133** $I$ で定義された関数 $f : I \to \mathbb{R}$ と 0 に収束する正数列 $\{\varepsilon_n\}_{n=1}^{\infty}$ で

$$|f_n(x) - f(x)| \leqq \varepsilon_n \quad (x \in I)$$

を満たすものが存在するとき，関数列 $\{f_n(x)\}_{n=1}^{\infty}$ は関数 $f(x)$ に $I$ 上**一様収束**するという．

　関数列 $\{f_n(x)\}_{n=1}^{\infty}$ が一様収束するならば，各点収束する．しかしながら，次の例が示すように逆は一般に成立しない．

**例 29** $\{f_n(x)\}_{n=1}^{\infty}$ は $f_n(x) = x^{2n} \quad (x \in [-1, 1])$ によって，定義された関数列とする．$\{f_n(x)\}_{n=1}^{\infty}$ は次の関数

$$f(x) = \begin{cases} 0 & (x \in (-1, 1)) \\ 1 & (x = \pm 1) \end{cases}$$

に各点収束する．しかしながら，$\displaystyle \sup_{x \in [-1,1]} |f_n(x) - f(x)| = 1$ であるから，この収束は一様収束ではない．

---

**定理 134** $I$ は $\mathbb{R}$ の区間とし，$\{f_n(x)\}_{n=1}^{\infty}$ は $I$ で定義された関数 $f_n(x)$ の列とする．関数列 $\{f_n(x)\}_{n=1}^{\infty}$ は関数 $f : I \to \mathbb{R}$ に各点収束するとする．このとき，

(1) 各 $f_n(x)$ は $I$ で連続で，関数列 $\{f_n(x)\}_{n=1}^{\infty}$ が 関数 $f : I \to \mathbb{R}$ に $I$ 上一様収束するならば，極限関数 $f(x)$ は $I$ で連続である．

(2) $a, b$ は実数で $a < b$ とする．各 $f_n(x)$ は 有界閉区間 $I = [a, b]$ で連続で，関数列 $\{f_n(x)\}_{n=1}^{\infty}$ が 関数 $f : I \to \mathbb{R}$ に $I$ 上一様収束するならば，

$$\lim_{n \to \infty} \int_a^b f_n(x)\, dx = \int_a^b f(x)\, dx$$

が成立する.

(3) $a, b$ は実数で $a < b$ とする. 各 $f_n(x)$ は有界閉区間 $I = [a, b]$ を含む開
区間で 1 回連続的微分可能で, 関数列 $\{f_n'(x)\}_{n=1}^{\infty}$ が関数 $g : I \to \mathbb{R}$
に $I$ 上一様収束するならば, 関数 $f(x)$ は $I$ で微分可能で

$$\frac{d}{dx}f(x) = g(x) = \lim_{n \to \infty} f_n'(x) \quad (x \in I)$$

が成立する.

**証明**　(1) $x_0 \in I$ と正数 $\varepsilon > 0$ を任意にとる. 任意の自然数 $n$ に対して

$$|f(x) - f(x_0)| \leqq |f(x) - f_n(x)| + |f_n(x) - f_n(x_0)| + |f_n(x_0) - f(x_0)|$$

が成立する. 関数列 $\{f_n(x)\}_{n=1}^{\infty}$ は関数 $f : I \to \mathbb{R}$ に $I$ 上一様収束するか
ら 0 に収束する正数列 $\{\varepsilon_n\}_{n=1}^{\infty}$ で

$$|f_n(x) - f(x)| \leqq \varepsilon_n \quad (x \in I)$$

を満たすものが存在する. $\displaystyle\lim_{n \to \infty} \varepsilon_n = 0$ であるから, 自然数 $N$ で $\varepsilon_N < \dfrac{\varepsilon}{3}$ を
満たすものがある. 関数 $f_N(x)$ は $I$ で連続であるから $|x - x_0| < \delta \quad (x \in I)$
ならば $|f_N(x) - f_N(x_0)| < \dfrac{\varepsilon}{3}$ となる正数 $\delta > 0$ が存在する.
　よって, $|x - x_0| < \delta \quad (x \in I)$ ならば

$$\begin{aligned}
|f(x) - f(x_0)| &\leqq |f(x) - f_N(x)| + |f_N(x) - f_N(x_0)| + |f_N(x_0) - f(x_0)| \\
&\leqq \frac{\varepsilon}{3} + \frac{\varepsilon}{3} + \frac{\varepsilon}{3} = \varepsilon
\end{aligned}$$

ゆえに, $f(x)$ は $I$ で連続である.

(2) (1) より, 関数 $f : I \to \mathbb{R}$ は連続であるから, $I$ で積分可能であることに
注意する. 関数列 $\{f_n(x)\}_{n=1}^{\infty}$ は関数 $f : I \to \mathbb{R}$ に $I$ 上一様収束するから 0
に収束する正数列 $\{\varepsilon_n\}_{n=1}^{\infty}$ で

$$|f_n(x) - f(x)| \leqq \varepsilon_n \quad (x \in I)$$

を満たすものが存在する. よって,

$$\left| \int_a^b f_n(x)\,dx - \int_a^b f(x)\,dx \right| = \left| \int_a^b (f_n(x) - f(x))\,dx \right|$$

$$\leqq \int_a^b |f_n(x) - f(x)|\,dx$$

$$\leqq \int_a^b \varepsilon_n\,dx = \varepsilon_n(b-a) \to 0 \quad (n \to \infty)$$

これより,

$$\lim_{n \to \infty} \int_a^b f_n(x)\,dx = \int_a^b f(x)\,dx$$

が成立することがわかる.

(3) 関数列 $\{f_n'(x)\}_{n=1}^{\infty}$ は関数 $g : I \to \mathbb{R}$ に $I$ 上一様収束するから, (1) より関数 $g : I \to \mathbb{R}$ は $I$ で連続である. よって, $\int_a^x g(t)\,dt$ は $x$ の関数として微分可能であることに注意する. $x \in I$ を任意にとり, 固定する.

$$f_n(x) = \int_a^x f_n{}'(t)\,dt + f_n(a)$$

であり, $\{f_n{}'(t)\}_{n=1}^{\infty}$ は関数 $g : [a,x] \to \mathbb{R}$ に $[a,x]$ 上一様収束するから, (2) より,

$$
\begin{aligned}
f(x) &= \lim_{n \to \infty} f_n(x) \\
&= \lim_{n \to \infty} \left( \int_a^x f_n{}'(t)\,dt + f_n(a) \right) \\
&= \int_a^x g(t)\,dt + f(a)
\end{aligned}
$$

よって, $f : I \to \mathbb{R}$ は微分可能で $\dfrac{d}{dx} f(x) = g(x)$ が成立する. $\qquad\square$

**定義 135** $I$ は $\mathbb{R}$ の区間とし, $\{f_n(x)\}_{n=1}^{\infty}$ は $I$ で定義された関数 $f_n(x)$ の列とする. このとき, 関数 $f_n(x)$ を第 $n$ 項とする級数

$$\sum_{n=1}^{\infty} f_n(x)$$

を関数 $f_n(x)$ を第 $n$ 項とする**関数項級数**という.

$\displaystyle\sum_{n=1}^{\infty} f_n(x)$ の第 $n$ 部分和 $S_n(x) = \displaystyle\sum_{k=1}^{n} f_k(x)$ $(x \in I)$ に対して，$I$ 上の関数列 $\{S_n(x)\}_{n=1}^{\infty}$ を考える．関数列 $\{S_n(x)\}_{n=1}^{\infty}$ が $I$ 上各点収束（一様収束）するとき，関数項級数 $\displaystyle\sum_{n=1}^{\infty} f_n(x)$ は $I$ 上**各点収束（一様収束）**するという．関数列 $\{S_n(x)\}_{n=1}^{\infty}$ が $I$ 上各点収束するとき，$\{S_n(x)\}_{n=1}^{\infty}$ の極限関数

$$S(x) = \lim_{n \to \infty} S_n(x) \quad (x \in I)$$

を関数項級数 $\displaystyle\sum_{n=1}^{\infty} f_n(x)$ の**和**といい，$S(x) = \displaystyle\sum_{n=1}^{\infty} f_n(x)$ と表す．関数項級数 $\displaystyle\sum_{n=1}^{\infty} |f_n(x)|$ が各点収束するとき，関数項級数 $\displaystyle\sum_{n=1}^{\infty} f_n(x)$ は**絶対収束**するという．

定理 134 より次が成立する．

---

**定理 136** $I$ は $\mathbb{R}$ の区間とし，$\{f_n(x)\}_{n=1}^{\infty}$ は $I$ で定義された関数 $f_n(x)$ の列とする．関数項級数 $\displaystyle\sum_{n=1}^{\infty} f_n(x)$ は関数 $S : I \to \mathbb{R}$ に各点収束するとする．このとき，

(1) 各 $f_n(x)$ は $I$ で連続で，関数項級数 $\displaystyle\sum_{n=1}^{\infty} f_n(x)$ が関数 $S : I \to \mathbb{R}$ に $I$ 上一様収束するならば，$S(x)$ は $I$ で連続である．

(2) $a, b$ は実数で $a < b$ とする．各 $f_n(x)$ は 有界閉区間 $I = [a, b]$ で連続で，関数項級数 $\displaystyle\sum_{n=1}^{\infty} f_n(x)$ が関数 $S : I \to \mathbb{R}$ に $I$ 上一様収束するならば，

$$\sum_{n=1}^{\infty} \int_a^b f_n(x)\, dx = \int_a^b \left( \sum_{n=1}^{\infty} f_n(x) \right) dx$$

が成立する．

(3) $a, b$ は実数で $a < b$ とする．各 $f_n(x)$ は 有界閉区間 $I = [a, b]$ を含む開区間で 1 回連続的微分可能で，関数項級数 $\displaystyle\sum_{n=1}^{\infty} f_n{}'(x)$ が 関数

$T : I \to \mathbb{R}$ に $I$ 上一様収束するならば, 関数 $S(x)$ は $I$ で微分可能で

$$\frac{d}{dx}\left(\sum_{n=1}^{\infty} f_n(x)\right) = T(x) = \sum_{n=1}^{\infty} f_n{}'(x) \quad (x \in I)$$

が成立する.

次は関数項級数 $\displaystyle\sum_{n=1}^{\infty} f_n(x)$ の収束の判定法として有用である.

---

**定理 137** $I$ は $\mathbb{R}$ の区間とし, $\{f_n(x)\}_{n=1}^{\infty}$ は $I$ で定義された関数 $f_n(x)$ の列とする. 正数列 $\{M_n\}_{n=1}^{\infty}$ は

$$|f_n(x)| \leqq M_n \quad (n \geqq 1) \text{ かつ } \sum_{n=1}^{\infty} M_n \text{ は収束する}$$

とする. このとき, 関数項級数 $\displaystyle\sum_{n=1}^{\infty} f_n(x)$ は $I$ 上で一様かつ絶対収束する.

---

**証明** $M = \displaystyle\sum_{n=1}^{\infty} M_n$ とおく. 各 $x \in I$ に対して,

$$\sum_{k=1}^{n} |f_n(x)| \leqq \sum_{k=1}^{n} M_k \leqq M$$

であるから, 定理 119より, $\displaystyle\sum_{n=1}^{\infty} f_n(x)$ は絶対収束する.

$\varepsilon_n = \displaystyle\sum_{k=n+1}^{\infty} M_k$ とおくと, $\displaystyle\lim_{n\to\infty} \varepsilon_n = 0$ である.

$$S_n(x) = \sum_{k=1}^{n} f_k(x), \quad S(x) = \sum_{n=1}^{\infty} f_n(x) \quad (x \in I)$$

とおく. このとき, 任意の自然数 $n, p$ に対して,

$$|S_{n+p}(x) - S_n(x)| = \left| \sum_{k=n+1}^{n+p} f_k(x) \right|$$

$$\leqq \sum_{k=n+1}^{n+p} |f_k(x)| \quad (x \in I)$$

$$\leqq \sum_{k=n+1}^{n+p} M_k$$

が成立する．ここで，$p \to \infty$ とすると

$$|S(x) - S_n(x)| \leqq \sum_{k=n+1}^{\infty} M_k = \varepsilon_n \quad (x \in I)$$

が成立する．

よって，関数項級数 $\displaystyle\sum_{n=1}^{\infty} f_n(x)$ は $I$ 上 $S(x)$ に一様収束する． □

---

**補題 138** $r$ は $0 \leqq r < 1$ を満たす実数とする．このとき，

$$\sum_{n=1}^{\infty} r^n, \quad \sum_{n=1}^{\infty} nr^{n-1}$$

はともに収束する．

---

**証明** 初項 $r$，公比 $r$ の等比数列の和より

$$\sum_{k=1}^{n} r^k = \frac{r(1-r^n)}{1-r},$$

$$\sum_{k=1}^{n} kr^{k-1} = \frac{1-r^n}{(1-r)^2} - \frac{nr^n}{1-r}$$

が得られる．このとき，$\displaystyle\lim_{n\to\infty} r^n = 0$, $\displaystyle\lim_{n\to\infty} nr^n = 0$ であるから，

$$\sum_{n=1}^{\infty} r^n = \frac{r}{1-r}, \quad \sum_{n=1}^{\infty} nr^{n-1} = \frac{1}{(1-r)^2}$$

□

> **定理 139** べき級数 $\displaystyle\sum_{n=0}^{\infty} a_n x^n$ は $x_0$ で収束するとする．このとき，
>
> (1) $\displaystyle\sum_{n=0}^{\infty} a_n x^n$ および $\displaystyle\sum_{n=1}^{\infty} n a_n x^{n-1}$ は開区間 $(-|x_0|, |x_0|)$ に含まれる任意の閉区間で一様かつ絶対収束する．
>
> (2) (1) より，関数
>
> $$f(x) = \sum_{n=0}^{\infty} a_n x^n \qquad (|x| < |x_0|)$$
>
> を定義することができ，次が成立する．
>
> (a) （項別微分可能性）
>
> 関数 $f(x)$ は開区間 $(-|x_0|, |x_0|)$ で微分可能で
>
> $$\frac{d}{dx} f(x) = \sum_{n=1}^{\infty} n a_n x^{n-1}$$
>
> (b) （項別積分可能性）
>
> $a, b \in (-|x_0|, |x_0|)$ とする．このとき，
>
> $$\int_a^b f(x)\,dx = \sum_{n=0}^{\infty} \left[\frac{1}{n+1} a_n x^{n+1}\right]_a^b$$

**証明**　定理 136より，(1) のみ示せば十分である．

$\displaystyle\sum_{n=0}^{\infty} a_n x_0{}^n$ は収束するから，$\displaystyle\lim_{n\to\infty} a_n x_0{}^n = 0$ である．よって，正数 $M > 0$ で

$$|a_n x_0{}^n| \leqq M \quad (n \geqq 0)$$

を満たすものが存在する．$0 < r_1 < r_2 < |x_0|$ を満たす $r_1, r_2$ を任意にとる．このとき，$|x| \leqq r_1$ を満たす任意の $x$ に対して，

$$|a_n x^n| \leqq |a_n||x^n| \leqq |a_n x_0^n| \left(\frac{|x|}{|x_0|}\right)^n \leqq M \left(\frac{r_1}{r_2}\right)^n$$

$$|na_n x^{n-1}| \leqq |a_n||n||x^{n-1}| \leqq |a_n x_0^n|n\left(\frac{|x|}{|x_0|}\right)^{n-1}\frac{1}{|x_0|} \leqq \frac{M}{r_2}n\left(\frac{r_1}{r_2}\right)^{n-1}.$$

$0 < \dfrac{r_1}{r_2} < 1$ であるから，補題 138により，無限級数 $M\left(\dfrac{r_1}{r_2}\right)^n$ と

$\dfrac{M}{r_2}n\left(\dfrac{r_1}{r_2}\right)^{n-1}$ は収束する．よって，定理 137により，$\displaystyle\sum_{n=0}^{\infty} a_n x^n$ および

$\displaystyle\sum_{n=1}^{\infty} na_n x^{n-1}$ は $[-r_1, r_1]$ 上で一様かつ絶対収束する．$r_1$ は任意であるか

ら，$\displaystyle\sum_{n=0}^{\infty} a_n x^n$ および $\displaystyle\sum_{n=1}^{\infty} na_n x^{n-1}$ は区間 $(-|x_0|, |x_0|)$ に含まれる任意の閉

区間で一様かつ絶対収束する．                                              □

　この定理から定理 75（Abel の定理），定理 78（項別微分可能性定理）は
自動的に証明されている．

---

**補題 140** $a_n \geqq 0$ のとき，無限級数 $\displaystyle\sum_{n=1}^{\infty} a_n$ を**正項級数**という．無限級数

$\displaystyle\sum_{n=1}^{\infty} a_n$ が正項級数であるとき，

$$\rho = \varlimsup_{n\to\infty} \sqrt[n]{a_n} \quad (0 \leqq \rho \leqq \infty)$$

とする．このとき，次が成立する．

(1) $0 \leqq \rho < 1$ ならば，$\displaystyle\sum_{n=1}^{\infty} a_n$ は有限な値に収束する．

(2) $1 < \rho$ ならば，

$$\lim_{j\to\infty} a_{n_j} = \infty$$

　　となる自然数列

$$n_1 < n_2 < \cdots < n_j < n_{j+1} < \cdots$$

　　が存在する．よって，$\displaystyle\sum_{n=1}^{\infty} a_n = \infty$

**証明** (1) $0 \leqq \rho < 1$ ならば, $0 \leqq \rho < r < 1$ となる実数 $r$ が存在する.

$$\rho = \varlimsup_{n \to \infty} \sqrt[n]{a_n} = \lim_{n \to \infty} \sup\{ \sqrt[m]{a_m} \mid m \geqq n \}$$

であるから, $n \geqq N$ ならば $0 \leqq \sqrt[n]{a_n} < r < 1 \quad (n \geqq N)$ となる自然数 $N$ が存在する. よって, $n \geqq N$ のとき,

$$
\begin{aligned}
a_1 + a_2 + \cdots + a_n &= a_1 + a_2 + \cdots + a_{N-1} + a_N + \cdots + a_n \\
&< a_1 + a_2 + \cdots + a_{N-1} + r^N + \cdots + r^n \\
&= a_1 + a_2 + \cdots + a_{N-1} + \frac{r^N(1 - r^{n-N+1})}{1-r} \\
&< a_1 + a_2 + \cdots + a_{N-1} + \frac{r^N}{1-r}
\end{aligned}
$$

よって, すべての自然数 $n$ に対して

$$a_1 + a_2 + \cdots + a_n < a_1 + a_2 + \cdots + a_{N-1} + \frac{r^N}{1-r}$$

が成立する. よって, 定理 119より, $\displaystyle\sum_{n=1}^{\infty} a_n$ は有限な値に収束する.

(2) $1 < R < \rho$ となる $R$ をとる. 任意の $n$ に対して

$$1 < R < \rho \leqq \sup_{m \geqq n} \sqrt[m]{a_m}$$

が成立する. よって, $R < \sqrt[n]{a_{n_j}} \quad (j \geqq 1)$ を満たす自然数列

$$n_1 < n_2 < \cdots < n_j < \cdots$$

が存在する. $R^{n_j} < a_{n_j}$ でかつ $R > 1$ であるから, $\displaystyle\lim_{j \to \infty} a_{n_j} = \infty$ が成立する. よって, $\displaystyle\sum_{n=1}^{\infty} a_n = \infty$. □

---

**補題 141 (比判定法)** 無限級数 $\displaystyle\sum_{n=1}^{\infty} a_n$ が正項級数で, $\displaystyle\lim_{n \to \infty} \frac{a_{n+1}}{a_n}$ が有限な値に収束するかまたは $\displaystyle\lim_{n \to \infty} \frac{a_{n+1}}{a_n} = \infty$ ならば, $\displaystyle\lim_{n \to \infty} \sqrt[n]{a_n}$ も有限な値に収

束するかまたは $\lim_{n \to \infty} \sqrt[n]{a_n} = \infty$ で,

$$\lim_{n \to \infty} \frac{a_{n+1}}{a_n} = \varliminf_{n \to \infty} \sqrt[n]{a_n} = \varlimsup_{n \to \infty} \sqrt[n]{a_n}$$

よって, 上の補題 140 より, 次が成立する.

(1) $0 \leqq \lim_{n \to \infty} \dfrac{a_{n+1}}{a_n} < 1$ ならば, $\displaystyle\sum_{n=1}^{\infty} a_n$ は有限な値に収束する.

(2) $1 < \lim_{n \to \infty} \dfrac{a_{n+1}}{a_n}$ ならば, $\lim_{n \to \infty} a_n \neq 0$

**証明**　$\lim_{n \to \infty} \dfrac{a_{n+1}}{a_n} = \infty$ のとき, 任意の正数 $R$ に対して, $n \geqq N$ ならば

$$\frac{a_{n+1}}{a_n} > 2R$$

を満たす自然数 $N$ が存在する. このとき,

$$a_n = \frac{a_n}{a_{n-1}} \cdot \frac{a_{n-1}}{a_{n-2}} \cdots \frac{a_{N+1}}{a_N} \cdot a_N > (2R)^{n-N} \cdot a_N$$

が成立する. よって,

$$\sqrt[n]{a_n} > (2R)^{1 - \frac{N}{n}} \cdot a_N^{\frac{1}{n}}$$

$\lim_{n \to \infty} (2R)^{1 - \frac{N}{n}} \cdot (a_N)^{\frac{1}{n}} = 2R$ であるから, 自然数 $N_1 \geqq N$ で

$$\sqrt[n]{a_n} > R \quad (n \geqq N_1)$$

を満たすものが存在する. よって,

$$\lim_{n \to \infty} \frac{a_{n+1}}{a_n} = \varliminf_{n \to \infty} \sqrt[n]{a_n} = \varlimsup_{n \to \infty} \sqrt[n]{a_n} = \infty$$

が成立する.

　$\lim_{n \to \infty} \dfrac{a_{n+1}}{a_n} = \rho \quad (0 \leqq \rho < \infty)$ のとき, 任意の正数 $\varepsilon \quad (0 < 2\varepsilon < \rho)$ に対して, $n \geqq N$ ならば

$$\left| \frac{a_{n+1}}{a_n} - \rho \right| < \varepsilon$$

を満たす自然数 $N$ が存在する. よって,

$$\rho - \varepsilon < \frac{a_{n+1}}{a_n} < \rho + \varepsilon \quad (n \geqq N)$$

が成立する. よって,

$$(\rho-\varepsilon)^{n-N}\cdot a_N < a_n = \frac{a_n}{a_{n-1}}\cdot\frac{a_{n-1}}{a_{n-2}}\cdots\frac{a_{N+1}}{a_N}\cdot a_N < (\rho+\varepsilon)^{n-N}\cdot a_N \quad (n \geqq N)$$

である. よって,

$$(\rho-\varepsilon)^{1-\frac{N}{n}}\cdot\sqrt[n]{a_N} < (a_n)^{\frac{1}{n}} < (\rho+\varepsilon)^{1-\frac{N}{n}}\cdot(a_N)^{\frac{1}{n}} \quad (n \geqq N)$$

$$\lim_{n\to\infty}(\rho-\varepsilon)^{1-\frac{N}{n}}\cdot(a_N)^{\frac{1}{n}} = \rho-\varepsilon$$

$$\lim_{n\to\infty}(\rho+\varepsilon)^{1-\frac{N}{n}}\cdot(a_N)^{\frac{1}{n}} = \rho+\varepsilon$$

である. であるから, 自然数 $N_1 \geqq N$ で

$$\rho-2\varepsilon < \sqrt[n]{a_n} < \rho+2\varepsilon \quad (n \geqq N_1)$$

を満たすものが存在する. よって,

$$\lim_{n\to\infty}\sqrt[n]{a_n} = \rho = \lim_{n\to\infty}\frac{a_{n+1}}{a_n}. \qquad\qquad \square$$

---

**定理 142 (Cauchy-Hadamard のべき根判定法)** べき級数 $\displaystyle\sum_{n=0}^{\infty} a_n x^n$ の収束半径 $R$ は

$$R = \frac{1}{\overline{\lim}_{n\to\infty}\sqrt[n]{|a_n|}}$$

で与えられる. ただし, $\displaystyle\overline{\lim}_{n\to\infty}\sqrt[n]{|a_n|} = \infty$ ならば $R=0$ とし, $\displaystyle\overline{\lim}_{n\to\infty}\sqrt[n]{|a_n|} = 0$ ならば $R=\infty$ とする.

---

**証明** $0 < R < \infty$ のとき,

$$\overline{\lim_{n\to\infty}}\sqrt[n]{|a_n x^n|} = \overline{\lim_{n\to\infty}}\sqrt[n]{|a_n|}|x| = \frac{|x|}{R}$$

が成立する. よって, 補題140と定理116より, べき級数 $\displaystyle\sum_{n=0}^{\infty} a_n x^n$ は $|x| < R$ ならば収束し, $|x| > R$ ならば発散する. $R=\infty$ のとき, 任意の実数 $x$ 対して,

$$\overline{\lim_{n\to\infty}}\sqrt[n]{|a_n x^n|} = \overline{\lim_{n\to\infty}}\sqrt[n]{|a_n|}|x| = 0$$

である．よって，補題 140 より，べき級数 $\displaystyle\sum_{n=0}^{\infty} a_n x^n$ は収束する．$R = 0$ ならば，任意の実数 $x \, (\neq 0)$ 対して，

$$\varlimsup_{n\to\infty} \sqrt[n]{|a_n x^n|} = \varlimsup_{n\to\infty} \sqrt[n]{|a_n|}|x| = \infty$$

よって，べき級数 $\displaystyle\sum_{n=0}^{\infty} a_n x^n$ は $x = 0$ 以外では発散する．こうして，$R$ は収束半径である．                                                           □

補題 141 と定理 142 より，次が成立する．

---

**定理 143** $\displaystyle\lim_{n\to\infty} \left| \frac{a_n}{a_{n+1}} \right|$ が有限な値に収束するかまたは $\displaystyle\lim_{n\to\infty} \left| \frac{a_n}{a_{n+1}} \right| = \infty$ ならば，べき級数 $\displaystyle\sum_{n=0}^{\infty} a_n x^n$ の収束半径 $R$ は

$$R = \lim_{n\to\infty} \left| \frac{a_n}{a_{n+1}} \right|$$

で与えられる．

---

## 8.5　Riemann（リーマン）積分可能性

関数 $f(x)$ は閉区間 $[a, b]$ で有界とする．関数 $f(x)$ が $[a, b]$ において積分可能であるための条件は，140 ページの定義式

$$\int_a^b f(x)\,dx = \lim_{|\mathcal{P}|\to 0} \sum_{k=1}^n f(\xi_k)(x_k - x_{k-1}) \tag{8.1}$$

の右辺の極限値が，$[a, b]$ の分割 $\mathcal{P}$ と小区間 $[x_{k-1}, x_k]$ の点 $\xi_k$ の取り方に関係なく存在することである．ここで，$f(\xi_k)$ の代わりに小区間 $[x_{k-1}, x_k]$ における $f(x)$ の上限 $M_k$ と下限 $m_k$ を用いて考察すれば，上限 $M_k$ と下限 $m_k$ は分割 $\mathcal{P}$ のみに関係する値であるので，可積分性の判定においては，$\xi_k$ の取り方によらない．

$$S_{\mathcal{P}} = \sum_{k=1}^n M_k(x_k - x_{k-1}), \qquad s_{\mathcal{P}} = \sum_{k=1}^n m_k(x_k - x_{k-1}) \tag{8.2}$$

とおく．分割 $\mathcal{P}$ をいろいろと変えると $S_\mathcal{P}, s_\mathcal{P}$ の値は変わるが，$f(x)$ が閉区間 $[a,b]$ で有界だから，それらの集合 $\{S_\mathcal{P} \mid \mathcal{P}$ は任意の分割 $\}$，$\{s_\mathcal{P} \mid \mathcal{P}$ は任意の分割 $\}$ は有界である．

したがって，集合 $\{S_\mathcal{P}\}$ の下限 $S = \inf\{S_\mathcal{P} \mid \mathcal{P}$ は任意の分割 $\}$，集合 $\{s_\mathcal{P}\}$ の上限 $s = \sup\{s_\mathcal{P} \mid \mathcal{P}$ は任意の分割 $\}$ が存在する．このとき次の定理が成立する．

---

**定理 144 (Darboux（ダルブー）の定理)** 分割 $\mathcal{P}$ での小区間の幅 $x_k - x_{k-1}$ $(k = 1, 2, \cdots, n)$ の最大値を $|\mathcal{P}|$ とすると.

$$S = \lim_{|\mathcal{P}| \to 0} S_\mathcal{P}, \quad s = \lim_{|\mathcal{P}| \to 0} s_\mathcal{P}$$

が成立する.

---

**証明** $s = \lim_{|\mathcal{P}| \to 0} s_\mathcal{P}$ を示す．つまり，任意の正数 $\varepsilon > 0$ に対して，ある正数 $\delta > 0$ が存在して，$|\mathcal{P}| < \delta$ を満たす任意の分割 $\mathcal{P}$ について

$$|s_\mathcal{P} - s| < \varepsilon$$

が成立することを示せばよい.

関数 $f(x)$ が閉区間 $[a,b]$ で有界だから，$m \leqq f(x) \leqq M$ を満たす実数 $m, M$ が存在する．$M = m$ ならば，$f(x)$ は定数関数なので，$s_\mathcal{P}$ は定数となり，$s = \sup\{s_\mathcal{P} \mid \mathcal{P}$ は任意の分割 $\} = s_\mathcal{P} = \lim_{|\mathcal{P}| \to 0} s_\mathcal{P}$ より，この定理が成立することがわかる．

$M \neq m$ とする．$s$ は，$\{s_\mathcal{P} \mid \mathcal{P}$ は任意の分割 $\}$ の上限だから，$\forall \varepsilon > 0$ に対し，分割 $\mathcal{P}_0$ が存在して

$$s - \frac{\varepsilon}{2} < s_{\mathcal{P}_0} \leqq s \quad \text{すなわち,} \quad s - s_{\mathcal{P}_0} < \frac{\varepsilon}{2} \tag{8.3}$$

を満たす.

さて，この分割 $\mathcal{P}_0$ の個数を $n_0$ とする．分割 $\mathcal{P}$ は $|\mathcal{P}| \to 0$ とするのだから，$|\mathcal{P}|$ は分割 $\mathcal{P}_0$ の分割幅の最小値より小さくとることができる．

　このとき, 分割 $\mathcal{P}$ における小区間 $[x_{k-1}, x_k]$ は, 分割 $\mathcal{P}_0$ の分点を高々 1 つしか含まない. 小区間 $[x_{k-1}, x_k]$ が分割 $\mathcal{P}_0$ の分点 $y_0$ を含むとき, 2 つの小区間 $[x_{k-1}, y_0], [y_0, x_k]$ に分割されるので,

$$m_{k_1} = \inf\{f(x)\,|\,x \in [x_{k-1}, y_0]\}, \quad m_{k_2} = \inf\{f(x)\,|\,x \in [y_0, x_k]\}$$

とすると $m \leqq m_k \leqq m_{k_1} \leqq M, m \leqq m_k \leqq m_{k_2} \leqq M$ が成立する.

　ここで, $\mathcal{P}$ と $\mathcal{P}_0$ の分点を合わせて得られる分割を $\mathcal{P}'$ とすると, $[x_{k-1}, x_k]$ における $s_{\mathcal{P}'}$ と $s_{\mathcal{P}}$ との差は,

$$
\begin{aligned}
&\{m_{k_1}(y_0 - x_{k-1}) + m_{k_2}(x_k - y_0)\} - m_k(x_k - x_{k-1}) \\
&= (m_{k_1} - m_k)(y_0 - x_{k-1}) + (m_{k_2} - m_k)(x_k - y_0) \\
&\leqq (M - m)(y_0 - x_{k-1}) + (M - m)(x_k - y_0) \\
&= (M - m)(x_k - x_{k-1}) \\
&< (M - m)|\mathcal{P}| \tag{8.4}
\end{aligned}
$$

である. 小区間 $[x_{k-1}, x_k]$ が分割 $\mathcal{P}_0$ の分点を含まないとき, $[x_{k-1}, x_k]$ における $s_{\mathcal{P}'}$ と $s_{\mathcal{P}}$ との差はもちろん 0 である.

　したがって, $|\mathcal{P}| < \dfrac{\varepsilon}{2n_0(M - m)}$ のとき, (8.2), (8.4) より

$$
\begin{aligned}
s_{\mathcal{P}'} - s_{\mathcal{P}} &< \sum_{k=1}^{n_0}(M - m)|\mathcal{P}| \\
&= (M - m)|\mathcal{P}|\sum_{k=1}^{n_0}1 \\
&< (M - m)\frac{\varepsilon}{2n_0(M - m)} \cdot n_0 \\
&= \frac{\varepsilon}{2} \tag{8.5}
\end{aligned}
$$

が成立する.

　さらに, $|\mathcal{P}'| < |\mathcal{P}_0|$ だから (8.2) より $s_{\mathcal{P}_0} \leqq s_{\mathcal{P}'}$ が成立する. すなわち,

$$s_{\mathcal{P}_0} - s_{\mathcal{P}'} \leqq 0. \tag{8.6}$$

よって，(8.3), (8.5), (8.6) より

$$
\begin{aligned}
0 \leqq s - s_{\mathcal{P}} &= (s - s_{\mathcal{P}_0}) + (s_{\mathcal{P}_0} - s_{\mathcal{P}'}) + (s_{\mathcal{P}'} - s_{\mathcal{P}}) \\
&< \frac{\varepsilon}{2} + 0 + \frac{\varepsilon}{2} = \varepsilon
\end{aligned}
$$

が成立することがわかる．したがって，$s = \lim\limits_{|\mathcal{P}| \to 0} s_{\mathcal{P}}$ である．

$S = \lim\limits_{|\mathcal{P}| \to 0} S_{\mathcal{P}}$ も同様に示せる． □

---

**定理 145** 閉区間 $[a, b]$ で有界な関数 $f(x)$ が $[a, b]$ において積分可能であるための必要十分条件は，$s = \lim\limits_{|\mathcal{P}| \to 0} s_{\mathcal{P}}, S = \lim\limits_{|\mathcal{P}| \to 0} S_{\mathcal{P}}$ とすると，$s = S$ が成立することである．

---

**証明** $s = S$ と仮定する．任意の分割 $\mathcal{P}$ に対し

$$
s_{\mathcal{P}} = \sum_{k=1}^{n} m_k (x_k - x_{k-1}) \leqq \sum_{k=1}^{n} f(\xi_k)(x_k - x_{k-1}) \leqq \sum_{k=1}^{n} M_k(x_k - x_{k-1}) = S_{\mathcal{P}}
$$

が成立する．よって，$|\mathcal{P}| \to 0$ とすると，Darboux（ダルブー）の定理 144 と仮定より，

$$
s = \lim_{|\mathcal{P}| \to 0} \sum_{k=1}^{n} f(\xi_k)(x_k - x_{k-1}) = S
$$

が成立し，$f(x)$ が $[a, b]$ において積分可能であることがわかる．

逆に，$f(x)$ が $[a, b]$ において積分可能であると仮定する．

$$
S(\mathcal{P}, \xi_k) = \sum_{k=1}^{n} f(\xi_k)(x_k - x_{k-1}), \quad A = \lim_{|\mathcal{P}| \to 0} S(\mathcal{P}, \xi_k)
$$

とおくと，$\forall \varepsilon > 0$ に対し，$\delta > 0$ が存在して，$|\mathcal{P}| < \delta$ ならば

$$
-\frac{\varepsilon}{2} < S(\mathcal{P}, \xi_k) - A < \frac{\varepsilon}{2} \quad (\forall \xi_k \in [x_{k-1}, x_k]) \tag{8.7}
$$

を満たす．このとき $M_k, m_k$ はそれぞれ小区間 $[x_{k-1}, x_k]$ における $f(x)$ の上限，下限だから

$$
M_k - f(\xi_k) < \frac{\varepsilon}{2(b-a)}, \quad f(\xi_k') - m_k < \frac{\varepsilon}{2(b-a)}
$$

となるように $\xi_k, \xi'_k \in [x_{k-1}, x_k]$ を選ぶと

$$0 \leqq S_{\mathcal{P}} - S(\mathcal{P}, \xi_k) = \sum_{k=1}^{n} \{M_k - f(\xi_k)\}(x_k - x_{k-1}) < \frac{\varepsilon}{2},$$

$$0 \leqq S(\mathcal{P}, \xi'_k) - s_{\mathcal{P}} = \sum_{k=1}^{n} \{f(\xi'_k) - m_k\}(x_k - x_{k-1}) < \frac{\varepsilon}{2}$$

である. よって (8.7) より

$$0 \leqq |S_{\mathcal{P}} - A| \leqq |S_{\mathcal{P}} - S(\mathcal{P}, \xi_k)| + |S(\mathcal{P}, \xi_k) - A| < \varepsilon,$$

$$0 \leqq |s_{\mathcal{P}} - A| \leqq |s_{\mathcal{P}} - S(\mathcal{P}, \xi'_k)| + |S(\mathcal{P}, \xi'_k) - A| < \varepsilon$$

が得られるから, Darboux（ダルブー）の定理 144 より

$$S = \lim_{|\mathcal{P}| \to 0} S_{\mathcal{P}} = A = \lim_{|\mathcal{P}| \to 0} s_{\mathcal{P}} = s$$

が成立する.                                                                  □

　141 ページの定理 86 を示す.

---

**定理 86 (連続関数の積分可能性)** 有界閉区間 $[a,b]$ で連続な関数 $f(x)$ は $[a,b]$ で積分可能である.

---

**証明**　連続関数 $f(x)$ は $[a,b]$ で有界だから, 定理 145 より $S = s$ を示せばよい.

　$f(x)$ は $[a,b]$ で連続だから, 250 ページの定理 128 より $[a,b]$ で一様連続である. よって, $\varepsilon$ を任意の正の数とすると, $\delta > 0$ が存在して,

$$|x - y| < \delta \text{ ならば } |f(x) - f(y)| < \frac{\varepsilon}{b-a} \tag{8.8}$$

を満たす. ここで, $|\mathcal{P}| \to 0$ とするので, $|\mathcal{P}| < \delta$ を満たす任意の分割 $\mathcal{P}$ に対し, $|\eta_k - \zeta_k| \leqq |x_k - x_{k-1}| < \delta$ ( $k = 1, 2, \ldots, n$ ) だから (8.8) より

$$|f(\eta_k) - f(\zeta_k)| < \frac{\varepsilon}{b-a} \tag{8.9}$$

が成立する．さらに，条件より $f(x)$ は連続だから，分割 $\mathcal{P}$ の小区間 $[x_{k-1}, x_k]$ における $f(x)$ の最大値と最小値 $M_k, m_k$ が存在し，$M_k = f(\eta_k), m_k = f(\zeta_k)$ を満たす $\eta_k, \zeta_k \in [x_{k-1}, x_k]$ が存在する．

したがって，(8.9) より

$$
\begin{aligned}
0 &\leq S_{\mathcal{P}} - s_{\mathcal{P}} \\
&= \sum_{k=1}^{n} \{M_k - m_k\}(x_k - x_{k-1}) \\
&= \sum_{k=1}^{n} \{f(\eta_k) - f(\zeta_k)\}(x_k - x_{k-1}) \\
&< \sum_{k=1}^{n} \frac{\varepsilon}{b-a}(x_k - x_{k-1}) \\
&< \varepsilon
\end{aligned}
$$

が成立し，$S = s$ がわかる． □

# ギリシャ文字

| 大文字 | 小文字 | 読み方 |
|---|---|---|
| $A$ | $\alpha$ | alpha：アルファ |
| $B$ | $\beta$ | beta：ベータ |
| $\Gamma$ | $\gamma$ | gamma：ガンマ |
| $\Delta$ | $\delta$ | delta：デルタ |
| $E$ | $\varepsilon$ | epsilon：イプシロン |
| $Z$ | $\zeta$ | zeta：ゼータ, ツェータ |
| $H$ | $\eta$ | eta：エータ |
| $\Theta$ | $\theta$ | theta：シータ |
| $I$ | $\iota$ | iota：イオタ |
| $K$ | $\kappa$ | kappa：カッパ |
| $\Lambda$ | $\lambda$ | lambda：ラムダ |
| $M$ | $\mu$ | mu：ミュー |
| $N$ | $\nu$ | nu：ニュー |
| $\Xi$ | $\xi$ | xi：クシー, グザイ |
| $O$ | $o$ | omicron：オミクロン |
| $\Pi$ | $\pi$ | pi：パイ |
| $P$ | $\rho$ | rho：ロー |
| $\Sigma$ | $\sigma$ | sigma：シグマ |
| $T$ | $\tau$ | tau：タウ |
| $\Upsilon$ | $\upsilon$ | upsilon：ユプシロン |
| $\Phi$ | $\varphi$ | phi：ファイ |
| $X$ | $\chi$ | chi：カイ |
| $\Psi$ | $\psi$ | psi：プサイ |
| $\Omega$ | $\omega$ | omega：オメガ |

# 索 引

## 著　者

西原　賢　　福岡工業大学情報工学部 教授

本田　竜広　専修大学商学部 教授

山盛　厚伺　福岡工業大学情報工学部准教授

基礎からの微分積分学入門

| | | | |
|---|---|---|---|
| 2011 年 3 月 30 日 | 第 1 版 | 第 1 刷 | 発行 |
| 2012 年 3 月 30 日 | 第 2 版 | 第 1 刷 | 発行 |
| 2015 年 3 月 30 日 | 第 2 版 | 第 4 刷 | 発行 |
| 2016 年 3 月 20 日 | 第 3 版 | 第 1 刷 | 発行 |
| 2020 年 3 月 20 日 | 第 3 版 | 第 2 刷 | 発行 |
| 2024 年 3 月 10 日 | 第 4 版 | 第 1 刷 | 印刷 |
| 2024 年 3 月 20 日 | 第 4 版 | 第 1 刷 | 発行 |

著　者　　西原　賢
　　　　　本田　竜広
　　　　　山盛　厚伺

発行者　　発田　和子

発行所　　株式会社　学術図書出版社

〒 113-0033　東京都文京区本郷 5 丁目 4 の 6
TEL 03-3811-0889　　振替　00110-4-28454
　　　　　　　　　　印刷　三松堂（株）

定価はカバーに表示してあります.

ISBN978-4-7806-1194-6　　C3041